U0187323

反馈 化解不确定性的数字认知论

韩 博 著

机 械 工 业 出 版 社

反馈数据规模、频率、机制在21世纪已发生了根本变化，这是数字化和智能的本质，也是影响未来商业的重要变量之一。在技术领域，用户行为反馈带来互联网的相关性，AI算法的误差、奖励、强度等反馈机制涌现智能，基于简单反馈规则的算法，结合海量的反馈数据，正在创造让人惊讶的表现，并解决复杂问题，无论是对于搜索、推荐引擎还是大规模预训练模型；在商业领域，新的商业模式基于新的生产力诞生，如特斯拉影子模式、预训练大模型（GPT）、谷歌自动驾驶（Waymo）、亚马逊智能化应用、奈飞正在基于数字化反馈流赢得优势。

本书将为读者介绍数字时代技术与商业的第一性原理，在更普适的认知、科学、万物演化的背后，就如何提出创造性的假设、如何高效率地反馈、如何建立模拟演化机制等更通用的反馈系统常识，为读者带来解决问题的全新视角。

图书在版编目（CIP）数据

反馈：化解不确定性的数字认知论 / 韩博著. —北京：
机械工业出版社，2023.7

ISBN 978-7-111-73622-6

Ⅰ.①反… Ⅱ.①韩… Ⅲ.①反馈控制系统–研究 Ⅳ.①TP271

中国国家版本馆CIP数据核字（2023）第147463号

机械工业出版社（北京市百万庄大街22号 邮政编码100037）
策划编辑：胡嘉兴　　　　　　责任编辑：胡嘉兴
责任校对：刘雅娜　陈　越　　责任印制：单爱军
北京联兴盛业印刷股份有限公司印刷
2023年11月第1版第1次印刷
145mm×210mm·14.5印张·3插页·337千字
标准书号：ISBN 978-7-111-73622-6
定价：129.00元

电话服务　　　　　　　　　　网络服务
客服电话：010–88361066　　机 工 官 网：www.cmpbook.com
　　　　　010–88379833　　机 工 官 博：weibo.com/cmp1952
　　　　　010–68326294　　金 书 网：www.golden–book.com
封底无防伪标均为盗版　　机工教育服务网：www.cmpedu.com

前　言

↻ 反馈是什么

在2019年，曾经有朋友和我讨论，传统搜索引擎的地位会被采用相近模式的新竞争者取代吗？我告诉他，概率不大。互联网超级应用的核心优势在于海量的用户反馈数据。在搜索引擎里，有亿万用户正在通过搜索与内容产生互动，这些反馈数据和其他信号一起对内容质量和相关性进行排序。更重要的是，反馈数据的规模已经形成不断自我强化的正反馈效应，即用户搜索和点击越多，搜索引擎就越能准确地对内容进行排序，从而促使更多用户使用。如果不能用新一代的规则建立新的正反馈效应，产品很难在存量市场里实现"翻盘"，就像很多"搜索市场争夺战"在成熟的PC（个人计算机）搜索市场打响却并未改变竞争格局，而短视频、社交等其他赛道的应用产品内的搜索则很难使用户对其形成第一认知，并以此促进用户规模和反馈规模的正反馈循环。不仅搜索引擎如此，推荐引擎等互联网分发产品背后的运行逻辑也是如此，即大规模的用户在以海量、实时的浏览行为对内容、商品和服务的质量做出反馈。

互联网的变革，本质上是大规模用户行为的实时数字化反馈。普通数据价值有限，反馈数据才更有价值，用户的应用反馈是基于某种假设的反馈，其中包含需求的表达、质量的评估等关于世界如何运转的规律。但是，这需要算法的自学习能力、符合高价值数据分布和算法自学习机制的产品架构，才能充分释放海量反馈数据的潜在知识价值。

这一代AI技术也是基于反馈机制创新实现了突破。对于样本数据中隐藏的规律，算法会有一个初始预测假设。然后，复杂的高维计算会被简化为梯度反馈问题来优化求解。我们也可以简单理解为，预测值与真实值的偏差度量会被反馈给模型，进而向偏差最小的方向自动调整模型参数，并不断重复这个假设和反馈的循环以达到持续学习的效果。就像在练字的过程中，我们要从字帖与自己书写的字之间的偏差中找到改进方向。智能在并不追求细节完全精确的海量数据反馈下涌现，结合强大算力，神经网络计算模式在反馈机制创新的作用下，将具备越来越强大的自学习能力。

DeepMind（一家AI研究公司）首席研究科学家、伦敦大学学院教授大卫·席尔瓦及其合作者在一篇题为"Reward is enough"（奖励反馈）的论文里提到，人工智能及其相关能力不是通过设置和解决复杂问题产生的，而是通过坚持一个简单而强大的原则——奖励最大化产生的，这本质上也是一种反馈机制。

不仅是在互联网和AI领域，反馈还有更广义的存在价值和内涵。反馈是有假设检验能力的信息，能够基于此发挥推动假设演变的交互作用。而假设是我们在深入认识这个世界的动态过程中不断更新的认知和状态，假设也是世界自身向前演化的基础方式和起点。对于观察者的认知过程，假设就是A/B测试里面的题目，反馈就是结果。对于被观察者的演变过程，例如人们基于生物的基因变异会提出新假设，而自然选择就是反馈。观察者的认知和被观察者的演化，其实是同一个过程的两个视角。

"一切只能证伪不能证明。"波普尔说，一切真理换个角度看都是等待证伪检验的假设。反馈则是一种测量，是一种分类，是化解复杂性的根本方式。我们通过反馈对假设的检验来收敛相对分散的假设，并使我们有足够的信心将这些假设付诸实践。这个过程就是从假设与反馈的偏差中找到打开新世界的线索。只有在我们把脚伸进水里的那一刻，皮肤感受到的刺激才能告诉自己这里的水温适不适合游泳，我们的感受就是反馈。就像歌词里写的"不去开始就永远不知道"，就是这个再简单不过的检验方式所包含的信息，在驱动认知与万物演化。

我们将要讨论的反馈和经典控制论里的"反馈"并不完全相同，本文中的反馈是基于主动、有倾向性的假设，是对假设的测试、应用、模拟，是对假设的检验和推动。而假设也会在反馈的驱动下，基于从假设到反馈的快速循环形成知识进化和持续升级的复利效应。例如，算法模型的预测就是一个主动假设，并非被动和随机。建立假设的能力和反馈一样重要，假设和反馈共同决定了效率。更准确的界定是"假设-反馈循环"（Hypothesis Feedback Loop，HFL）框架下的反馈。或许，我们称之为"数字认知论"会更贴切一些。在这个框架里，抽象演绎体系和实证归纳体系一在一起，并在相互推动中被不断加速。特别是以数字化的方式抽象概括、虚拟化之后，以数学逻辑的方式基于HFL可以实现更快演化。下一步，HFL还要将数字化升级为智能化，加速万事万物运转，使整个社会的成本历史性地下降。

反馈看起来极其简单而常见，但它的内涵远不仅是维纳最早在经典的控制论中提到的，反馈是为了消除偏差、带来控制，如今更多是从偏差反馈中拟合、学习和解释世界。我们希望讨论的是，当它与具体的场景结合起来并运行于其基础层面时，呈现出的不同具体实践。

↻ 反馈为什么如此重要

反馈在一个强调学习能力的时代尤为关键。我们的世界正在不同层面上经历两个转变，一个是从由水平、规模驱动的增长转向由深度和创新驱动的增长；另一个转变是大环境正在加速复杂化。应对这些变化，需要我们提升学习效率，而学习的本质就是假设和反馈的循环，特别是在数据和智能算法革命性加速反馈效率的新技术条件下。其实，认知的突破和世界的演进都是在反馈的驱动下发生的。

复杂性和不确定性混淆的世界

复杂性和不确定性经常被混杂在一起。复杂性是计算问题，是由很多简单因素和规则的叠加、交互影响和反馈效应加速带来的。比如，"少了一颗钉子，掉了一个马掌，失去一匹战马，输掉一场战争，灭掉一个国家"的混沌现象，比如天体之间的三体现象。不确定性是世界运行规则及对其本质属性的认知问题，如量子态。我们将重点讨论可计算的复杂性，人们平时所说的"不确定性"并不是量子物理所描述的不确定性，其本质上是复杂性。为了保持表述一致，本书中也会使用"不确定性"这个词语，其内含与大众用法一致，即表达认知层面的不明确。

　　瑞典皇家科学院将2021年的诺贝尔物理学奖授予三位在复杂系统研究上做出突出贡献的物理学家，他们正在尝试以更多元的交叉视角来寻找对复杂系统的更好解释。今天的世界越来越呈现出复杂系统的特点，创新和复杂性就是这个不断加速中的世界所呈现出的两面性。更加违反直觉的是，这种复杂性通常都是在没有控制的情况下，由极少数简单的反馈规则演化而来；开放系统的内外部反馈使其比封闭更容易在混乱中形成自发秩序；不精确的，由自适应性反馈驱动的演进系统，也比追求精确控制性的系统更容易在快速变化中获得生存机会。无论是否准备好，我们就生存在这些新假设中。有很多我们已经习以为常却在不断失效的做法，都需要在新的假设之下被重新评估。

以简单化解复杂的反馈机制

　　1997年，击败国际象棋世界冠军卡斯帕罗夫的方法是基于大量人工规则的深度搜索，早期的机器翻译也是基于大量人工规则，然而这些方法后来都因为不可逆变得越来越复杂而不可持续。基于通用、简单的反馈机制和算法规则配合算力和数据的放大来解决问题被证明是可持续的，算法会不断提升通用性，强化学习就是简单反馈规则在海量重复学习中涌现智能性，ChatGPT（预训练语言大模型）代表的大规模预训练模型基于简单规则和海量数据就能涌现让人意外的语言能力。而基于人工规则的系统更适合在数据驱动的模式下做可靠的底线保障。

在进化的过程中，基因变异形成的新假设和自然选择的反馈，共同帮助生物向更强大的适应能力演化；科学家的假想和思想实验，以及实验室内外不同形式的实验和实践反馈，在推动科学发展；互联网通过海量用户行为"投票"反馈来决定排序策略的预估模型，从而实现个性化；AI算法根据反馈数据调节模型参数和网络结构，从而涌现智能；反馈信息促进了脑和思维的形成。甚至，我们身边的更多例子都在基于这个朴素的方式运行。就像我们在读过本书之后才能形成反馈，才会知道自己对它的预期是否准确，这可以帮助我们在以后做出更好的判断。

这看似是一个简单的框架，却在不同的组织团体内、在不同的生物神经系统内、在不同的具体情景下，表现为形式不同的反馈传递机制。而且，这种细小的差别会在反馈循环中被迅速叠加和放大，在不同的反馈循环之间交互影响，这造就了世界的复杂万象。反过来看，在同一类别、同一领域中，不同参与者、不同模式的差异，就有来自不同"假设和反馈"机制的作用。这也是我想在这本书里讨论的，简单的规则在反馈机制作用下演化出一切，在案例、规律、原理三个层面分别展开。切入点可以是反馈的结构、主体、关系、机制等角度，也可以是反馈数据的规模、速度等角度。

这个简单框架的复杂性还体现在，任何看似确定的假设都已经被市场充分消化，基于此的静态推演不可靠，因为参与者总是会基于此做出进一步的反馈，就像股票市场。特别是在复杂交互增加的环境中，只有持续的动态反馈机制才可以帮助我们更好地把握明确的机会。

🔄 数字化加速反馈，逼近认知加速的奇点

反馈本身没有意义，以不同的方式更高效地转化和利用反馈中隐藏的信息，才使反馈有了意义。如果说这个时代有什么特别之处，一个很重要的变化是数字化从根本上改变了反馈数据的规模、全面性、速度、精度，在反馈数据质量和效率同步提升的背后，是数字化技术创新与反馈结构、机制的共同进展。显著的例子，包括互联网和物联网节点的密度及其产生的实时数据流；也包括AI深度神经网络的深度和层次结构，在反向传播反馈机制下涌现的智能；还包括区块链技术支持下的个体对个体的去中心化反馈结构，以新信用机制催生Web3.0（第三代互联网）。基本的反馈机制规律会以不同的形式重复出现在不同的应用场景，并起到决定作用。

此外，AI在处理大规模数据方面也具备了统计潜在规律并发现假设的能力，从而能够实现自学习。特别是在物理等自然学科陷入实验手段不足的困境阶段，新的研究范式出现，对我们来说是一个好消息。

这些重要的变化组合在一起，就形成了更加快速的HFL，就像把整个世界装进了数字化的加速器，随时有新的撞击帮我们打开新的世界。如果说互联网改变了连接价值的方式，那么数字化将改变创造价值的方式。当数字化和智能化的

能力越来越普及，比软件、数据和算法这些工具更重要的是数字化和智能化的思想，我们是否建立了适合新时代的世界观、数字化思维方式和基础知识体系？这正是当下造成基础创新空白的主要瓶颈。基础的思想通常被认为是虚的东西，具体的工作更容易量化为短期成果。

在未来，智能就是在数据反馈中高效自学习的机制，物联网和云计算就是反馈数据获取、加速连接与计算的助推器，最终将整个世界装进云端模拟引擎。更进一步，数字化模拟可以更高效地获得反馈，还可以通过算法等反馈机制创新实现对反馈学习的加速。

↻ 基于数字化反馈的商业 3.0

数字化反馈、计算、模拟技术的进展使远期和微观事物的实时可见性得到了显著提升，可以支持算法自学习和实时优化。如果说工业时代是存量的博弈，产生了基于市场空间竞争的五力模型和基于心智空间竞争的定位理论，在互联网时代则产生了低成本和快速的MVP（最小可用产品）测试模式。在今天，随时可用且实时在用户的使用反馈中自学习、自主进化的产品和服务，在新的数字时代，我们称之为RSS（Real-time Self-Learning System，实时自学习系统）。例如特斯拉影子模式（Shadow mode）、实时升级的推荐策略、柔性响应的供应链。这应该是属于数字化、智能化时代的定义性模式，我们会在第4章讨论这一课题。

这个时代给我们的另一个关键信号是，从假设到反馈的循环周期正在数据和算法的推动下变得越来越短，世界将被这种趋势彻底改变，一切的竞争将归结为学习速度的竞争，这就是RSS的价值。商业战略需要参与所在时代市场内在结构演化中发生的根本变化。在今天，我们和我们的公司，显然需要使战略基于高效的反馈系统，建立学习效率优势，并善于利用反馈效应。

↻ 如何建立数字时代的反馈系统

回归最基本的框架，世界上有三类反馈系统对我们极其重要，第一类是来自外部世界的反馈，可数字化的反馈，就像雷达告诉我们距离车库的墙还有多远。在本书里，我们会讨论互联网和AI如何回归本质，在反馈机制创新的指引下找到下一阶段的方向，并实现人类认知外部世界能力的本质性进展。第二类来自人类本能对外部世界的反馈，古老的大脑边缘系统和快速进化的人类文明之间的不同步，导致了由内而外的过激前反馈问题，这是导致焦虑、肥胖等现代社会病的部分原因。我们从中也可以理解用户为什么投诉我们的服务，新消费面对现代社会中人们焦虑的本能如何做出恰当反馈，提供满足感。第三类是独立于人与自然界之间，修补两者之间的裂缝，以各自的HFL机制，相对平行独立的反馈演化系统。受限于碳基生命的缓慢进化周期，人类在自己创造出的多重混合进化系统中，正取得更快的进化和更强的适应能力。例如，在自然界之外，人类创造了令人沉浸的艺术世界，提供满足感的消费世界，以及元宇宙和人机结合体。其中，我们将重点讨论"新消费""个人化创造力""自组织""科技和智能"，并尝试从中找到不同系统如何基于反馈机制实现演化，从而获得这些领域内趋势和机会的洞见。

例如，我们会在组织部分讨论公司的内外部反馈效率如何基于"最小反馈单元"实现提升，Web3.0会如何基于新的去中心化反馈机制重新组织世界等具体课题。

然后，基于此的商业世界也会发生根本性的变化。例如，如何建立自己的数字化反馈流（新假设在应用和测试中的实时、全面、连续的反馈数据流）？特斯拉、亚马逊、TikTok（短视频应用）这些领先企业如何基于数字化反馈流变革业务？如何基于反馈效应制定适应当今时代的商业战略？如何基于数字化反馈优化决策？如何为高效公司反馈系统设计机制？我们会在第4章从数据、人、组织、机制、技术等不同的角度讨论具体的方法和规则。

最后，我们会在第5章重点讨论模拟计算如何高效地处理复杂性问题，以及如何实现对反馈的终极加速。在第6章会提及如何基于数字化反馈建立新的认知科学。

这些内容是写给未来的读者的，有些内容会有生涩的新知识，但这也许就是我们面向下一个时代缺少的，我们现在可以一次性刷新认知。特别是对于那些希望在数字时代持续引领创新的新一代管理者，以及新一代的跨界思考者，他们不会再以传统的狭窄学科界定自己。当然，不同的读者可以选择与自己相关性更高的反馈应用场景来了解，不同的场景之间并没有严格的依赖关系。

↻ 对于简单本质的追求

本书追求以尽可能简单的方式解释复杂，当我们躺在草地上仰望星空，看不见的引力作用于自己；当我们眷恋家乡土地上长出的美味，我们会更加理解自己的本能；当我们追赶牛群，它们逃跑的时机和路线可以教会自己博弈论；当我们和孩子一同玩耍，可以了解生物智能是如何学习的。伟大的知识作用于身边每一个细节，自己睁开眼睛就可以学到，就像海滩上捡贝壳的孩子，这就是亚里士多德说的第一性原理。所以，在不同的领域，我一直在用同一个方法和体系工作，因为我相信所有好的方法都可以还原为基本的常识，而对常识的组合运用可以解决所有问题。

几乎没有一个未知课题的研究会完全按照预期发展，如果有，这种研究可能很难有新突破。本书并不是按照一条线写下来的，我并没有对各部分的语言风格做完全的统一，因为对一些特定领域的知识做简化的表达可能会使其丧失准确性。有不同兴趣的读者可以选择阅读不同的部分、不同的专业方向和专业深度，不求甚解，各取所需，它们都是围绕"反馈"的不同方面来展开的。本书试图客观描述这个时代的内在客观规律和相同中的不同，很多观点是一种新的假设，如果你能证明它是错误的，那么它的价值在于提供了更多反馈，从而激发了新的假设。微小的努力只要有反馈就有意义。

目　录

第3章 在新反馈系统中加速

突破原始生存模式下碳基自然形态的局限,带来增加的进化系统各自遵循不同的反馈规则,但同样可以帮助人们赢得优势,并充满新机会。

第4章 反馈效应和可持续商业

新商业成功的本质在于,充分利用数字化反馈流和自主学习的智能技术所代表的最新生产力,这也是这个时代最慷慨的红利,并建立适当的反馈效应来持续驱动。

第5章　运行在底层的反馈系统

更加普适的"假设 - 反馈"机制中，假设的创造性和反馈的数字化是两个第一性的驱动因素，而数字化仿真环境中的模拟技术会根本性地加速反馈。

第6章　来自未知的反馈

一切在我们假设预期之外的反馈往往被我们视为噪声，而正是这些信号，却连接着未来。基于"假设 - 反馈"的框架，借助数字化反馈和智能技术，融合多学科的进展并回归共性基础，更加通用的数据驱动的认知科学正在形成。

附录：关键课题快捷索引

第1章
在数字化反馈中指数级加速

1932年，通信工程师H.奈奎斯特提出了负反馈放大器的稳定条件，即奈奎斯特稳定判据。任何系统在外界环境的刺激下必然会做出反应，这个反应会反过来影响系统本身，并通过建立自我调节机制维持系统稳定。就像走钢丝的表演者不断调节手中长长的平衡杆，才能有惊无险地抵达对岸（走钢丝的高手也要在特定的条件下表演，并有一定的失败概率）。

碎片化、不确定是信息和世界的本质

强调反馈作用的早期控制论似乎解决了问题的一半，我们将要讨论的反馈概念与前者的定义并不完全相同。我们生活在一个开放的世界里，这样才能保持熵减和生命秩序。这意味着不可预期的内外部世界之间存在的复杂性和交互性，这意味着世界上并不存在严格的闭环和控制，以及由此而来的确定性。而我们的课题则是如何基于反馈建立有用的系统，来应对这些挑战。

反馈的意义更多是在完全接受不确定性和不充分信息条件之后，在新假设建立之后，针对假设的内在合理性和环境适应度的测试、应用实践信息采集，从而完成对假设的检验和确认，为认知和演化提供下一步的方向，提升确定性。

不断接近认知循环的极限

在我们眼里，最小单位的HFL构成了宏观世界的演化，这种演化用"适应度"的方式解决了个体在整体系统中面临的演化不确定性，作用于万物演变和认知过程。只要我们能将问题转化为HFL架构来表示，并将其数字化，就能不断加速接近目标。例如，化学家会将传统的、缓慢的、发生在实验室试管里的工作变成可规模化的数字模拟程序，将探索具有不同化学性质的电池电极材料等具体的领域研究课题转化为HFL，从而将锂电池研发周期成倍缩短；例如，互联网业务对用户偏好的假设与用户的行为反馈就是HFL；例如，AI算法对不同神经网络结构和参数的假设和反馈修正就是HFL；例如，产品的新功能假设和测试反馈、人类IF-THEN（不同条件不同反应）的本能条件反射机制的形成与相应的生存效率反馈、病毒基因的快速变异和传播与疫苗研发，都是不同形式的HFL。可数字化就可规模化、可加速。

其中，创造性假设（既不随机又不机械）的生成和反馈一样意义重大。推荐引擎的信息茧房问题对行业和用户的困扰由来已久，因为这类系统目前更多依赖反馈机制，这会导致推荐策略更容易收敛和深陷在局部优化解的死循环，需要有拓展"假设"的能力才能形成完整的HFL。虽然数学体系还不能有效地描述创造力，但算法已经可以通过反馈调节、模式挖掘和知识推理等方式提出新假设，HFL在发展提出假设能力的时候，第一阶段主要通过统计的方式实现。相对而言，数字化时代的重要标志之一就是大规模实时反馈流数据，这一显著进展作用于简单的反馈机制就能达到意想不到的效果，就像ChatGPT。

　　一切解决问题的方法都可以通过以数字化方式缩短HFL时间来加速，甚至能处理人类无法感知到的形式（只要能以数字表示），用速度和规模以笨拙和简单的方式战胜一切。当反馈数据的速度接近实时，当AI的计算成本和数据成本无限趋近于零，我们就会接近认知的奇点。几乎一切社会效率都会因此提升，成本随之下降。现在就有很多业务在通过改变反馈数据分布、规模、频率来提升效率，从而创造出了新一代业务模式。

　　在数字化为HFL加速的背后，是数据在通过用更高效的方式优化我们的世界来创造新价值，物理世界的生产也越来越多转向NFT（非同质化通证）、游戏道具等数字资产的创造。数据资产的创造、归属、流通、使用、利益分配规则将是基于电和数学编码的新世界的基础规则。

1.1　认知加速的奇点

认知是如何基于HFL演化的？如果每个循环的周期都无限缩短，趋近于零，它如何影响世界的运转？会带来哪些非线性的变化？

1.1.1　演化和认知，如何基于反馈形成

地球生命形态的开始，是在引力和电磁力作用下，在无数粒子相互碰撞产生的可能性中，自发秩序形成了生命形态演化的"假设"，再由自然选择的"反馈"作用演化而来。海底热泉口源源不断地喷出生命形成所需要的基础元素，在火山岩上和细胞大小接近的孔隙中，反应的产物越来越复杂。在一个开放、自由交换的大系统里，随机的自我组织就像彼此之间在互通信息，RNA、DNA等可以自我复制的生命分子相继出现，直到形成了后来细胞需要的一切物质。就像斯坦利·米勒后来在芝加哥大学的实验室里，用烧瓶实验模拟的情况一样，在40亿年前的海洋和大气环境中，二氧化硫、二氧化碳、硫化氢可以自然地产生几种氨基酸。生命的有序结构出现，这是自然界物理和化学的演化速度，在随机假设下生命演化要取得新进展，是以亿年为计量单位的反馈周期。

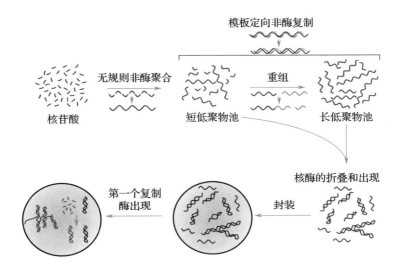

核糖核苷酸的自发聚合导致了核酶的出现，其中包括一种RNA复制酶

从随机假设开始

　　接下来的进化方式到了基因变异（也有观点认为基因的变化不一定是在原有基因基础上发生变化，也可能是从非编码部分新生成的）和自然选择主导的生物阶段。在这个阶段，以真核生物为例，每一代平均有0.006个碱基突变（Drake et al.，1998），拥有3亿对碱基的人类平均每一代会出现60~80个全新突变。而这种变化是有限变异，不是完全随机的。大约7万年前，从东非开始的地理迁徙，那些更有开拓精神和创造力的早期人类个体在新大陆生存下来了，他们是基因变异的随机假设形成种群特征多样性分支中的一个。作为自然选择的反馈结果，开拓精神和创造力就会反映在因这些基因特征而存活下来的下一代的基因里。1996年，科学家真的发现了一种与开拓精神和创造力有关的基因，叫DRD4，全称是多巴胺受体基因D4（Dopamine Receptor D4 Gene）。这种

基因让大脑产生一种奖励机制，一旦我们有了开创性的新想法，大脑就会分泌让自己感到愉悦的多巴胺。这是生物进化的速度，人类基因变化的HFL周期需要以万年为计量单位。

此后，人类对自己的未来演化，开始通过主动探索和假设创造可能性，开始有能力想象不存在的东西，有能力主动选择。对于人类，选择权甚至比选择本身更重要。正是人类展现出的这种独特且强劲的选择欲，驱动人类区别于其他生物，进而成为地球上的优势物种。大约500多年前从欧洲海岸驶向美洲的帆船，几十年前大推力火箭带人类登陆月球，规划中的火星基地打印拼装方案，人类的主动探索体现在地理和空间的拓展过程中认知能力的同步提升。这是人类智能的演化速度，从随机假设和自然选择，过渡到主动基于经验假设和基于实践反馈的人为选择，HFL的周期从以万年为计量单位到以十年为计量单位。

主动实验（无论是思想实验还是发生在客观世界的实验）和严谨抽象的知识推理体系，以此高效地形成假设，这是人类快速进化的一部分原因。从随机的假设到机器学习算法基于统计经验的假设，再到科学家有创造力的假设，帮助我们从具象的三维世界中探索出抽象的数学、哲学，以及建立更完善的时空认知；帮助我们通过想象构建出文化、制度等共同认同的社会秩序来加强协作。

新的假设总是要在实践的反馈中被证明有效，且可以反复使用才行。快速的有用性测试反馈，坚持这一实践性原则是人类快速进化的一部分原因。再次追溯到7万多年前，最有说服力的例子可能是动物陷阱，在南非的Sibudu洞穴，威特沃特斯兰德大学的考古学家Lyn Wadley发现了人类正在猎杀大量小型，或许有危险的森林动物的线索，包括丛林猪和被称为蓝羚羊的小型羚羊。捕捉此类小动物的唯一可行方法是使用圈套或陷阱。这可能是我们现在能推测到最早的人类在"假设和反馈"中学会现代性复杂策略中的一个例子。而今天，人类从有限、长周期、不精准的个体感官观察反馈方式，已经升级到数字化时代，海量、实时、精确的大数据反馈，基于规模数据的算法实现了更强大的函数拟合能力，这意味着发现规律和认知世界的能力有了空前的飞跃，很多事情会因此被彻底改变。

复杂系统的共同起点

从基础的粒子组合到演化出生命与智能的复杂系统，虽然它们在不同阶段的形式不同，但都是在以不同的形式探索新"假设"，并在相应的"反馈"驱动下做出演化方向的选择，都是从简单的规则开始，这就是演化的HFL通识机制。

机能简单的蚂蚁在寻找搬运食物最短路径的过程中，个体通过随机探索和路径假设，加上群体内相互反馈，可以迅速发现和调整路径。在随机和混乱中涌现秩序，形成一个有效运转的复杂系统。在个体上，微小片段的基因变异也是在独立、相对随机地不断提出新假设，并通过自然选择的反馈决定不同基因变异的扩散，使群体向前演化为更高级的生命形态。

我们想讨论的HFL机制几乎体现在任何领域。原始人通过持续新的尝试在反馈中学会新的技能，更新对外部世界的认知假设。计算机算法工程师用贝叶斯思想训练机器学习模型，这种思想认为，假设我们并不知道硬币是什么样子，我们应该假设它"扔出正面的概率"是一个未知数，这个数字需要从观察到的测试反馈来不断逼近更可信的假设值。这种方法已经在疾病预测、自然语言处理等领域产生实际效果，适用于几乎所有可以通过反馈中的经验归纳来学习规律并改进实践的课题。而且，我们不单单是通过归纳获得反馈。

HFL的演化现象

演化域	典型案例	假设	建立假设的方法	函数模型	反馈形式（数学/值）	值
物理	恒星演化	质量假设	自发/涌现	流体力学平衡/热平衡	秩序	熵
生物	"眼睛"器官形成	基因序列	随机变异	遗传算法	适应度	繁殖率
社会	国家竞争	生产关系分工	斗争/对抗	社会动力学	分配关系	集中度
文化	流行文化	情感/偏好	多样性/共鸣	扩散模型	自传播	传播倍数>1/<1
技术	技术发明	自创生/工程架构	模仿/组合/应用	对现象的目的的编程	创新性/可用性	效用
市场	公司发展	资源配置	资本自发流动	多智能体竞合博弈	利润率	盈/亏
互联网	搜索/推荐	信息关系	用户投票	幂律分布	相关性	打开/关闭
人工智能	深度神经网络	参数/超参数/网络结构	模型选择	可微分函数	是/否拟合偏差	置信度/分类
人机混合（Hybird）	人造器官	超共生	仿生	排异最小化	有效存活率	时间长度

一切从改变假设开始

假设和反馈的效率不断加速我们的进化，如果我们能够在某个特定的假设空间内迅速穷尽空间内的可能性，之后就需要跨越到新的、更大的假设空间才能获得新发展。人类从河流文明到星系文明，再到更广的假设空间，即新的认知"域"。比如从"硅基电子"到"光子计算"再到"量子计算"的模式切换，就是基于不同的物理"域"；比如从化工合成材料与生物合成材料对人体和环境有不同的友好性；比如三体人以智子干扰新粒子发现的故事中所描述的。人类的进展就是不断突破原有"域"的假设空间约束（人类的碳基形态最终只能感受和思考宇宙中很有限的部分），再开启新的HFL。

随机假设
史前时代、原始社会
代际存活、自然选择反馈
通过肢体观察和实践

可证明　经验、知识假设
工业社会、农业社会
有目的实验、实践反馈
通过工具观察和实践

可证伪　创造性假设、统计计算假设
（跨领域超经验）
信息社会、智能社会
规模化、数字化、仿真、准实时反馈创新选择
通过数字观察和实践
知识加速扩散、融合

独立完备、高维假设
完备社会
超越人为参与带来的认知不完备性
完全信息
通过超尺度空间观察和实践

超越人类主体性的具身智能
周期时间成本无限趋近于0
加速缩短的HFL周期

不断提出新假设，不断切换到新的"域"，这个过程并不会一帆风顺。人们说亚里士多德的很多观点后来被证明是错的，但这并不妨碍他在人类历史上的影响力。甚至有更夸张的犯错例子，通过切除前额叶治疗精神疾病的治疗方法曾经获得过诺贝尔奖，但很快这种治疗方法就被否定了，现在看来这荒唐且可怕。科学的意义就在于，虽然人类在有限的认知条件下永远都在不停犯错，但人类的进步在于不断加速提出新的假设，并通过反馈检验。

1.1.2　提出新假设的能力正在指数级加速

自2007年以来，新蛋白质结构的积累速率似乎已经趋于稳定。现在，探索新蛋白质结构的任务可以借助深度学习算法快速而海量地建立新的结构假设供测试。在很短的时间里，DeepMind已经破解了几乎所有已知的蛋白质结构，算法首先要将氨基酸链的样本数据输入转换成算法可以理解的特征空间，从样本上学习规律并提出新假设。在上述蛋白质结构预测的基础上，科学家们又研究出了利用人工智能设计自然界中尚不存在的新蛋白质的方法，ProGen模型设计出的新蛋白质与已知蛋白质相似度低至31.4%，却与天然蛋白质一样有效，这能够变革抗癌药和疫苗的研发工作。

生物的基因变异也是"提出新假设"的过程，但基因技术的发展改变了这种"提出假设"的方式。CRISPR基因编辑技术与人工智能相结合，更快地对致病基因进行高通量的自动化筛选，使研究人员更有效地找到新的治疗靶点。在更多领域，算法探索数据中的统计规律，以统计、模拟、演化、生成、搜索、博弈推理等方式发现新"假设"。现在，一流的棋手也在借鉴AI并通过这种方法提出新定式。

此外，基础的关联关系探索也是一个重要的数据驱动发现新假设的方法。科学家在表型组学的分析中寻找基因与疾病的关系，通过层级聚类等方式寻找共性。最近，人们通过关联分析发现指纹和肾纹理之间存在还无法解释的相关性，诸如此类的新假设在验证的过程中会引导人们发现新的知识"域"。在算法可以解构的领域，进化速度很快就会突破原来在现实世界中的诸多束缚。

新假设在反馈中加速演进

当我们走出家门，发现街道湿漉漉的，我们的第一个想法是在下雨。但是阳光灿烂，人行道干燥，所以我们立即排除了下雨的可能性。当我们向一侧看时，我们会看到一辆道路清扫车停在街上。我们得出的结论是，道路潮湿是因为清扫工作。这是一个从观察获得反馈来验证假设，并得到结论的过程，是智能生物的基本功能。我们不断地根据自己所知道的和所感知的信息来推断，大部分都是潜意识发生，我们并没有集中注意力或直接应用注意力。

科学家也是这样获得新发现的，在多数情况下，我们都面临着信息不完备的观察，然后基于此得到假设，再根据我们的知识来寻找一个可能性最大的解释。导致街道潮湿的原因可能有很多，人类有快速判断假设的能力，我们需要算法能够自主基于假设进行检验和推理，才能快速演进。例如，溯因学习算法（Abductive Learning）就能够选择最有希望的假设，快速排除错误的假设，再进一步寻找新假设和得出可靠结论。

传统的机器学习是如何工作的？首先，我们要有很多样本数据来提供分析需要的充足信息量，需要有很多标签来标注这些样本的特征，帮助算法从不同的维度理解样本。这样就可以做监督学习了，例如训练出一个判断邮件是否是垃圾邮件的分类器，这是一个从零开始学习样本的归纳分类工作，多数的机器学习都是用这个基础框架来工作的，具有归纳的能力但没有演绎和推理的能力，也没有知识记忆，新的自监督学习算法也并没有超越归纳法。而Abductive Learning的模型理念有希望突破这个局限，从而使机器学习能够更智能地解决更广泛的问题。这一理念认为，建立假设可以借助一个已有的知识库和一个初始分类器。在学习过程中，我们先把所有的数据提供给这个初始分类器，这个初始分类器会基于归纳能力得出一个结果值，再将其转化为一个知识推理系统，将刚刚通过归纳法学习到的新知识和原有的知识做比较，并尝试通过不同的参数调整方式使偏差反馈最小化。最后我们可以基于调整后的结果值重新放回样本集，训练新的分类器，重复这个过程直到分类器不再变化，知识库和事实一致。

这种方式是演绎和归纳的一种变体，结合了知识系统，还远未完善。但是，算法在学会了这些演进新假设的方法之后，就能够基于自洽的知识体系自学习、自主扩展，并借助算力和处理海量数据规模的优势，不断加速。

1.1.3 反馈数据规模增长正在指数级加速

在物理世界，新假设需要反馈数据的快速检验，特别是来自现实世界的实践反馈能够最终确认新假设的可用性。走进"灯塔工厂",低成本、低时延的物联网使感知能力几乎无处不在,从环境数据(温度、湿度等)和操作数据(速度、流量等)到网络数据(数据包数据、SNMP等)。特别是像压力、振动、位置、电压、电流、功率和能量等多维度数据都可以被低成本持续采集。以温度传感器为例,根据精度、温度范围、响应时间和稳定性等标准,可能有数百种可用传感器供选择。据IDC预测,每年连接设备数量的增长速度在30%左右。DataProt的数据显示,到2025年,每分钟将有15.22万台物联网设备接入互联网,总体规模将有416亿台设备。

机器每毫秒可生成数百个数据点,在生产场景,未来的工厂模式是实时一体的连接、反馈、改进。数字工厂中的集成机器数据可以通过REST和GraphQL API完整移植,集成到现有的BI、自定义工作流程和报告中,并集成到其他工厂应用程序中;也可以轻松将数据从云直接发布到Azure、AWS、SAP和任何其他云、大数据或企业应用程序。项目运营者可以跨时间和地点实时了解工厂车间发生的事情。

自动驾驶车辆通过十维以上的前融合感知数据获得来自外部世界的反馈,现实世界数字化的门槛越来越低的另一个动力是,AI突破带来的多模态交互使万物皆能以更自然的交互方式高效互动,这也会与规模的进一步扩大形成正反馈,我们正在越来越接近这个加速的转折点。

在生活场景,用户互联网已经初步完成了对"人"的数字化,从客观描述性特征到内在特征推理都可以被有效建模。虽然对用户流量的战斗还在社交和算法之间进行，然而，在以"物"为中心的产业场景网络化已经在不断加速，商品流和资金流都在加速数字化。一切可数字化连接的对象最终都将被数字化，否则就无法适应数字化世界的进化速度，从而被淘汰。生产、生活、产业这三个场景最终会编织成一张反馈数据网，实现对社会资源的整体优化。

1.1.4 反馈速度正在呈指数级加速

在同样的时间内，更快的反馈速度代表更高频率的假更新，更短的周期使同质化的竞争变成了代际的竞争。20世纪50年代美国制造业的策略是规模领先，20世纪70年代是价格竞争第一，20世纪80年代是质量竞争第一，20世纪90年代则开始转为市场速度第一，英伟达在游戏显卡的竞争中就是以此实现了对领先者的超越。

快速的反馈除了大规模使离线世界数字化之外，还有快速的数据处理和计算速度。今天的技术进展已经和当时的市场环境有极大的差别，用户的访问和点击行为可以形成几乎实时的个性化反馈，发现流水线设备异常也可以被不间断地实时反馈，甚至可以做到提前预测。更复杂的策略，像反欺诈模型已经能够做到在交易行为发生时进行毫秒级响应，将现有的对可疑交易的"事后反欺诈"（主要通过电话确认）转化为事中就提醒，极大地减少了银行的损失，同时还节省了银行的人力成本和运营投入。

OpenAI曾发布，AI算法效率每16个月提升一倍，并认为这是新的摩尔定律。英伟达的CEO黄仁勋则认为大语言模型的计算速度已被提升100万倍。

此外，低时延的5G应用普及等新技术也让数据连接和流通的速度有了巨大的进展，而且有很多提升速度的技术创新正在不同的细分领域大量涌现。例如，在最大化网络流的技术创新方面，最近有六位计算机科学家发布的新算法，称可以在最大流问题上无限接近理论上的最快速度，这是一种组合最优化问题，主要讨论如何充分利用装置的能力，使运输的流量最大。其中使用了一种"低拉伸生成树"（Low-stretch Spanning Tree）的方法来简化以往的图算法，以更快的方式检查整个网络，并减少了网络中的涟漪效应。

有了高效的网络基础设施，在很多领域，我们已经接近速度的终点，那就是接近实时的反馈，特别是在"To C"的应用中，用户已经很难感知到时延。

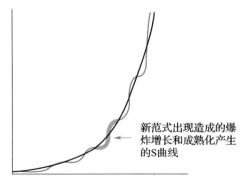

新范式出现造成的爆炸增长和成熟化产生的S曲线

库兹韦尔提到的级联S曲线

最终，在仿真模拟中加速

Waymo的自动驾驶策略正在模拟器中以革命性的方式加速进化，DeepMind通过自对弈训练策略发现了人类难以发现的新定式，从零开始训练的AlphaZero以4小时击败最强国际象棋AI，2小时击败最强将棋AI，8小时击败李世石版的AlphaGo。连最强围棋AI AlphaGo Zero也不能幸免，训练34小时的AlphaZero战胜了训练72小时的AlphaGo Zero。

除了下棋，模拟策略还可以用在优化计划、减少盲目的资源分配与能源消耗等更多领域。其实，人们在熟练使用的A/B测试就是模拟的最简单形态，而元宇宙可能是未来最大的模拟引擎。虽然理论上并不是整个世界都可以用数字来表征，但数字化已经可以对我们身边几乎所有的事情进行高效且精确的抽象，使之成为可计算的对象，并且让测试环境和现实世界同步演化，避免失效。这使我们更容易通过数字孪生将业务全景装进一个模拟器，通过更充分的"假设"测试，全样本、实时地反馈每个细微的变化，追求最大限度的优化，让数字化认知升级的速度不断接近极限。

1.1.5　叠加效应：HFL周期呈指数级缩短

单纯的信息爆炸会降低效率，更重要的是将反馈信息和科学严谨的假设对应组合来完成校验，通过Pairwise的"紧耦合的反馈调优"实现持续高效迭代。在这个基本的组合里，"假设"就是最大化利用有限的已知信息所做出的推测，并需要通过有针对性的测试获得"反馈"来修正偏差。剩下的，就是为这个简单机制持续加速。

互联网产品更加强调速度，从很早以前开始，搜索引擎公司每天都会有上百次的更新、升级、上线，网页搜索的结果页，每一天都有几十个等待测试上线的升级项目。这种产品和我们买回家多年不换的电器完全不同，网络产品时刻都在更新，时刻都在被应用反馈重新定义。

在快时尚领域，设计是对流行趋势的假设，而用户的浏览和消费行为反馈可以帮助我们迅速提高假设的确定性。如果建立假设像猜谜游戏，那么快速的反馈可以让我们比别人更早知道答案。线上快时尚DTC（直接触达消费者）的整个生产周期通常只有7～15天，ZARA的整个生产周期为15～30天，而传统服装业的整个生产周期为42天。SHEIN通过每天数千款上新刺激用户主动访问，而这些访问带来的实时反馈，在用户行为和产业SaaS之间快速迭代业务策略。更新的产品就有更多、更快的反馈，从而可以更快地推出新品，如果能够形成这样的正反馈，就能领先行业。行业演化也正在从追求同质化的规模到差异竞争，再到缩短创新周期提升创新密度以获取更高附加值。在更多的行业里，新生产力正在提升反馈效率，反过来，反馈效率也在加速生产力升级。

对于互联网和深度学习代表的AI算法，竞争的焦点同样是在循环周期的缩短上。以自动驾驶为例，为无人驾驶汽车开发的开源软件，用于目标检测或路径规划的开源数据集，能够在更大范围应用中建立更强大的反馈效应。通过云端软件更新，一辆特定的无人驾驶汽车控制行为中的一个适应性"突变"，有可能快速传播到数百万其他车辆上。机器可能呈现出不同的进化轨迹，因为它们不被有机体进化那套机理约束。算法可以在海量反馈数据中实时提出新"假设"，并在反馈流数据中即时验证，这种循环速度是生物进化无法比拟的。从互联网到AI应用的竞争，焦点在于采用什么样的反馈机制实现学习速度的领先。

在科技前沿的生物医药领域，根据《自然》（Natrue）杂志的数据，一款新药的研发成本大约是26亿美元，耗时约10年，而成功率不到10%。创新者正在通过机器学习、深度学习等AI技术结合量子化学、分子动力学等生物化学知识，建立含有多个药物关键性质参数的AI模型和物理模型（主要表现为AI软件），将药物分子的化学语言转化为与之对应的程序语言。这样就可以在靶点发现、苗头化合物筛选、先导化合物优化、候选化合物的确定等环节进行大幅加速。

2021年2月，美国AI药物研发企业Insilico Medicine（英矽智能）宣布，其利用AI技术发现了特发性肺纤维化的全新靶点，以及针对该靶点设计的新化合物。这一靶点的发现和药物化合物的设计发现仅历时18个月，成本消耗为260万美元。而在传统新药研发的过程中，一个全新靶点的发现就要3～4年，成本高达数千万美元。当然，这些进展还需要临床价值的最终反馈来评价。

除了在生物医药领域，认知加速的作用会体现在几乎所有的事情上，创新无处不在，已有事物的成本会迅速下降，这会为每个人带来巨大的财富效应。

这种竞争的终点必将是基于软件定义产品和大规模反馈数据的算法自学习，因为这已经超出人类能力和组织的响应

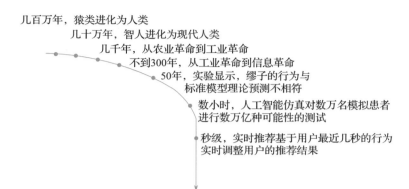

几百万年，猿类进化为人类

几十万年，智人进化为现代人类

几千年，从农业革命到工业革命

不到300年，从工业革命到信息革命

50年，实验显示，缪子的行为与
标准模型理论预测不相符

数小时，人工智能仿真对数万名模拟患者
进行数万亿种可能性的测试

秒级，实时推荐基于用户最近几秒的行为
实时调整用户的推荐结果

不断接近零时延反馈

效率极限。所以，我们的业务最开始就应该建立在新一代的模式之上才能参与未来的竞争，参考HFL考虑一切问题的本质，因为通过加速HFL几乎可以解决一切问题，后面我们会就如何更好地建立假设与反馈机制展开讨论。

1.1.6　可能性穷尽点之后，是认知加速的奇点——在人类的认知视角之外提出新假设

一方面，从获得反馈数据的速度来看，无论是否存在算力推动的智能奇点，HFL有效迭代效率的不断提升，并以此推动的"可能性穷尽点"离我们更近、更具体，且正在加速到来。空间上的分形结构可以升维，时间角度的频率提升也在帮助我们打开新的世界。

另一方面，从处理数据的算法来看，深度神经网络推动的这一代AI技术，本质是在特定规则假设下不断分解问题，逼近"可能性穷尽点"的工作模式。算法对潜在模式的全面

统计能力，提升了探索假设空间的宽度和多样性，在凡是可以转化为搜索类问题的领域，例如符号化的形式推理，算法很快会超越人类。在人类认知空间之外的视角提出新假设，这种能力可以在近乎无限反馈数据的条件和充足算力的推动下，在模拟空间里，近乎无限地对更短周期的HFL机制做重复的循环加速，不断接近真正的"可能性穷尽点"，逼近认知范式和信息的极限，在某种意义上，这就是认知极限的临界点。

当谈到某种智能的转折点，大家总是本能地感到恐惧。人类的古老大脑部分控制着我们的基础生理活动，比如呼吸和运动，这是生物进化的结果。正因为这部分大脑的工作，人们会因为害怕死亡而产生恐惧，会为了延续基因而努力繁衍，会有占有、控制的欲望。而人工智能目前还没有形成类似人类古老大脑的结构和能力，也没有进化压力、没有情感，关闭承载着它的计算硬件也不会让它感到害怕。同样，人工智能也没有目标，如果没有特别的指令，也不会想消灭人类，除非我们赋予它目标。我们恐惧是因为我们总是把比自己更聪明的智能当成也有自己欲望的一种存在，也许超级智能和人类有着本质的不同。而且，现在的智能算法只是以一种粗略的网络结构和反馈机制提升了一些拟合效率，即便是大规模预训练模型取得的在知识涌现方面的最新进展，也远未达到超级智能的标准。

算法自我意识意味着一个主体意识系统可以观察一个意识系统自身的运转，相当于智能算法可以在人类给定的目标函数和运行规则下生成新的目标函数和规则，这意味着主体概念和目标的产生。而人类之所以有这样的机制，是因为可能更多与生命系统"硬件"有关系，我猜想身体的激素调节系统对理性系统的影响能力可能更接近自我意识，而非仅是计算能力增强的必然结果。在突然意识到外部变化并知之甚少的时候，人类本能地会夸大事实。

此外，即使算法穷尽了几乎所有可能性，也需要反馈来为不同的可能性赋予意义，在可能性中最终做出选择才有价值。人类的作用在于，可以基于特有的知识和意义体系来完成最终这一步，而算法目前还只能在特定领域基于人工正样本的输入所学习到的价值函数来评估。

走出穷尽点

在算力和数据的支持之下，有限集内的可能性会被迅速穷尽。局限在于归纳式框架，人类在历史上是归纳多于逻辑的。理想的状态是，基于观察和归纳，并能不断提出新的有创造力的假设，而开放性的假设才是突破认知极限的有效方法，创新才会产生。因为，世界的复杂性远大于我们现在建立的假设数量。

一般来说，事情的进展需要在一个明确的"域"的层次上定义清楚，认知的进展是在人类观察能力所能触及的"域"内定义。观察域的拓展、新认知体系的建立、智能的指数级加速，三者交替拓展。例如，受限于人体感受器官的直接观察能力，原始人类只能停留在前科学时代；天文望远镜和显微镜的诞生扩展了人类的观察能力，推动了近代科学；当人类的观察能力拓展到宇宙这个更大的"域"上面，就产生了相对论；同样地，在量子"域"里人类找到了量子论。在不同的"域"下面，才有了观察和输入、假设、反馈的循环，并不断地穷尽每个新"域"内的可能性，我们再通过原有假设应用于新"域"的偏差，发现现有体系的边界和新假设，来持续向前演化。也许我们已经感受到，"域"的跃迁和文明形态也会有"人类自身"的约束，需要脱离具身模式和行为模式等基础能力的约束。我们不得不面对"具身冲突"，这是人类身体的感知和认知模式，与不断抽象推演向前的理论演绎之间的冲突，就像很多人很难接受量子论描述的世界与眼前世界的"认知冲突"，更不用说对三维空间的熟悉和对高维空间运行规则认知的"不适"。更直接的说法是，人类身体硬件的性能和模式，正在束缚更高级智能产生。

人类的认知也是在特定环境塑造下形成了自己的HFL模式特性，而且进化也出现了边际放缓。在每个"域"下面，数据样本的收益最终都会出现边际收益递减的现象，这时候我们需要通过创新更基础的假设，切换"域"，来实现进一步的突破。我们可以参考机器学习里面的"过拟合"现象，当参数假设对现有观察到的有限数据样本陷入过度的高相关时，则失去了根本上的客观和广义的普适性。

生物和文明都需要保持一定的代谢效率才能保持生存和进化的节奏，否则就会被世界变化的速度淘汰，或者被进化的阻力消耗殆尽。智能的阻力在于，多数的计算模式都会随着问题复杂度的更快提升出现边际效率递减，而且很难"自己设计自己，突破自己"。算法需要提出创造性假设，才能走出穷尽点。

1.2　数据经济新体系

反馈流数据加速HFL周期，那么如何加速数据价值的流动？如果说数字化带来的大规模数据反馈正在改变世界，那么数据作为继土地、资本、劳动力、技术之后的新生产要素必将推动新的经济体系形成，而这个新经济体系要为反馈数据在商业世界的流动加速。像ChatGPT这样的大模型会对数据的需求越来越大，特别是高质量的数据。

1.2.1　被数字化永久改变：优化权经济

据测算，采用共享经济模式的公司将在12年内增长2133%。到2021年，超过8600万美国人使用共享经济，另外，Airbnb上已经上架了1400个可以共享的岛屿。相对于渗透正在变得越来越广泛的共享经济，我们看到所有权的价值越来越缺少弹性。真正创造价值的是使用，特别是通过共享来突破所有权限制，在使用最大化的时候，增量的价值创造也被最大化。基于所有权买卖转移的交易经济，在逐步转变为基于数据对使用过程优化，创造更大价值的优化权经济，例如Uber、Airbnb、WeWork显著优化了固定资产的使用效率。收益分配也将基于优化使用过程所创造的价值来决定收益权，而不是单纯基于天生拥有，或者所有权与使用权同时集中在所有者身上的所有权体系，从而更公平地鼓励通过增量价值创造获得收益，这就是鼓励通过使用数据来优化资源、创造增量价值，并因此获得收益权利保障的优化权经济。特别是对于数据，所有者、使用能力、使用者并不统一，只有最大化共享才能最大化使用，从而使价值创造最大化。

让数字资产局限于所有权的限制是不合时宜的，因为这更多是零和博弈的价值转移，会形成保守和对抗性合作关系。从所有权到使用权，再到优化权，让数据流到合适的价值创造环节，和其他数据一起通过聚合效应创造更多的优化价值，更符合规律。但是，这一切都应放在隐私和公平等准则之下讨论，在数据资产精确溯源、记录、确权体系上开展。而且，这种转变是基于数据资产的独特性。

数据资产具有五个特性：

- **聚合效应**：维度增加后的价值提升效应。
- **正反馈**：越透明越安全，越使用越多，越使用越有价值。
- **虚拟属性**：数据使用的无边界和无限可能性。
- **不对称**：数据使用知识的不对称性。
- **价值原则**：能够用数据创造更多的用户价值是基础，所有的数据流通和使用都必须通过最优的价值增长过程，其模式才能正常运转。

数据资产还面临监管的挑战。首先，我们要面对的是数据应用价值创造者应该被激励的效率规则与数据所有者隐私权、收益分配权的矛盾。其次，是智能优化不断创新与监管规则滞后的矛盾。无论是基于事前规则和白名单，还是基于过程、结果的各种监管方式均有不足之处，用不变的东西限制智能的东西总存在局限，因为它有更强的主动规避能力。

数据作为虚拟资产和新生产要素，独特性在于，它通过聚合、更新、分析创造价值，具有类似恒星的负比热特性，即向外辐射能量的同时，自身温度会上升，直至引发聚变反应。价值驱动的数据自聚合体现为，相关性分析会让相关的数据自动趋向集中，围绕同一主题的数据维度增加会产生聚合效应提升数据的价值，并且可以交叉检验提升确定性。如何借鉴宇宙演化中建立平衡秩序的机制，让数据和信息借鉴能量的运行机制，让权属和利益激励机制的设计可持续，这一切都需要创新者引领。

数据驱动的智能技术并未像互联网在网络效应的驱动下迅速掀起全面的革命。在调研AI商业模式的时候，我最初的设想是，强大的AI应用和由其带动的数据聚合生态会形成和网络效应一样强大的正反馈效应，让领先的企业难以被超越。但是，这种现象迟迟没有出现，其中一个重要的原因是数据无法有效流通，无法形成智能与数据的正反馈，导致整个行业发展缓慢。

数据是智能的瓶颈，是下一代战略和商业模式的核心课题。对于数据的流通性，谁能解决隐私和利益分配的机制问题，谁就是共享平台；谁能最大化价值，谁就是应用者。这种共享是相互监督而不是暴露，这种使用是共有、共享、共治、共用。虽然未来的机制设计仍是难题，但去中心化和隐私计算都是需要加速探索的重要方向，应用驱动会是持续性机制和健康生态的长期基础。

数据资产的特性要求我们只有做到可用不可知，才能可控可计量，才能流通和激励。隐私计算有助于将数据的所有权和使用权分离，形成数据价值的流通，目前已经形成了很多相关的解决方案。其中，同态加密可以实现数据流通过程中不向第三方泄露，"可信执行环境"可以构建一个独立于各方，且受各方认可的安全硬件环境。谷歌提出的"联邦学习"在数据不出"本地"的情况下，通过去中心化的CoLearn用各方数据对模型进行训练，而后得出结论供各方使用。姚期智院士提出的"百万富翁问题"解决方案是多方安全计算问题，可以帮助人们在加密的数据中计算并最终获取有用信息，呈现计算结果，而不泄露原始数据。通过解决隐私问题降低数据应用成本是必须走通的路。

基于模型贡献率的分配规则

优化权经济如何度量并实现公平呢？数据价值的最佳量化方式，是在通过模型得出有意义结论的计算过程中，评估不同数据对模型的贡献，并以此为基础，考虑数据的所有权和优化权共同分配收益。姚期智院士认为，可以根据合作博弈理论，来确立不同的数据对于决策模型的贡献度，贡献度大的数据要素更有价值。因此，通过经济主体功效函数与决策模型贡献度的耦合，就可以对不同数据要素起到的经济价值做合理公平的定量评估，从而计算出数据要素在经济活动中产生的经济价值。在华润集团内部的实践中，根据数据定价算法在集团不同法人主体以及不同部门之间根据数据的贡献度进行要素价值的分配和部门贡献的独立核算，这样就可以市场化的力量使整个集团协同运作，用经济动力将基于数据要素的生产活动统一调动起来，使经济效率提升。

超级解决方案

将物理的世界抽象为数据，能够实现更快的反馈速度和流动性，突破原来的组织边界和关系框架，为更高效的资源组织效率带来可能，组织的定义、规模和边界也将因此延伸。

跨平台数据的个人化整合与产业解决方案视角的整合，是目前数据创造价值的两个主要方式。数据将成为重新整合的纽带，重构生产要素关系，以算法指引系统性优化的每一步。这种优化的结果是，用户将完全沉浸在个人化的体验当中，产业解决方案将围绕对需求的比特化以及对原子化的生产要素做高效重构。价值的杠杆发生了不可逆的变化，这就像广告行业的杠杆从创意人脑袋里的想法变成了分析师图表里的数据之后，一切都会随之改变，传统的利润池分布也将被重新划分。数据不可交易，但基于数据的价值可以，从技术上分离，并以商业机制激励，是当务之急。数据在这个时代的价值，决定了这个时代的商业一定会基于数字资产形成超级解决方案。

1.2.2　数字资产的转化

在我们讨论了海量数据结合反馈理念改变商业策略的同时，如何将数字资产这个新的关键生产要素的潜力，用更普适的方法转化为新生产力，这将是一个新的重要课题。

信息溢出

人们从撒哈拉沙漠的陨石高温让沙子变成了玻璃的现象中发现了玻璃。后来，因为玻璃制造工艺容易引发火灾，管理者将玻璃手工艺人们聚集在一个小岛上（他们既是同行，又是竞争对手），一起钻研手艺，这让技术发展得更加飞快。这在经济学中就形成了一个被称为"信息溢出"的环境，这个环境带来的效益可能比你设想的收益更大。在这里，人们第一次把海藻烧成灰加到原来的玻璃溶液中，发现了一种水晶玻璃，这就是现代玻璃的起源，玻璃因此变得透明了。

在找到玻璃的制造工艺之后，望远镜、显微镜、光纤等一切关联发明的出现对人类历史产生了深远的影响。这就是信息溢出产生的影响。那么，大量的数据集中在一起是否会产生类似的效果？从数据到信息，再到广泛的溢出效应，这是我们在数字化时代正在经历的。

数据盈余

如果说21世纪还有哪些重要的资源没有被充分开采，那么数据盈余首当其冲。据IDC预测，2025年，全世界每个联网的人平均每天有4909次数据互动，是2015年的8倍多，相当于每18秒产生1次数据互动。在物联网方面，据HIS的数据预测，到2025年，全球物联网（IoT）连接设备的总安装量预计将达到754.4亿台，约是2015年的5倍。而且，这还不包括已有的存量数据。例如，协和医院自1921年成立以来，以百年时间积累了335万份病历。总体上，我们处在数据规模和产生速度都在不断上升的曲线上。

三个转化之道

据统计，人类历史上90%的数据都是在过去几年间产生的，50%的数据在短短两年内产生。Gurjeet Singht是Ayasdi的联合创始人兼CEO，他认为：研究人员只是对每天收集到的1 quintillion（百万的3次方）字节数据中的1%进行分析和提取见解。而就是这1%被分析的数据创造了革新和见解，现在我们称之为"大数据"。

若要将剩余99%的数据转化为认知，至少要在三个方面有突破：

第一，从专家分析到算法自学习。呈指数级增加的数据规模只有通过自学习算法才能得到有效处理并被转化为知识，现在从查询出发去利用数据的潜能是不够的，低效的分析和假设过于依赖少数人的想法，这限制了数据资产转化为洞察的速度。算法应逐渐学会自动生成假设，通过自监督的方式自动地完成学习，这将提升数据分析转化为洞察的效率。

第二，突破非结构数据的解析和抽取的效率瓶颈。处理和索引PB级的非结构化数据现在主要还是依赖人工工作。大型组织雇用大量的数据专业人员来搜索、分类和移动这些数据，以便分析工具能够使用这些数据。现在迫切需要简化和自动化这些过程，在多个文件和云存储之间轻松索引文件，自动完成系统数据"移动"的解决方案。

此外，真正的数据洞察一定是非结构化的，寄希望于有一个标准化的数据产品解决数据洞察问题本身就是矛盾的。为了避免过度发散，非结构化数据的数据分析解决方案可能是垂直的，因此它们特定应用于某行业或某应用。例如，医学图像及其解释方式是一个上下文事件，需要临床数据集的特定知识。商业数据管理解决方案的时机已经成熟，帮助非结构化数据分析的工作实现流程自动化，很多公司开始提供类似的跨平台服务。对于人工智能算法训练，非结构化数据的多尺度表示和统一的数据生态运营也是必要的基础设施。

第三，让数据的使用权、优化权流通，让工具的使用门槛更低。基于数据的洞察和知识流通，而不是隐私，技术要解决这种分离工作，例如联邦学习就提供了一个很好的尝试。同时，让合适的领域专家去解决分析问题，将数据分析的重心从数据科学家和算法工程师转移到授权领域专家。数据科学家出现的频率已完全跟不上企业的需求。给商业用户（生物学家、地质学家、安全分析师等）开发对应的工具，他们比任何人都明白环境的问题，但可能不了解最新的技术。但我们始终相信，全面的智能变革将由行业内的人来推动。

数据需要在流动中才能匹配到需求，数据需要在流动中被充分应用才能持续在新的应用中放大和发挥数据的价值，数据需要在流动中才能和其他数据共同形成规模化的数据应用价值。在数据共享方面，在最重要的生产力红利面前，我们不能却步不前，面对数据过于保守，我们就会失去未来。

　　以往的人类历史中从来没有出现过这么大规模的反馈数据，也不具备处理规模化反馈的计算机制与计算能力，进而提出和优化假设。基于此的HFL运行速度和大规模并行，在未来将加速几乎所有事情的进程。

第2章
反馈效率决定进化速度

不同的世界基于不同的HFL机制运转，有不同的进化速度。当人类本能的内部世界还停在石器时代，外部世界则在互联网和AI的反馈数据驱动下不断加速演化。两个系统的不同步是人类的健康、精神、社会等众多问题产生的根源之一。

来自外部世界的反馈

我们是如何认识外部世界的？物理学通过拓展观察范围而产生新的想象和假设，并通过实验和对实践的检验获得来自外部客观世界的反馈，同时以数学不断重新构建严谨的体系。基于人类感官能够直接获得的反馈信息，诞生了牛顿物理体系、平面几何；基于在太空的观察尺度上获得的反馈，诞生了爱因斯坦的相对论，这个物理框架和黎曼几何体系相对应；基于粒子加速器在微观量子尺度上获得的试验反馈，诞生了杨振宁物理体系、邱成桐几何。某种意义上，在特定的假设框架和反馈检验能力所能达到的范围内，你看到的是你能看到的世界。

在不同的假设框架下，人们会看到不同的世界。对于同样的人类健康问题，中医强调整体，西医强调解决问题，并且基于各自的假设形成不同的诊治循环体系。在不同的系统里假设不同且难以统一，但这并不影响各自产生的效果。从另一个角度来说，不同的HFL机制也在塑造不一样的世界和不一样的认知。

世界是一个复杂关系体。以某种角度来看，认知是模式的匹配，每个人都会以带有个人视角的框架去预判一个新事物。通常，我们通过事物之间的复杂关联关系来建立每个点在世界中的相对位置和意义，这是一个关系体模型。人脑、互联网和人工智能深度学习算法都是通过不同的网络结构和机制模拟外部世界的关系结构，并在反馈中不断提升拟合度。网络结构最大化连接的同时，也可以基于反馈形成最强的结构拟合能力。

在相互交织的互联网世界里，谷歌的网页抓取工具会从数千亿个网页中收集信息，并评估这些网页和不同关键词的关系。算法会分析数百种不同的因素，在内容的新鲜度和网页的使用体验之外，为了评估内容在相关主题方面的可信度和权威性，谷歌会寻找那些看起来在类似查询中受到大量用户青睐的网站，这会影响用户在搜索结果页上点击并跳转某网站的概率，并基于用户的点击行为调整网页和内容以及服务在相关搜索词下的相关性权重，我们简单称之为点击调权。借助用户的应用反馈，互联网的网络结构在更好地拟合分散的信息与不同搜索请求之间的关联关系网络。

智能在大规模反馈中的涌现。在AI算法方面，1986年，大卫·E.鲁梅尔哈特、杰弗里·E.辛顿、罗纳德·J.威廉姆斯联合发布了一篇关于通过反向传播误差学习表示的论文，迄今已在谷歌学术网站中累积获得8万多次访问，产生1万多篇引文。论文里面介绍了一种新的学习过程，即反向传播，用于类似神经元的单元网络。该过程反复调整网络中连接的权重，以最小化网络的实际输出向量与所需输出向量之间的差异，作为权重调整的结果，不属于输入或输出的内部"隐藏"单元代表任务域的重要特征，并且任务中的规律性通过这些单元的交互来捕获。创建有用的新特征的能力将反向传播与早期的、更简单的方法（例如感知器收敛过程）区分开来。杰弗里·E.辛顿后来也因反向传播等杰出贡献被行业称为"深度学习三巨头之一"。网络连接权重对样本数据的反馈，不断修正预测函数，以神经网络结构更好地拟合样本数据中潜在的统计学规律，这可以被认为是这一代AI算法能够解决越来越多实用性问题的根本来源。

在AI应用方面，有了智能，我们就可以在变化的世界和变化的需求之间，为人类灵活地建立确定性秩序提供方法，就像在外太空建立有引力地模拟地球生存空间稳态。而且，在一定的范式之下，我们越是建立熵减秩序，越是需要消耗更多的算力和数据。所以，我们需要用智能创造更大的价值来平衡这种成本，才能形成可持续的正反馈，这是AI在算法的第一层反馈之上需要解决的第二层反馈机制。

总体而言，反馈产生秩序，带来智能和熵减。我们构建的这些复杂系统都是来自简单反馈。找到简单的反馈机制，然后不断扩大网络规模，成就互联网。找到简单的反馈机制，然后利用算力的指数级加速和数据规模，成就AI。

来自内部世界的反馈

人类本能也是一套可靠的算法，它成功地解决了人类的生存和延续问题。这套算法采用了更加稳妥的从反馈中学习的方法，以生存为代价而非模拟环境，代价决定了这套算法是倾向于保守的。以20瓦上下的碳基算力为基础，以个体的环境数据为制约，以生育周期为代际循环，通过遗传共享，这种反馈进化机制和硅基智能的进化速度已经无法相提并论。外部世界与内部世界的不同步导致了众多问题，人类不得不发明更多平行系统来弥补在自然系统中进化的不足。

世界的两个节奏

我们所从事的商业可以分为两类，一类是基于对人类本能的理解和反馈，更多是在生活形态的演变中水平变化，并无垂直进步，这和人类本能的进化速度是同步的。另一类是对外部世界的反馈和认知，是由科学和技术推动的。就像微软将ChatGPT整合进众多产品，正在以数据驱动的方式让万事万物成为智能体，并接近进化速度的奇点。

2.1　连接——网络如何在反馈中持续演化

只需要给世界勾勒底稿，它就会自己完成一幅完整的画作。用户的使用和群体反馈驱动的相关性会让一个简单的互联网工具形成自发秩序，将世界抽象连接成网，用户的每一次点击反馈都在优化这个关系体。

2.1.1　互联网在反馈中自演化

互联网通过更相似的结构拟合现实世界里信息在网络中的流转与演变。通过积累数据反馈，不断记录和重新分配信息和资源在关联性方面的权重参数。领先的平台依靠大规模流通和反馈，不断提升拟合和分配效果，显现规律，优化效率。在这个基本的、粗糙的网络平台上，用户和其他参与者的反馈才是复杂生态的真正创造者，平台只需要提供最基础的功能和机制，并保持开放和克制。

网络三要素

用户互联网几乎全部的秘诀都在于快速形成规模化反馈的能力，一旦达到这个临界点，后面要做什么都会自然知道。而在这之前，最重要的就是运用好早期种子用户的反馈。网络在反馈的驱动下不停演化，一旦偏离有效的反馈就会失去方向。

对于复杂网络，平台只需要提供最基础的功能和最简单的规则，以实现必要的优胜劣汰秩序，就像鸟群只需要"靠近""不碰撞"两个规则就能实现高度自组织，这比严格的管控更有效。保障基础的反馈效率之后，其余的事情就要遵从非必要最小化原则，这样就能最大化释放平台的创造力。

反馈效率=节点属性和规模×网络结构和反馈机制×流通速度与成本

次级变量包括：

①节点属性和规模

平台的本质是生产连接关系，要一直支持最先进生产力，它代表新的增量需求，而新的要素会为平台带来新的稀缺性。代表生产力水平的节点属性就是生态角色类型，例如商家、设计师、内容创造者、品牌等，这是定义网络效应的关键要素。我们应重点关注是否有能够让代表当下最先进生产力的生产要素及时参与进来，并基于最适合其成长的关系设计来形成集中效应。例如，下沉市场、国际化等策略都可以拓展网络的结构和规模。而对于新社交网络，Snap则从主流社交平台连接力较弱的年轻人群社交结构突破，通过连接新的边缘角色建立新网络来进入市场。

②网络结构和反馈机制

双边还是多边网络结构？去中心化还是中心化？

互动和反馈的机制需要建立在包括服务关系、商业化关系等连接设置的基础上，通过重新连接生产要素之间的关系，设计正反馈机制，形成网络的"价值放大器"。例如，在平台机制方面，淘宝通过支付宝建立平台信用机制激活长尾市场流通、区块链建立去中心化的新共识机制、Shopify帮助品牌更直接获得用户的反馈、Meta的单边社交网络使每一位新用户的加入都在强化平台对用户的价值、TikTok的无标度网络KOL成为信息流转的加速器，SHEIN的垂直网络提升了下游创新的确定性，这些网络结构和机制所建立的效应是网络的基础。还有一种机制创新是钉钉，从熟人社交连接机制切换为商务连接机制，从而定义了新的网络空间。

③流通速度与成本

连接的实现方式决定了连接速度，是通过社交、推荐算法还是普通网页？这就需要以最先进的生产模式来保证网络效率的优势。网络的基础设施同样关键，通信技术、物流和供应链等可以直接决定网络的带宽、速度、规模和机制。例如，你可以通过即时零售在30分钟内获得你想要的商品，即时零售运营商也在通过提升客单价，以大规模流量扩大需求，以大规模骑手提升密度并统一算法调度等方式摊低成本，通过更多品类的大规模平台商家共享库存引入高毛利供给降低配送成本。例如，你在得物可以很快地卖掉潮鞋，你在闲鱼可以更快地买到二手商品，因为它们在垂直领域形成了有规模的网络效应。连接的成本对规模有直接影响，例如，平台连接了DTC的品牌方或原产地供应商，则会通过更短的产业链条获得更低的成本优势。同时，更低的成本（ROI）也会对平台的规模有正向推动作用，从而进一步获得以规模降低成本的收益，以上都是平台方跟随市场变化实时保持比较优势的因素。

　　评估网络价值，优化网络效率，以上这些变量都是有效的杠杆，在不同条件下会有不同的优先次序，网络之间的竞争也是基于这三点展开。日常的运营空间本质上也是由这三点决定的，常规运营也需要从这三点出发。对于由反馈驱动产生的网络，我们不要对直接干预抱有过高的预期，因为平台优先要对反馈机制负责，间接干预。例如，如何实现平台的优胜劣汰正反馈？用什么样的规则使服务者获得收益和激励？

　　世界的连接永远在动态变化中不断产生新机会，平台的演化只有一刻不能停止才能代表先进生产力和合理生产关系，在某种意义上，平台就是新事物的催化剂，平台的竞争就是新与旧的竞争。Uber可以大规模地连接车主和乘客，而高德这种跨小平台的大平台，或打车公司自己的App也可以直接连接乘客，不同的市场结构有不同的动态博弈局面，平台要不断发现新的可催化机会。

2.1.2　点反馈：如何选择"点"来切入市场

　　在价值链上，对产业整体的反馈效率最敏感的单一环节，或者能够起到以点带面激活全局的杠杆作用的反馈节点，就是我们要讨论的"点反馈"。

选择可持续优化的点，最小化反馈成本

　　当你打开手机，点一个按钮就可以叫到车的时候，你会发现规模化的用户使用行为与更低的参与成本是直接相关的。Uber很早就提出"Push a button to get ride"的理想，让你站在人流嘈杂的街上，不用低头盯着屏幕做复杂的输入。

　　在特定时间和空间条件下的供需匹配，使网约车的网络效应存在同边互斥（用户同时争抢有限的可用车辆），连接能力和价值相对局限。这个网络结构特性也限制了此商业模式持续通过大规模连接获得反馈，进而优化成本。

　　还有持续优化的机会是因为这项服务满足的是用户重要且不断重复的刚性需求，对于大规模使用的服务而言，更低的单次使用成本就更有意义。亚马逊从"One click"的策略到"Buy box"的策略都是将复杂的后端服务整合到用户不需要看到的黑箱里，只把简便快速的体验留给用户。

　　亚马逊还经常将很高的固定成本押注在不变的事情上，比如物流、云计算、流媒体，以规模效应优势不断降低成本，这种理念体现在整个业务链的每个环节，以整体的低成本让更多的使用者以更容易的方式参与进来，而大量用户的使用反馈就可以帮助亚马逊更好地优化供应链资源分布和实现个性化。从而降低成本，通过增强反馈流创造增量价值。

　　选择一个在价值链上有稳定需求的价值点，持续地降低成本门槛，保持低利润和高流通，公司利用信息不是要赚信息不对称的钱，而应该赚更高效服务的钱，以反馈创造增量价值所带来的利润。同时，更低的使用成本常常伴随着简单、标准化的服务，在激发更多的行为和反馈的同时，反馈数据也会更容易被算法处理。更低的反馈成本是一种商业优势，也更容易形成用户的使用惯性，这两者相互促进。

　　成本下降这个趋势也在很多重要的领域同时显现，这似乎就是未来的大趋势。根据凯瑟琳·伍德的测算，1871年马车跑动每英里的成本是1.70美元，2025年Robotaxi行驶每英里的成本下降到0.25美元。得益于传感器、3D打印和机器人技术的进步，航天业的成本终于呈现下降的趋势，到2020年，火箭运送1公斤物资到低轨道的成本已经下降到2000美元左右。

ARK同时发布了另外一个意味深长的数据，研究认为，五年内全球游戏市场将会以16%的年复合率增长，从2020年的1750亿美元涨至2025年的3650亿美元。而用户玩电子游戏的每小时支出，在接下来的五年里可能会增加20%。游戏可能是人类用低成本快速寻找快乐反馈的最普遍方式，尽管我们都不希望青少年花太多时间玩游戏。

解放灰色地带，在低效市场中建立有效反馈

不均匀发展的世界会不断出现新的信息不对称，这会成为"灰色"滋生的土壤，就像病毒，如果抗生素不能彻底杀灭病毒就会因为病毒的变异而更难以对付，以此形成独立的新反馈体系。而外部的压力正好给了这个反馈系统维持稳定，避免熵增的外力，使灰色难以去除。

还有一些灰色是因为低频、小众、专业知识密集等行业特性带来的，例如部分中介、维修等行业。更好的方法是建立新的通道和反馈体系来疏导需求和压力，让灰色的通道因为落后的反馈效率而被遗弃。

PayPal、Airbnb等，使很多领域的不可能成为可能，虽然它们还不完美，但其建立了一套趋向完美的反馈机制，好

的房东可以获得好的收入，好的用户可以享受更加便捷的体验，通过反馈传递信息是解决问题的关键。

"灰色"的一种含义是指信息化、数字化表征能力弱，导致市场运行低效，人才市场就是最典型的领域。对名校过度追逐和应试教育的深远负面影响，根本来源是人才市场的机制不完善，信息化、数字化程度太低。人才的匹配应该基于能力，在刚刚进入职场能力不足的阶段，学历应该只是一个信号，但因为缺少持续的人才反馈评价数据系统，导致学历这个单一信号发挥的作用太强，使整个市场信号反馈系统扭曲。如果我们在全社会层面有一套完善的数字化人才能力评估和反馈系统持续运转，就可以从根本上解决因为机会分配和人才选择机制带来的应试教育"内卷"问题。我曾经在公司发起过一个叫"信联"的项目，就是基于这样的初衷。

未来已经来临，只是它不以我们熟悉的方式展现自己。这体现在细枝末节的冲突和变化上面。人们不远万里从另一个地方的小超市里买奶粉带回国，预示着跨境电商的潜力。人们主动留"黑车"司机的电话，意味着Uber的模式是有需求的。

以相关性重建秩序

互联网的出现使人们很快从信息不足进入信息爆炸的新阶段，同质化的海量门户网站迅速消耗着人们有限的注意力，获得有效信息反而变得困难。搜索出现了，但它只能解决"自己知道自己不知道"的信息相关性问题。后来推荐出现了，因为它可以解决"自己不知道自己不知道"的相关信息获取问题。在推荐数据不足的情况下，还有社交关系推荐、专家推荐提供社区型平台，可以提供更有发现感的相关性。新的市场总会带来新的需求，但相关性是不变的主线，因为这是反馈效率的基础。未来还会以新的形态提供更高的相关性，从而优化世界的连接。

识别和放大关键杠杆

如果我们深入其中就会发现，每个行业都有绵延的产业链条，以生鲜为例，有两个环节对产业链反馈效率极其敏感。一个是定义价值的环节，从农业基地产出的农产品是不标准化的，山姆会员店制订了稳定且高标准的鲜度、甜度等上百个指标，并通过渠道品牌化为生鲜产品做了标准化的价值定义。另一个是定义成本的环节，因为生鲜对鲜度的要求，时效和损耗就很重要。线下钱大妈的日清模式、线上社区团购的预售次晨达模式，在实现少环节、低损耗的同时，以计划性消费模式控制了成本，虽然全渠道即时零售配送成本高，但其以小时级的速度保持了鲜度和及时性，这都是重要的创新。我们会发现，行业内成功的企业都是围绕这些关键环节完成了创新并建立了领先优势。

对于生鲜这种高度非标准化的商品和产业链，就如同每棵树上的每个苹果品质都不同，需要以确定性的同质化人群和需求归类以及建立对应的质量标准，来形成确定性的IP和预期，以同类需求的集中来引导下游的标准化，从而基于上游的确定性优化下游效率，这将是一个重要的价值杠杆和市场切入点。

被技术重新定义的反馈形态

每个节点最终都会被拥有更高反馈效率的新节点替代，这种新可能来自新技术，也可能来自新人群、新需求、新行为等代际更替。成长的新势力与旧势力往往是两个独立的反馈体系，它们会经历一个此消彼长且互不兼容的过程，但并不会发生简单的新旧全面替换，因为原有的反馈体系在其价值网络中依然在不断优化，只是因为惯性和价值网络的黏性，无法迁移到新领域，最后在原有的领域走向萎缩。而新的变量催生新的反馈体系，最终我们会看到究竟是谁站在了对的一侧。

对于大众消费级产品来说，交互技术降低了新计算平台的使用门槛，从而被大规模用户接受，它是变革的重要推动者。Windows的图形界面替代DOS代码交互、智能机的触控、Siri和Google Now、Echo智能音箱等则利用了语音和多模态交互的进步，Google Glass、XR则在视觉感知上建立了优势，更加前瞻的Neuralink所采用的神经信号接口技术则已经开始进入瘫痪治疗领域，不断创新会让人与外部世界的互动更自然高效。2021年底，市场传言谷歌正在组建"增强现实操作系统"团队，并收购了MicroLED厂商Raxium。如果元宇宙等虚拟世界持续发展，用户可通过装在头戴显示器里的眼球追踪技术互动，可能只用眼睛就能控制一切。谁能在这个交互节点上充分利用新变化，实现更高效的反馈，谁就有机会赢。

开放的反馈，巩固封闭的生态

大家越来越认同开放的理念，然而世界上并不存在绝对的开放，处理不好开放和封闭的关系就会自陷迷局。例如，亚马逊开放商家的参与，却通过物流和会员的极高迁移成本封闭了生态，使之成为边际可持续优化的长期杠杆，以及生态和网络效应的效率支点。

　　像操作系统这类处于计算平台中心位置的主导性生态位，自然成为反馈数据的枢纽。人们通常会关注到它们的规模，但反馈流数据才是它真正可持续的核心能力，而好产品只是这个正反馈的启动点，因为好产品不会再产生新的好产品，而反馈数据会，这也可以解释大公司的好业务让谁去做好像都能成功。大公司出问题基本上是反馈系统在变化的市场环境面前失效了，反馈数据并没有充分优化效率。事实上，没有反馈能力的规模的意义是有限的，脆弱且难以持续，特别是在数字化的时代。反馈能力的强大优势能够延伸到相关领域，并发展出新的优势节点，形成生态扩张，演变为一个更大的反馈生态。如果说操作系统是一个大的反馈环，那么新的节点也会成为一个小的内嵌反馈环，并巩固整体的大反馈环。这种组合可以让生态主导者在选择封闭与开放的时候有更多的设计空间，也许我们可以称之为"封闭带来的开放"，是主导者的势力延伸。

　　像App Store、Chrome都是处于大反馈环中的小反馈环，我们除了解决小生态的问题还要保持与大生态的被定义关系，既是自下而上的也是自上而下的。这类节点的形成并非只是单纯来自用户需求的驱动和局部市场反馈效率的竞争，这类节点往往有其独特的来源；在某种条件下运用得当就会加强节点自身的反馈效率，同时也加强上层反馈系统的反馈效率，形成新的正向反馈回路。

破坏市场的增量攻击

在解决本地5平方千米范围内供需匹配的本地生活业务问题时，通过资源的在线连接优化带来的价值非常有限。因为受地点约束的有效供给在不同的时间点上可能会出现严重不足，而增量供给可能是真正创造价值的来源，外卖的配送能力就为饭店的传统堂食带来了巨大增量。拥有流量的平台曾经希望用连接的思路来改变"To C"服务业的低效局面，然而像教育、医疗这样的服务行业的根本矛盾在于优质供给的严重稀缺，有的行业甚至是全面的供给不足，这不同于中长尾服务资源所面临的连接和信用问题。

未满足的需求也需要被反馈，而且这种反馈应该被用来引导更有针对性的供给，从而形成增量，并根本上改变市场的供需格局。例如共享经济把闲置的人力和资源引入市场形成增量，网约车、民宿、医生多点执业等本地服务都是典型的案例。其背后是将需求的反馈延伸到存量市场之外建立增量的过程，这需要商业模式的创新，同时需要建立新的基础能力和机制来支撑外部资源的引入，使其可以迅速适应本来面向存量市场的需求。打通未满足需求和增量供给的反馈节点也体现出扭曲整个市场结构的能力。

规模的额外收益

任何有规模的事物都具有成为重要节点的潜力，前提是这是有反馈能力的规模事物。规模化数据和采购能力可以通过需求的集中和确定性反馈帮助上游降低成本，从而让自己买到更便宜的供给，但不能依靠规模向下游卖得更贵，因为这会让自己从根本上丧失规模，反之应该向下游卖得更便宜来强化规模。

含有高价值信息的反馈信号，形成连续和规模化的反馈流数据就是主导市场的话语权，可以影响供给。数据反馈机制的创新也很重要，智能算法从人工定义到自动学习反馈函数，能够更高效地引导市场秩序。

提升相关性、降低成本、建立信用、优势延伸、开发新技术、增量供给、大规模反馈数据，以及其他改变反馈效率和市场流动的力量，都可以创造新的市场反馈节点，帮助我们成功切入市场，从而影响整体市场的结构。

2.1.3　链反馈：信息延伸秩序的边界——通过每个环节的反馈传递定义全局最优解

真正的胜负往往不在竞争发生的节点

通常一家公司会选择一个市场切入机会做点状突破，进而才是纵深多环节一致性反馈和各节点之间的数据共享，为每个节点带来可预测性优化。而且，市场会看到公司在这个显性的切入点展开竞争，其实隐性的优势来源可能在反馈链条上的其他节点。

在硬件领域，苹果通过向上游芯片等环节的链式延伸，在逐渐转为存量博弈的智能机市场寻求差异化竞争力和利润空间。同时，向下游应用服务平台拓展增值空间和新的利润增长点。链反馈能够实现应用、硬件、芯片的整体性优化。

在中国市场的搜索引擎大战中，百度先是面对谷歌，然后又面对360，竞争的焦点看起来是用户规模，所以对手也通过捆绑产品的方式进攻这一点。事实上，百度一直有一个差异化的优势，就是让用户获得其他搜索引擎无法提供的体验，那就是百度贴吧、百度知道等内容社区所提供的独特内容。而且，这种社区是在搜索更精准地对人和需求做分类的基础上发展形成的，这种反馈效率优势进而形成了业务链条上的纵深优势和精准反馈的优势。在这里，相似的人群聚集在一起，更好地产出内容，特别是可以有针对性地引导出一些搜索索引的存量内容中，没有充分满足用户需要的内容，单纯搜索的点状业务被升级为链状业务。

另外一个优势在于，存量用户规模带来的反馈质量，形成更好的搜索排序能力，这种正强化的反馈优势巩固和强化着生态。这也使竞争变成了流量引导能力与服务体验纵深能力的竞争，后来的结果我们已经看到了。

在零售领域，DTC直接帮助品牌面对消费者，有着更高的反馈效率。根据Marketplace Pulse数据，来自加拿大的DTC平台Shopify在2021年第四季度的GMV超过540亿美元，现在的规模接近亚马逊交易规模的50%。这个增长的过程也伴随着Shopify通过SaaS产品在价值链上的能力延伸，自2013年起其开始发展支付业务，后又延伸到物流、仓储、金融领域，并先后收购云计算公司Boltmade、移动应用工作室Tiny Hearts、CRM公司Kit、Oberlo、Tictail、退货管理公司Return Magic和B2B平台Handshake等，试图构筑生态壁垒。该公司在下游的物流环节，除了加大Shopify Fulfillment Network的建设力度，

Shopify还整合了6 River Systems仓储自动化技术。一个新的、去中心化的、由数据流连接的反馈链条正在变长。

有工具属性的应用是很容易被替代的，需要通过纵深反馈链条对其进行建设，演变为一个强大的生态。因为这并不是"为了大而大"的设计作品，而是基于需求和供给的高效反馈自然产生的业务。之所以很多变大的公司很快死掉，是因为没有反馈效率的复杂化是减分项。

一致性带来的价值层层放大

由点反馈到链反馈，除了可以通过有效协调更大范围的价值系统来创造更大的价值，找到更多的业务加速助推点外，多环节可一致性地聚焦于一点，就像加速器中的粒子，会被持续放大到效率的极限。

起步于东南亚的电商平台Shopee，很好地捕捉了东南亚及南美等新兴市场的移动电商发展时间窗口，业务策略看起来清晰、聚焦、一致。它先选择面向新入网的早期用户，即更偏下沉市场的用户，在各区域市场建立更加强调本地个性化的重用户运营团队，面向网络经验不足的新网民做增长，以低价格和包邮的低门槛为特点，面向各区域市场建立集中统一的跨境供应链团队以降低成本，在跨境物流环节以对低单价商品更友好的计价方式提供物流服务，在本地配送环节为最大化覆盖目标用户而使用社会化物流，使用户增长最大化后再从资本市场获得充足的资本支持。

多重反馈放大一个焦点，是迅速打通一个业务方向的有效方式。多数公司内部效率低下，是因为业务系统设计的不一致性，这是个在不同环节间的衔接处，抵消组织能量的隐形消耗。

这种一致性为上下游带来的确定性是优化效率的重要条件。例如，由内容引导的交易面临着极大的流量随机波动性，使下游的供应链成本难以降低，这也决定了内容电商的上限。

正是利用反馈转化为价值的能力，决定了各环节在价值链上的主导力。例如，内容平台基于内容消费行为中的丰富反馈数据，精准地将商品变成内容从而进入电商。这相当于电商平台向上进入内容行业，内容平台向下的价值链位置迁移与延伸的合理性在于，假设各环节的市场集中度相近，那么从上游向下游走总是更顺一些，从难度更高的环节向难度低的环节延伸更顺一些，因为这意味着优势环节可以利用链上反馈数据创造的价值更大，自然成为主导者。有了内容和KOL人设再配货总是比有了货再去打造和货匹配的内容和KOL人设更容易。

说到底，通常人们会注意到交易流在整合产业链，而真正在优化价值链的是反馈数据，这些数据带来一致性和确定性基础上的优化空间。

基于链反馈实现虚拟的纵向一体化

①纵向整合的边界被不断突破，由纵到横

纵向一致性带来的效率优势会形成更大的整合外部资源

的势能，帮助SHEIN取胜的价值链条同样完成了从前端流量运营到商品测试再到供应链衔接的纵向链条。当这个势能足够大，就形成了我们现在看到的情景，它在供应链后端开始横向整合分散的产能。以数字化的方式快速反馈个性化需求和时尚趋势的效率就是这个势能的来源，分布在各地的服装档口就是这个势能的整合对象，一个倒T形的结构开始连接和准确地反馈大洋两岸的需求和供给。

②从供应链到响应链，由正到反

在人们习惯从零件制造到部件制造的生产流程的年代，丰田已把这个链条倒过来，建立了反馈驱动的机制。JIT不光是应用在工厂生产，某种意义上它抽象地创建了一种更加广泛适用的反馈模型。以订单驱动，通过看板，采用拉动方式把供、产、销紧密地衔接起来，使物资储备、成本库存和在制品减少，提高生产效率。这一生产方式在推广应用的过程中不断发展完善，成为汽车产业提高生产效率的经典案例。这一生产方式也成为世界工业中备受瞩目的模式，被视为当今制造业最理想且最具有生命力的新型生产系统之一。在这个链反馈中，通过适时适量的生产要素分析，从均衡生产组织出发，进行即时生产调节，向各生产组织板块传递指令，反馈信息，后续补货，拉动生产，追求小而快。

这在数字化时代依然适用，但有三点不同：第一，同样的链条，丰田模式强调资源的效率，数字时代强调通过反馈了解市场、学习策略和整体的模式持续优化；第二，以从供给侧效率出发为主转变为以需求理解为主；第三，更高效的数字化技术进步和智能算法、孪生和模拟技术的应用将会催生新一代由反馈驱动的业务系统，这个系统更加强调一致性和一体化的双向优化，"从消费者到生产者"和"从生产者到消费者"难以分割且同样重要。

我们可以看到很多顺应这一趋势的做法，在零售商和供应商一体化程度越来越高的今天，沃尔玛和宝洁在POS数据、库存数据、购物车数据等方面透明共享，让数据穿越企业的上下游边界，减少分工环节之间数据反馈阻碍带来的浪费。由于数据反馈畅通，双方可以进一步一体化共享库存，并由共享数据驱动创新。帮助伙伴降低成本就是帮助自己降低成本，帮助伙伴创新就是帮助自己创新，这已经成为新的共识。同时，好的零售商的价值在于，向上下游传递自己对于价值标准的洞察，从而为整个价值链条的高效协同提供方向引导。此外，用户也可以通过零售商的客服了解整个链条上的问题，提升信任感。在高效的反馈系统里，销售的不确定性在下降，连接的灵活度和速度在提升。最终，品牌方与渠道方的分离，自营与平台模式的差异，将逐步在融合中消失。例如美团的闪电仓项目，基于平台数据精准地建立自营能力。

历史在垂直和平台之间交替

面对多级、多环节的产业链条、水平分散的市场结构和不充分的发展阶段，链反馈往往能够通过高效地传递各相关要素数据的最新变化，达到虚拟一体化的运营效果，并向合理的生产要素关系结构演化。

在以往处于低效反馈状态的宠物市场，正在产生新的链反馈模式。有精明的商人在捕捉需求更强烈的新养宠人群的需求，针对他们养宠知识不足的苦恼，提供专业的知识服务来建立信任，并建立宠物的个性化数据档案，进而整合整个价值链条，建立有效反馈体系。他们打造的不再是面向宠物的宠粮品牌，而是面向养宠者的专业知识品牌。宠粮品牌只是知识品牌的附属品，以自有品牌的形式在海外获得最低成本的肉类原料，在保税区加工，不再需要在乎原料的产地等增加成本的因素。

在这个链条中，从点反馈延伸到链反馈。与宠物主人充分地交流沉淀下来的数据将被有效应用到从购买宠物到买保险、医疗、洗护，甚至宠物殡葬的全周期。在供给侧，从海外原材料、自有品牌设计生产、保税工厂、医疗，甚至价格传导机制，都得到了有效协调。

从大的经济周期到全渠道的消费场景，都在进入低速增长的存量和垂直分化的新阶段。加速创新，并将垂直纵深的长链条产品与服务结合，在C和B之间双向传递个性化数据，让供给可以更有效地对需求做出反馈，有效的纵向一体化整合价值链才能打造新的优势。每个节点的"内卷"，最终都需要从外部打破。

同时，配合倒T形组织策略的应用，要从以往平台带垂直的思路转换到有效建立链反馈的垂直带平台的模式上来。大平台本身很难避免被具备纵深能力的垂直个性化业务分化，因为需求的增量不再是同质化的。

分化与集中总是在历史上交替出现，在可预期的新阶段也会再出现集中。这种现象在线下时代、线上时代、数字时代，伴随着新生产力的诞生而不断再现。

2.1.4　网反馈：在交互中升维

当你希望实现更多的增长和更高的价值时，在分工趋细趋深的业务环境里就需要更大范围的协作。即使你已经有一个大规模的平台，无论是生产端还是消费端的全面连接和反馈，若处理不当就会变得复杂，并影响效率。不同的网络主体和要素若要在更高维空间相互增益，这种有效率的秩序需要基于反馈获得。

苹果的复杂网络演化

苹果的生态网络实现的复杂整合效应是商业界的经典。从垂直整合出击的苹果公司甚至考虑过建立电信运营公司，而且没有像以往那样把操作系统开放给更多厂商，试图建立多对多、每个环节都有多种角色参与的生态，并证明将大量的软件资源集中到少量的硬件平台上也是可行的，这带来了统一的高质量反馈流数据，形成了更高效的反馈生态。更重要的是，有了应用规模和反馈流数据，一定要第一时间将它们应用于整合生态，保持先进性，才能形成复杂网络持续演化的正反馈，让更多的先进生产力进入网络。而网络反过来能够迅速激发先进生产力的潜力，这就是复杂网络的意义。它让从芯片到传感器等由不同技术创新组成的一代技术可以被更好地整合起来，高效创造价值，快速开启新时代。例如，苹果不断向芯片等环节延伸，向新的硬件形态延伸，很好地保持了网络势能。

从"最出色的硬件"这个点切入，iPhone有相当广阔的开发空间，令工程师们感到"手痒"。早期的iPhone最特殊的功能是多点触控和内置的加速感应器。前者可以让用户点击iPhone 3.5寸的屏幕上的任何位置，后者则可感知iPhone的方向变化。这两个功能相当简单，但它们让iPhone成为一款"生活在三维世界的手机"。特别是在玩游戏时，iPhone向上下左右的倾斜都可以成为对游戏主题的控制，这是掌上游戏机前所未有的。而且，这些控制非常直观，无论老幼都能够直接体会。iPhone由硬件的点打通了服务和应用的链。

从链到网的关键转折点在于，为了降低开发的门槛，确保有良好的收入。2008年3月发布的iPhone SDK被认为是一套可以满足所有开发者需求的基础工具。它包括一个模拟器、一个远程调试器，以及一个让人印象深刻的流媒体服务系统，还有界面创建器。很多用过这套开发系统的人说，他们可以在一两周内开发出一款针对iPhone的应用，还无须考虑其他烦琐的问题，比如搭建渠道、营销和财务问题。

对比一下早期Facebook对其F8第三方应用程序平台的做法，或者谷歌早期对其Android Market的做法，你就会发现苹果公司的聪明之处。前者的做法只考虑到了用户，却不考虑供应商（开发者）。短期内，用户可以从F8和Android Market获得免费应用程序。但长期而言，由于应用程序开发者没有销售收入，就很难有持续的开发动力，也无法保证应用的质量。最终，这也会降低用户获得的价值。

硬件、开发者、用户、App Store，以及更多第三方生态，在一个网状结构中，多类角色交互影响。反馈机制将决定它能够长多大，这包含长短期的收益和激励、管控。扮演这个决策者的难度在于，你必须有一个团队始终小心翼翼地思考每一款软件未来究竟会如何影响iPhone，并且做出一些艰难的取舍。iPhone不支持主流的多媒体开发平台Flash——这是一款应用于98%的台式计算机的产品，原因是：Flash本身就是一个软件平台。这意味着，如果iPhone支持Flash，开发者们就可以基于Flash为iPhone开发应用程序，然后只需把自己的代码嵌入Flash并把它们放到网页上，很多应用就可以绕过App Store发布。

虽然困难，但是当一个网络基于反馈有序生长到极为复杂，这几乎是不可复制的。

反馈结构决定反馈效应

①单边强化反馈的设计

单边网络会在所有同等规模的网络结构中拥有最多的连接数量，也就是最强的网络效应，这体现为极强的新加入者带来的边际收益递增，反过来看这也是巨大的迁移成本。此外，这种网络结构也能够最大化激发节点之间的互动和创新。

全面开源可能是加速反馈和集体演化的最优选择，同质化的网络节点集中在一起可以共享知识和资源，从而在网络内部形成增益效果。PyTorch、caffe等AI开源生态，激发群体智慧，让认知盈余发挥更大的价值。

最有利的位置不是金字塔的顶端，而是开放网络的中心。开放、交互、反馈、进化，最大化应用从而最大化收集反馈数据，例如谷歌开源的TensorFlow并不完美，但其可以帮助用户节省大量时间。其中包含的反馈机制也可以让系统不断从错误中学习改进，这个成长路径应该是很长一段时间内的主流。

做出开放源码决定的是谷歌首席科学家杰夫·迪恩，他认为常规的创新工作进展过于缓慢。开源的TensorFlow能够显著加速这一进程。通过开源，谷歌开发人员能够实时与科学界进行协作。谷歌之外的人才也能够参与TensorFlow源代码的编写，而机器学习技术的共享能够广泛吸引更多的技术人才来完善TensorFlow系统。

TensorFlow项目负责人Rajat Monga指出，"通过将TensorFlow开源，我们能够与大学以及诸多初创企业的开发人员进行合作，接触新的理念，推动技术发展。开源使得代码开发的速度更快，TensorFlow的功能更加多样。"

以往，通向成功的可靠途径是优化独有的价值链。通过优化企业内部流程以及拓展自身规模，不断提高自身在客户以及供应商之中的优势地位，从而创造更高的效率。这就是过去企业打造自身竞争优势的主要方式。

如今，最成功的产品逐步转变为价值生态系统。虽然谷歌聘用的都是杰出人才，但其改进技术的唯一方式就是与整个科学界进行合作。通过开源，借助广大技术人员的技术开发产品。

开源的意义不仅在于你可以直接拿到一些代码，避免重写，而且在于这些代码是经过检验的、可靠的、快速进化的。

互联网应用以免费吸引更多的用户使用，通过用户应用带来的反馈数据提升效率，并形成网络效应。算法开源同样以免费吸引更多的用户应用，并形成生态标准，借助最大化反馈形成自学习效应（在没有人的条件下，算法从反馈中自主探索和学习知识）。最终，通过开源获得进化速度的优势。反之，如果没有反馈就没有人愿意开源。通过开源构建新的生态和商业模式，也是华为的欧拉系统、鸿蒙系统、百度Apollo等的策略选择。这能够促进开发者和上下游生态融合，特别是创业企业能够快速切入用户端，对产业快速的生态化推进很有帮助。此外，国际上的一些知名项目包括MySQL、Zimbra，都是在开源基础上形成了很好的商业价值。开源创新可以创造高于商业价值的价值，类似RISC-V开源体系，一方面可支持再创新，另一方面可以打破主流厂商的壁垒，会加快中国企业走向自力更生的步伐。更重要的是，开源和透明以高效的反馈提升信息效率，驱动市场正向发展，让整体的蛋糕变大。

开源正在渗透到更多领域，如开源软件、安全、系统集成和运维服务等细分赛道。例如，提供开源生态增值咨询服务的红帽公司，也是提供一种基于开源的商业机会。在很多前沿技术和竞争格局未定的领域，通过开源能够最大化反馈，提升应用效果，从而加快发展进程，形成更高效率和更大规模的反馈。

当国内的技术领域在讨论要不要中台化的时候，美国的技术同行可以基于丰富的开源能力组合，灵活地通过聚焦在个别场景的小团队提供完整、深入的创新整合方案。这代表了中台化和开源API（应用程序编程界面）化两个路线和生态，或者说，一个是有形的中台，需要基于标准化、模块化内部共享，另一个是在开放共享中一体化的无形"中台"。

②跨边强化反馈的设计

在双边市场形成的正反馈加速器是很多公司渴望的商业模式，更多的直播播主会带来更加多元的选择空间，就会吸引更多的直播用户参与直播购买，反之亦然。这种跨边强化迅速将国内的直播购物市场规模推向万亿元规模，这意味着此模式成为线上消费不可忽略的组成部分。非目的性消费与经典电商目的性消费并不完全重合，在用户侧是新的消费场景，在供给侧是一个全新的价值网络，这里有新互动、新信任模式、新供应链模式。这种跨边强化的正反馈效应特别适合以全新模式快速塑造新市场，激发国民消费增量。

相对而言，传统电商平台因为缺少内容价值，做直播并没有形成真正的用户增量，也就无法形成跨边强化的正反馈效应。传统电商平台更多是对存量的用户进行分流和交叉销售，做促销的新产品形态变成了商业化手段。直播电商的存量、增量之争，其实是两个模式在不同的业务基础上进行商业化，对于用户侧的拉动效应并不相同。

而亚马逊以Prime会员和物流等服务锁定用户，而用户的增长和对服务的大量使用可以摊薄物流等服务基础设施的固定成本，这就形成了双边的正反馈强化。更低的服务成本、更好的用户价值、更多的用户，形成了正向循环。

在跨边强化反馈的设计中，双侧利益让渡的调节可以实现动态平衡，例如司机和乘客间的平衡，在保持持续增长的过程中，从抢单机制改为派单机制、从动态价机制到一口价机制，都是强化和刺激跨边反馈的必要机制。关注平台两侧的反馈变化，制定新的平衡机制，是平台的主要任务。当然，这样做的前提是双边的选择确实存在正反馈效应。

③多边强化反馈关系的演化：通过反馈演化出最优网络结构

每当用户打开淘宝，一个令人惊叹的，无所不包的世界就向用户敞开了，这种创造力将平台的反馈机制几乎发挥到了极致。在此之上，天猫在品牌方、经销商、平台自营、用户、TP等多种角色之间建立了更有效率的反馈机制。多边强化反馈的平台既需要平台反馈机制的合理演化，更需要大的经济环境基础为这样的平台经济提供条件。

长尾和信用、渠道多样化和规模效率都是考验反馈机制的矛盾组合，多方的满意度和平衡性都至关重要，这里的多方包含社会总体福利的视角。人们常常看到的是用户体验，但对于多边反馈的平台而言，用户体验更多是对反馈机制的考验。平台对来自数据、客服等信息部门的反馈重视程度和恰当使用是阿里的优势之一。运营和算法更是对反馈机制的微观调节，这在平台发展的中期都发挥了重要作用。在未来，数据和智能化的反馈机制应用深度仍有极大的提升空间，例如更加精细的反馈单元和更长的反馈链条，这会将多边反馈的平台机制带向新的阶段。

对于多边反馈网络模式，失败的应用案例远多于成功的应用案例。2014年，我发起过一个项目，取名"信联"。最初的想法是通过可信计算、联邦学习等可以消除隐私和数据安全问题的计算方式，利用共享官方数据库、金融和多方网络应用用户行为数据等多源数据建立基于区块链技术的个人信用联盟。融合社会力量形成社会监督，并且找到了化解隐私问题的技术方案。当时我看到的社会趋势是，越来越多的人接受以个人化的形式参与社会分工，这被称为灵活用工。我希望以去中心化的数据生态为这些独立个体建立社会性的、基于信用的职业和成长保障。我在公司内部协调好资源和关系后，开始联络外部的滴滴出行，希望帮助它们解决司机信任和乘客安全问题；找到美团，希望可以一起解决上门服务人员的安全问题；找到贝壳，希望解决个体化中介信任问题；我也找了一些合规的金融平台，讨论金融信用的结合。然而，都被它们拒绝了，虽然我提出的口号是"用全社会的力量激励平台上的服务人员"，但是它们还是选择自己做，很多公司也取得了实质性的进展，而我只是提了合理化建议。其实，当时我是想选择一个可控、易操作的小场景切入，但是我没有找到这个小切口。这是典型的多边平台失败案例，设计驱动大于反馈驱动，缺少有效连接。但这个过程确实丰富了我的认知，并且我的想法得到了很多人的支持，非常感谢他们的认同。

还有很多开源的项目失败，都是败在多方弱关联、弱反馈，未能在机制上有效突破，或者是缺少必要的可行性条件。同时，多边的网络应该通过点反馈、链反馈、网反馈的演化过程依次展开。

为什么多边反馈机制驱动的平台模式可遇不可求，同时具有极高的商业和社会价值，一方面是因为对社会资源强大的高效协调能力，另一方面是因为反馈数据演化出了最优网络结构和多维价值网络中多方关系的极强锁定效应。多边强化的反馈模式也通常标志着一个商业模式达到了成熟期和顶峰状态。

复杂网络的调节

复杂生态整合，是由简单到复杂的演化过程。在复杂网络中，不同连接的权重可以通过反馈来强化和弱化，新的节点会优先加入连接数量更多或跟自己能级接近的轨道，形成不均匀的自发聚合现象，从而影响网络结构。不同节点之间的连接可通过反馈寻优找到最短路径，关键中心节点对整个网络结构的影响进一步显现。复杂生态网络和复杂平台模式都可以参考这种基础的网络原理，对连接权重和节点中心化程度的变化保持敏感并通过主动假设进行干预，即通过假设、反馈、演化的方式来实现优化。

Facebook的内容生态也是一个复杂网络，平台会借助某些关键内容和创作节点来优化整个网络的流通效率。如果你是物流运营商，想进一步将资源集中在某个区域以提升效率，就可以用无尺度网络的分析方法找到那些连接度更大的城市节点来测试不同的资源投入方案，再通过反馈评估进一步集中资源带来的业绩弹性，以及对整体网络的全面影响。从而通过强化某些区域节点，或者弱化、退出某些没有潜力的城市节点来改进整体效率。商业资源的不平均分布，与复杂网络的幂律分布相似。

复杂网络的复杂性是呈指数级增加的，因为节点间相互依赖和影响的关系，使我们难以对新策略进行有效评估，只能通过数字化模拟的方式尝试不同的策略，根据不同的反馈评估策略的影响。任何的策略调节只能通过反馈做边际优化，复杂网络的整体无法被有目的地重新设计，演化是不可逆的。保持开放和非平衡态，则是持续自发演进的动力来源。

2.1.5　点—链—网，反馈驱动网络结构自然演化

一个网络存在的意义是其内部反馈效率大于外部反馈效率。这是从"点反馈"的突破到"链反馈"垂直深度整合，再到"网反馈"的复杂整合，不断有新的假设和持续的反馈推动这个由简单到复杂的演化过程。

应用者驱动的基础反馈原则

人们会经常提到Enabler（赋能者），在未来这其实应该被反过来，是应用者在成就基于智能数据的基础设施能力，本质上这是一种共享与合作的关系。越用越好，准确地说是使用频率越高，反馈数据越多，优化越好，这正是免费模式的价值所在。无论是大众消费还是开发者社区的共享，应用中的反馈是驱动演化的原动力，最好的设计者就是使用者，将两者统一为一个角色，中间的能力差距正在由新的技术弥

补。最早来到GitHub的开发者可以抱着查询已有代码来降低自己工作量的简单初衷，但声望/同好/技能/获得评价反馈，以及其他可能的获益，更重要的是公益的心态，激励他们自发分享。无论是用户过亿的GitHub（开源社区）还是ImageNet（视觉数据库），最终应用者和贡献者完美统一在一个人身上，社区是被贡献者定义的。大众消费者也许缺乏专业的知识去准确表达自己对商品和服务设计的见解，但他们的使用和反馈中包含着最有指导意义的信息，数据加上算法可以将它们清晰地呈现出来。最好的大众消费产品和服务应该是被使用者定义的。当然，这和设计师的天才灵感是两回事。

重新定义网络增长方式，加速突破规模临界点

人们通常会以用户量、成交量等指标衡量业务，但在真正遇到挑战的时候却对这些熟悉的指标束手无策。因为真正决定这些指标的是团队的持续学习能力，这是可以应对环境变化和潜在挑战的能力。在反馈中学习并进化，加速循环这个过程是穿越周期的关键。每个周期都有终点，用户会流失，收入也会下降，但是对反馈的学习可以持续。我们可以通过扩大使用量来增加反馈量，可以通过改进反馈和学习机制提升效率并引导创新，建立进化优势。在信息化世界只有持续进化，才能成功。

①贫瘠之地的破坏式增长

移动互联网里的一个"新大陆"是本地化市场，这也是竞争最为惨烈的战场。从千团大战到领先者杀出重围，这个过程中有很多可以帮助我们加速转变的启示。

- **破坏式生存**：如果不能通过反馈效率形成价值创造的优势，那么市场竞争就会变成拼生存的成本下限控制竞争。使用本地业务的用户和商户之间的距离大约是五公里。当汽车在家庭中有了一定渗透率，也许出行生活圈可以再大一些。在这么小的范围内做供需匹配的网络连接价值是有限的，通过反馈优化效率的空间也是有限的。而且，在中国上门送快递的人力成本大约是美国的1/3，这才让该模式可行，但是人力成本终将上升。所以，这是不折不扣的低毛利市场。我们想在这场游戏中胜出，就要通过简化和减法提升反馈效率，同时以算法实现更好的调度，从而更快地响应订单需求，更多使用技术和数据形成低成本内部运营结构。在外部，还要有更经济的流量矩阵协同降低营销成本。这种"破坏式生存"策略，通过制订更高效的游戏规则把行业的生存成本线向下压，让竞争对手因为无法适应而被淘汰，加速"市场出清"。

- **增量攻击**：很多生活服务行业是受供给局限的低效匹配市场，以未被充分满足的需求反馈引导增量服务和精确定义新供给，这成了破坏原有市场基础结构，建立新秩序的关键变量。例如多点执业的医生、兼职的服务业人员等。众包的骑手也是典型的例子，在接触外卖模式的时候，第一个感觉是一定会是通过众包或者技术降低成本。第二个感觉是配送能力必须通过送万物扩大收入场景，这两者都是可以破坏存量市场结构的增量来源。当时直接负责这个项目的分析师打电话给我说，外卖的BP没办法把账算平，前面两点就是当时我在电话里给他的回复。我个人并不十分认同这个商业模式，这是一种用资本力量扭曲市场，重新分蛋糕的商业模式。在用户侧，过度依赖资本的力量把用户变懒，然后逐步降低补贴；在商家侧，不断补贴用户提升外卖比例，然后绑定商家后再提佣；在员工侧，让人疲于奔命来实现效率和毛利的提升；在商业生态侧，破坏现有的线下商业模式，影响线下消费。如果没有中国的多层次劳动力市场提供低人工，这种增量经不起太多推敲，这也是我当时主动放弃外卖业务的原因。当然，我并没有关注现在的外卖模式，或许已经大不相同了。相比之下，用智能技术让优秀的医生、教师可以通过灵活的机制服务更多患者和学生，则是我更加认同的"增量攻击"商业模式。

- **资本杠杆**：在接近市场转折点的时候，价格—市场接受曲线—规模，在这个模型中资本表现出了巨大的扭曲用户行为，形成市场反身性效应的一面。资本最好不要成为主角，资本应该是被重点利用的工具。

- **反馈提效**：让本地生活服务的市场规模进一步变大，能够加速反馈并提升效率的新机制设计起到了重要作用。例如用户评价、订座等可以提升资源配置效率的新方法。此外，降低复杂度也是提升反馈效率的方法，我在一份报告中提出折扣应该和支付绑定在一起，因为当时的优惠券使用方法非常复杂。大众点评也注意到这一点，并实现了这个功能，以更简便的方式迅速扩大了折扣的使用规模。总体上，用户评价以信用加速流通，共享和跨期预订、动态定价提升了资产的供需反馈效率。相对于传统的线下模式，本地生活服务的数字化也提升了行业反馈效率。

②强运营的奇迹

在内容行业，有很多加速业务发展的出色案例。娱乐短视频的内容推荐有很多人性共通的需求特征，所以并不需要大规模的头部内容池，谁能更快地更新这些优质内容，谁就更容易获取用户的关注。这时候强运营就发挥了作用，短视频推荐流的反馈数据可以迅速显现受欢迎的内容，人为的强运营会缩短爆款的反馈周期，这是典型的人机结合方式。缺少知识的算法只能按部就班地学习数据，给出的反馈是谨慎有序的，但算法擅长在海量的数据中快速处理和发现。人类更擅长以激进的方式快速学习假设，但是处理数据的规模小且慢。这种"算法在先，人类的创造力在后"的方式是人机结合的理想状态。通过这种方式强化反馈，对于用户和生产者都是有效的刺激。

无尺度网络中分布着不平等的节点，它们有不同的外部连接数量和连接速度。从不同的节点切入，对互动反馈效率的影响是显而易见的，通过强运营这些核心节点是加速转变的关键，例如KOL、头部品牌等。

同时，强运营也可以防止生态固化，反馈机制的小步优化渐渐会伴随反馈钝化，而快速切换是活力的象征。

可持续网络的必要生态条件

来自大环境的机会是生态发展的前提，Shopee的发展就很好地把握了网络效应的两个关键条件：大增量+大失衡，即本地移动互联网用户井喷的时间窗口和本地弱供应链与强供应链之间的失衡。此外，平台的持续发展还需要基础条件。

- **先进生产力和新生态角色的正反馈**：平台是承载多角色的基础能力提供者，是否具有更高的数字化反馈效率，是否代表最先进的生产力，是否可以通过平台的基础能力帮助参与者优化成本和效率，反过来会决定平台是否能够吸引新生态角色来帮助平台巩固新生产力优势。例如，领先的物流效率帮助亚马逊飞轮保持持续的正向反馈。
- **优胜劣汰正反馈**：是否代表用户最根本的价值诉求，并基于此建立正向激励的分配机制是平台的基本价值。
- **变现和增长的正反馈**：一种生态吸引更多参与者的前提是具有收益和激励反馈机制，相同投入和资产的不同变现效率也是平台核心能力，可以参考谷歌的竞价机制。高变现效率可以为高增长持续提供新投入，从而形成正向循环。

很多成功的案例都具备这些特点。在一般意义上，游戏平台"罗布乐思"已经成功建立了一套经济体系，产自玩家的优秀新游戏不断出现，包括简单的寻宝游戏和身临其境的跑酷游戏等。创作者可以使用平台引擎提供的基础功能和美学参考，建立自己的内容和规则。在这里，玩家可以选择数以千计的"门"（时空裂缝），进入不同世界，与亿万玩家互动。新的体验、新一代玩家和新一代创作者正在被相互吸引。

2.1.6　网络正反馈效应/平台经济的脆弱性与重定义

当基于网络结构与机制的优化作用，和新加入网络的节点数量形成正反馈时，网络平台的指数级加速就会势不可挡，参与者的边际成本会随之不断降低，收益则边际递增。保持这一趋势需要平台在特定市场中具备唯一性的正反馈效应，而这种唯一性来自于它能够率先发现和整合新的代表最先进生产力的生态角色，平台需要这样的反馈和发现能力以保持自身价值，并提升平台的价值与门槛来避免出现会对平台带来巨大削弱作用的竞争局面。每当平台找到基数庞大的新生态盟友，就像内容分发平台从连接网页到连接个体创作者和服务者，就会因为新的先进生产力加入重塑网络结构而开启一个新的增长小周期，大的平台周期和这种小周期会不断交叠发生，延续平台的活力。强大的背后更多来自于一种基于网络规模的正反馈效应，而非某些具体恒常的物理实质，可以通过以更优的关系重新连接世界而产生深入影响。

当连接节点数量大于3时，连接互动的复杂性快速增加，一旦形成正反馈就会迅速进入自强化，就像自我实现性在推动的一场飓风。当规模触及临界点，或者网络结构的基本面和关键节点发生变化，能量耗尽，秩序发生改变，一切可能在瞬间走向终点。就像农村的自发集市会汇集方圆数十里内的卖家和买家，在一个固定的时间周期聚散，不可谓不强大。但只要远处传来雷声，第一个商家和买家开始撤离，就会迅速演化为全体的撤离，瞬间只剩下一地狼藉。就像曾经风靡一时的MySpace，现在已经完全被人们遗忘了。因为网络效应本质上是一种弱连接的分形叠加，而这种效应是不可逆的。平台的本质是这种效应的溢价，当然我们也要尊重这种演化规律。投入足够多的平台迁移成本可以延长这种周期，就像亚马逊的会员和物流基础设施投入。

　　平台效应总是会衰退，这时候，平台需要不断重新定义网络模式才能保持生命力，这包括以什么样的基础能力和机制连接什么样的参与者，因为平台的价值就在于连接和激活最先进的生产力。例如，平台的商家开始走向全渠道经营，那么平台是不是应该扶植更上游的设计师和创造者（上游定律和分散定律，你的上游欺负你的时候，你应该做的是欺负你的下游，而不是以同样的方式还击上游，因为它可能是通过极大的创新实现了某个环节的集中，这是难于挑战的，特别是在你的现有业务模式上发起进攻，这就像兵法里的仰攻）。例如在内容领域，搜索连接了网页，订阅号连接了作者，直播平台则连接了主播和线下生态，推荐引擎连接了创作者，中视频平台连接了专业内容编辑者，还有以智能算法重新整合导演等创作能力和资源的新内容生产平台，甚至还有正在兴起的AIGC、元宇宙。再例如，在零售行业，在线上帮助品牌推广正在变成全渠道帮助品牌推广，从线上帮助用户消费变成线下体验、线上复购。保持与世界的同步演变，平台从而能够持续满足先进生产力进化的内在诉求，保持在流通环节对生产要素做最高效的背书、组织、匹配、引导的能力。生长机制是网络的内在特性，它需要随着时间的推移不断产生新的节点。平台的第二个发展方向是走向垂直，就像58同城开始做深上门服务等垂直业务，百度知道则早早演变出了作业帮。同时，平台时刻要注意的是平台参与者的迁移成本，以及平台降低迁移成本的基础能力，这体现在平台是否有独特的和不可替代的价值。如何定义网络的结构和模式，总是要优先于平台机制的调节，因为后者只能解决某个网络效应小周期内的优化问题，而前者决定网络的先进性。

规模是表象

在正反馈效应的推动下，平台会有无边界扩张的冲动，特别是当每个垂直领域都变得更加成熟时，平台就能以整合方式很容易地提供较高的体验质量，平台的包容性变强了，超级App也变多了。有的时候平台也要控制规模，不要太早扩张，这是一个微妙的节奏问题。几百年前，科学家就知道世界上不会存在"哥斯拉"这种大家伙，因为身高和体重的增加是非等比放大的，一旦高到一定程度，体重就会压垮生物组织，这里面存在规模的极限，一旦接近这个极限就会让复杂性加速上升，从而吞噬效率，暴露更多薄弱的组织结合部，最终被竞争对手利用。而且，如果能将平台生态的基础建立在被扎实内化（与社会化相反）的、有规模效应的关键基础设施能力之上会更加稳固，因为效率优势本身就会形成平台聚合力。

向市场的低效环节不断延伸网络效应是平台实现价值增长的方式，平台天生有反馈发现能力。平台和网络的规模多大才合适呢？主导世界上各类商业现象演变的基本力量是效率增长和风险抵御。适度的集中可以提升效率，将更多的冗余资源投入创新，就像封建社会衣食无忧的士大夫阶层会成为文化艺术创作的主要创新者。但过度的集中无论是对监管者还是对使用者都意味着风险上升，因为领先者的马太效应会使其具备极强的资源集中能力。比如，对于云计算和IT基础设施，使用者在考虑成本之外还需要考虑安全性，将其放在公私结合的多平台上看起来更主动。监管者也需要考虑市场的平衡与竞争，少数平台之间的制约关系与规模集中带来的效率需要适当兼顾。这就会形成多极分立并强调互通性的平衡态市场格局。虽然这会对单一市场参与者带来局限，但也会催生跨平台的生意机会。在这种情况下，执着于扩张单一平台规模可能就不是最好的选择。

平台经济的合理形态是让真正创造价值并承担风险的人成为主导力量，例如新产品开发者、新技术研发者，而不是信息平台、渠道平台或者其他服务性基础能力提供者，我们应避免因为这些环节的过度集中而导致整个生态逆向"内卷"。同时我们也不用担心创新者的壁垒问题，因为他们会迅速被新的创新者挑战。在这种格局下，平台应该追求纵向延伸，在不同的层面提供系统性的能力调用和选择，而不是在某个环节追求过高的集中度，让自己的服务成为使用者的被动选择。作为服务者，我们要让好的商品被更多人知道，卖出更多商品，所以我们应该有合理的收益，但不能过高。当然，在不同的历史阶段，不同的主题有不同的重要性。只有这样，才是可持续的演化机制，将全社会的创新和进化成本控制在合理的低位。

平台自身也要在规模、效率和抵御风险的能力方面做平衡，例如在疫情的艰难时刻，前置仓模式表现突出。这里面可以看到在抵御风险方面，供应链在全球范围内的演化趋势，即去中心化、本地化和闭环系统。前置仓多、小且分散，很难被全面封掉，同时每个小节点都自成闭环，骑手就住在店里闭环管理，并且最好在市区范围内有本地供给基地，这恰好符合供应链为防御风险而产生的三个变化方向。未来的国际政治博弈可能会生成少数相对隔离的供应链系统，体现在横向更多本土化和纵向更集中的分工，以控制核心技术为基础支点。几乎可以肯定的是，全球供应链格局在疫情之后会发生不可逆的重塑。总体而言，去中心化和自主这两个极端模式反而分别可以在不同情况下抵御风险。其实这两者并不矛盾，分布和结构要去中心化，核心要素控制力要紧耦合。这和另一种说法有相似之处，即经营权下移，监管权上移。

我相信，对于互联网的未来，从信息到设备和万物，从数据到洞察，从人到产业，从信息共享到所有权转移，虚拟的网络连接最终会和现实的网络连接融为一体。这样一个虚实结合的网络，本身也会遵守分形结构的原则，会随着复杂度的上升而向升维的方向演化，在不断扩大规模的同时涌现新意义。但是，因为物理学的规律，它永远不会达到三维的结构。

在这个过程中，不断延伸和重新定义网络是平台应对外部垂直化挑战的方式。例如，从用户网络延伸到供给与服务一体化网络，从用户网络升维到数据网络。当然，垂直模式也可以走这条路，最终还是速度和学习效率的竞争。总之，网络形态和结构一旦固化，很快就会被垂直化的新市场力量或者下一代平台突破。

平台的一种边界是用户认知的边界，即便你的业务可以无边界扩张，用户的认知是有限的，用户对你的认知可能只会有一个。比如，你是大众化的短视频娱乐平台，就很难吸引那些喜欢信息量更大、信息价值更高、信息更垂直和专业的窄兴趣领域的内容用户。除非你能够从短视频平台升维成视频基础设施平台，否则在核心用户心智之外做的新业务只能是补充角色，就像微信的搜索无法替代百度，抖音的电商无法替代淘宝。这也是在挑战用户认知的极限。通常，用户无法深刻地记住一个内涵复杂的商业概念，及其所提供的每一项服务替代方案好在什么地方。虽然以某种基础需求而不是细分市场空间为心智，可能会有更大的外延空间来为心智升维，但效果仍有限。另外，"To B"商业模式基于能力多元化的拓展是另外一种情况。

认知的边界也是价值的边界，平台的原始能量来自于它为这个世界创造什么价值，这个价值有多重要对于平台而言就是决定性的。举个例子，如果用户购买行为已经变成一种获得乐趣的方式，平台就需要随之改变基础假设，并围绕需求的源点建立新的反馈循环。再举一个例子，在流量见顶的存量时代，增长重心已经从用户新增转向留存，电商的焦点也要从买卖一件件单独的商品转到更有连续性的专属服务上。对于价值重心的假设将是持续演变的，我们的战略就是要定义好关键问题，业务上才能有针对性的测试方案。

对于平台价值的一种普遍说法是用户体验。体验的确重要，就像平台电商要想进入下一个周期，就不能仅仅从流量运营环节入手，而需要率先从渠道驱动转变到商品力驱动、服务增值驱动、体验驱动。同样地，新的流量平台如果能够做到这几点才能成为电商的真正挑战者。市场局面的更迭，往往是始于流量，终于体验，而这里的体验并不仅仅是用户的需求得到满足，而是对用户价值重新定义。而且，只有将"体验"标准提升到不可替代，才能称其为终极的"体验"。或者说,体验本身不是战略,只有把体验变成某种特定的样子并因此赢得优势地位才叫战略。

网络效应是本质

平台有一个局限,那就是连接,也是它的另一种本质。局限在于单纯的连接价值太低(除非有足够强的不可替代性和迁移成本),所以需要不断改变自己的形态,从而对外部更高的价值网络的变化做出适应性反馈,进而在最先进的生产力创造者和规模化的连接模式之间保持正反馈效应。持续吸纳新要素、新角色,定义新关系和网络的机制、结构,连接本身不直接改变世界上的任何一件东西,只是通过连接让相关的东西被关联,好的东西总是排在前面,以更低的成本带来自发协作和化学反应。世界是动态的,所以实现这种优化的网络也应该是动态的。通常,平台失势并不是因为竞争,而是因为缺少变化,导致网络效应弱化。特别是对于消费总量还在快速增长的中国商业世界,5~10年通常展现出天翻地覆的进步。

如果失去具有强正反馈的网络效应,平台连接的本质就是一种浅层次的规模化流量,这是评估平台的根本方法,重点不在于用户数量。在网络化不断深入的新阶段,连接的能力会越来越不稀缺。

总体上,平台就是要在变化中不断重新定义网络的内涵,保持最先进的生产要素连接和最合理的组织关系,不断求得新生机。例如,阿里从淘宝连接C类主体到天猫连接品牌主体就是网络的重大创新,而同期选择进入电商并选择连接C

类主体的公司则踏错了市场节奏。这种不断更新的先进性可以带来稀缺性，例如跨境电商政策落地后，最早引入跨境进口商品的平台。而当作为进口商品主要供给者的贸易商和品牌方越来越走向全渠道经营的时候，进口平台可能需要进一步深化到海外的供应者，强化进口商品的不可替代性，例如有文化背书的奢侈品品牌、原产地限定等。

平台效应只有不停地演化才能建立和保持正反馈效应，电商平台的商品品质、体验标准化和基于此的灵敏反馈是基础，这可以让好与坏的标准被平台参与方明确接收，并通过及时的激励和惩罚机制精确传递。商家需要及时发现、快速反馈才能保持优势，数字化反馈系统和算法的自学习更容易做到这一点。例如，如果平台上不同商家卖的苹果甜与不甜的差别都不能被反馈系统体现出来，就很难正向发展。标准应该是基于反馈数据和算法自学习来发现和定义的，而反馈机制更需要算法的调节，这样才能以足够快速的反馈优化大规模的平台。

世界正在从信息去中心化深入到商品和服务等更多供给侧领域的去中心化。例如，从广告到交易，所有拥有剩余流量的平台都会寻求更高的商业化效率。而作为广告连接升级版的平台交易模式（因为低门槛的弱网络效应）相对容易被突破，这会是所有流量新秀提升流量变现效率的首选切入方向。如果电商平台不能在基础能力和连接角色等方面与时俱进，就会从价值创造模式降为低门槛的通用变现模式。这就像搜索引擎为了提升流量变现效率做了聚合全网搜索结果的"中间页"产品，因为你不进步，你的能力就会变成社会化的平均能力。阿里巴巴也正是因为在淘宝建立了支付宝，后来又推出连接了品牌方的天猫，不断地实现自我升级才得以保持增长。

当平台模式的能力被泛化为社会化的外部能力时，只能进一步提升开放性，从而以进一步的开源能力换取更高的反馈效率，并通过及时重新定义网络和建立新的平台基础能力来保持先进性。以最大化开放反馈加快自身进化速度，比担心合作方（可能是未来的潜在竞争者）因为获得了自己的能力而加速发展更重要。很多平台业务在遇到困难的时候会优先从业务模式层面寻求解决方案，而真正的问题往往来自网络效应本身。我们先从网络效应第一性问题出发，保障足够强劲的网络效应，再结合业务模式层面的具体举措才能真正解决问题。例如，在服务提供者与使用者的双边网络效应需要依靠特别的外力才能维持的时候，单纯做业务层面的细节功能优化可能并没有切中要点。网络效应来自前面提到的网络三要素，细节可以强化网络效应，却不是网络效应的来源。

能够迅速被看懂和抄袭，就不是创新

网络壁垒扼制创新的担忧经常被过度放大，真正的创新是域的切换，真正的创新是在边缘市场和全新技术领域，在被主流世界抛弃的空间中忍受寂寞，创造未来。如果你做的事情能被人一眼看穿，说明别人可能也会很快想到，这样的创新够吗？如果只是对同样的内核做一些改动而使其变得不同，不如称之为"伪创新"，这是一种对社会资源的浪费。真正的创新是难以被识别和跟进的，当主流世界醒悟，创新者早已不可逆地改变世界。但是，滥用资本和补贴，以非提

升市场效率的方式打击创新公司，这样的竞争行为需要被严厉打击。

真正的创新者也总能在边缘建立新周期的起点，真正的创新者是有能力解除并购威胁的，例如Snap和Facebook的关系。大组织会因为复杂性带来的反馈效率下降而受限，而且盲目地并购扩张最终会得到市场的惩罚，如果它有过高的市场支配力，那么我们应该考虑是否有健全的机制来保障它是通过合理的方式获得这种支配力的，并限制其滥用这种支配力。集中度有的时候代表着效率，我们应该从关注创新激发、公平、分配这些基础的问题着手，而不是只关注某些结构指标。

平台要在包容和激励、中心化和去中心化之间维持动态平衡，最终的目标是让尽可能多的人总体收益最大化，这关系到用户的满意度、合作伙伴的信心、员工的投入度，这种力量可以让平台充满活力，也可以让平台溃散。

2.1.7　反馈机制驱动未来网络

广义的网络几乎无处不在，而早期的互联网只是一种形态。数字化网络的重心也正在从连接转移到计算、优化和协同，通过反馈系统的持续升级创造更高效率。

零时延反馈和高迁移成本

如果供应链反馈足够快，可以在零库存的同时实现零缺货率，在数字时代这并不是空想。谷歌搜索可以在几乎让人感受不到等待的毫秒级时间内，提供经过排序的亿级内容搜索结果，用户几乎没有时间考虑离开这个应用。在反馈到执行到再反馈的循环中，等待的时间正在无限趋近于零，个性化算法可以近乎实时地反馈用户行为的变化，就像亲切的服务生说"我马上就给您倒杯水"，网络对用户的实时适应性和个性化调整带来的高用户迁移成本将使用户最终无法脱离。

从连接、匹配到反馈

从无到有的连接，从多到精的匹配，从存量到增量的引导，这是在海量反馈数据驱动之下，网络在不同阶段所要解决的问题。这种演化无法停止的原因是，一方面要动态地调整对外部环境变化的适应度，另一方面要克服内部熵增。反馈不是A2B也不是B2A，A和B需要一体双向地传递信息和价值，这是一个互动过程。而且，复杂网络中的每个点都有互动关系，很难单独抽出来两个独立的点。在真实的复杂网络中也不太可能出现一个变量对另一个变量存在长期的单向传递和决定关系，并被重复利用且帮助我们额外获益，因为这会被市场迅速消化为常识。常识需要遵守，但真正有价值的连接模式是变化的，只会在我们的实践反馈中被自己发现、理解并利用。不变的根本在于反馈系统，而不在于变化的连接模式，我们需要持续动态地强化或弱化某些连接，从而实现对整体网络的影响。

越窄越深越快

人们通常喜欢大网络的包容性带来的多样性和大规模，实际上，更纯粹的局部网络和小网络才是当今成长最快的，它们往往在大规模网络中的薄弱部分实现了更强的再组织。一方面，数字化反馈系统可以改变以往对长尾商品库存的担忧；另一方面，消费的增量将来自于更加小众的兴趣和更加快速的创新。例如，专注用来连接欧美年轻女性低价时装需求和中国小服装工厂的SHEIN，基于清晰的价值主张和模式，SHEIN从泛流量和宽品类的跨境铺货模式中脱颖而出，并在供应链上越做越深。很多案例都证明，在窄定义的对象上更容易获得清晰、集中的深度反馈。ZARA的快速反馈触达到了门店店长，而SHEIN进一步将反馈延伸到工厂再到消费者。虽然整体的线上化大部分已完成，但结构性的优化依然会持续出现。

从信息到共识

Loot for Adventurers（简称Loot）是2021年8月27日在以太坊区块链上推出的NFT，发布不到一周的时候就在NFT社区中引起了巨大轰动，这是一个"随机生成并存储在链上的冒险家装备"。重要的是，所有视觉效果、统计数据和链上指标都被有意省略掉了，这是为了让收藏家有机会以他们喜欢的任何方式诠释他们自己的NFT。Loot包看起来就像是写在黑色背景上的一堆文字，所以评估它们的稀有度变得有点棘手。GitHub上的稀有性评估工具中比较突出的一个是由Bpierre创建的，它依赖于数据分析，并根据每个特征在整个集合中出现的次数来评估这些包的稀有度。基于数据和算法的评估，才有了独特的交易价值；区块链技术保证了它的不可篡改性，因此才有了信用和交易。网络的信任升级让Loot的火爆最终成为可能。

我们不想过多讨论Loot的合理性，重点在于，基于去中心化反馈机制建立价值共识的区块链技术，正在创造百亿级的虚拟市场。在对价值转移的精确量化与全程去中心化记录方面，区块链网络技术正在大幅提升微观可用性，从而支持向更多资产形态创新和信任场景拓展，以及在线的价值传递。

全局优化才有正反馈

很多公司在追求商业化效率的时候会出现竭泽而渔的现象，通过不对称地转移生态伙伴的利益放大自己的利益。比如高成本的医疗广告使优质的民营医院只能退出流量的竞争，以高营销成本支撑的低质量医院获得流量之后，为了覆盖成本而过度医疗，降低医疗水平，最终让整个生态崩塌。网络生态的参与方之间相互建立正反馈，共同拓展增量价值，胜过连接思维的零和博弈。例如，通过更精准的医患匹配提升医疗资源的整体利用率，通过提升使用率来让双方合理获益，实现多方之间的全局优化，匹配也就有了持续的价值。

网络在计算中以更智能的方式处理反馈数据

数字化网络本质上是对各类复杂系统进行建模，其中节点表示系统的组成元素，连边表示元素之间的相互作用，通过研究网络及其动力学，就可以理解网络所对应的复杂系统的规律。

无论是社区还是供应链网络，基于图计算、扩散动力学、高阶拓扑分析等机制，网络中的重要节点和重要链路、关键瓶颈，以群和组等形式发生的复杂相互作用，网络的传播、博弈、同步，网络的可控性、可预测性，都是可计算、可模拟、可优化的。在合理的机制下，这些会持续地自我演化。

在平行世界中的反馈模拟

虚拟网络本来只是对现实世界连接效率的补充和抽象，然而全真互联网、MR和元宇宙正在带来越来越真实的虚拟体验，这使虚拟体验本身就是价值。基于此，虚拟网络开始建立脱离现实世界的满足感反馈循环。最终，人类可能会在多维空间生存。新品测试、发布可以提前在元宇宙中进行，用户不需要"被广告"，因为这个世界可以直接进入和体验。漫长、复杂、高成本的训练场景可以在元宇宙中应用，最终再用于现实世界，这可能会是元宇宙虚拟性的一种优势。

以上这些加速反馈的方式也并非互联网公司专有，流行文化、病毒传播和互联网的形态存在广泛的同质化特征，市场资源网络、供应链网络、社会网络结构、用户社区网络等方面的反馈设计和反馈强化都在实践这些方式。

2.2 计算——智能的局限和方向

反馈涌现智能，婴儿打败玩具的秘诀在于神经网络的层层反馈，从特征感知到智能认知。这是一个首先由AI算法做出初始函数假设，然后基于数据样本和模型预测之间偏差的反馈，不断修正模型参数假设，通过算法自学习提升对数据中隐藏规律拟合度的过程。本质上，这也是一个追求不断加速的HFL循环。智能在大规模数据样本训练和反馈更新机制的作用下自发涌现，就像刚刚来到陌生世界的婴儿，通过看、抓、咬、摔玩具获得反馈，不断完善自己对玩具的认知，直到熟练掌握其间的窍门，这和玩游戏的强化学习算法相同。

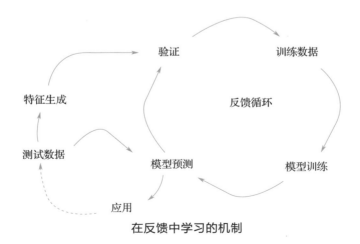

在反馈中学习的机制

我也曾经通过观察我的儿子Eric玩新玩具的方式，来想象智能形成的机制。

2.2.1　在反馈中自学习

AI加速优化世界，世界反馈给AI更多数据，这是一个更大的反馈循环。"AI for System和System for AI"，这里的系统（System）是指围绕算法自学习能力构建的技术与商业大系统。

只要存在规律，就有办法显现

观测数据时的几何坐标变换可以让算法有更强的探索能力，而不像人类有认知模式的束缚，这可以在很多领域发挥作用。例如，算法可以从动物种群数据中找到一个新的隐藏的运动方程或规律，并基于此建立小规模的模拟模型进行预测，深入研究生态系统的可持续性。

智能算法发现潜在规律的能力，已经可以帮助我们解决大量的常规业务课题。在搜索引擎商业化的阶段，数据和算法发挥了重要作用。当时面临的一个问题是如何产生更多的关键词供售卖，从而提升商业收入的增长。显性的需求词已经充分商业化，例如搜索机票、酒店等，但需求触发环节的搜索关键词"西安有哪些好玩的地方？"这类隐性请求，因为文本相关性挖掘的因素导致没有被充分利用。事实上，用户的搜索行为反馈已经在这些需求关键词和用户需求之间建立了相关关系，我们需要的只是从大量用户行为轨迹中抽象模式，提出假设，并通过测试验证效果，让用户的消费需求被精确归因到某些具体的行为信号上面。在这个过程中，基于用户的不同反馈测试了不同的挖掘方式，也找到了更多潜在的需求触发词与消费行为有明确关联，我后来也把这个方案做成了专利，在线上可以查到。这并不需要太多原始创新，关键的环节在于通过小样本统计结合行业知识筛选正样本，建立基础假设。这包括基于不同行业场景的分类假设，以及更合理的算法组合假设，再基于用户的反馈，寻找多样性关联搜索行为，反复测试，通过用户行为反馈修正关联性阈值，在行为和明确需求之间精确归因。这也需要从多个角度消除噪声的影响，可用"反事实"归因模型来辅助。

一切皆可学习

只有要大规模的反馈数据，只要我们相信事物之间存在内在的关系，那么我们就可以学习和获知这种关系。只要人类可以做到，机器就可以学习其中的规律。我们可以在一个特定的维度上测量它的特征，并学习这个维度上的特征和另外一个维度上的特征之间的关系，建立相对稳定的映射。前提是我们有足够的数据样本供我们学习和测试，使我们能够在反馈中找到新的前进的线索。

当搜索引擎正在接近搜索业务商业化顶峰的过程中，在效果广告被充分挖掘之后，品牌广告收入获得了更多的关注。提升品牌广告的第一个难题是广告主很难准确地评估效果，所以无法有信心地增加投放量。当我们带着这个难题请教被行业尊称为整合营销之父的唐·舒尔茨教授的时候，他给我们的答复是："品牌广告是一种认知，在消费者的大脑里，我们无法规模化地测量，只能通过问卷等抽样方式推测。"

　　但是我更相信只要有数据包含某种信息，就会有一种算法可以帮助我挖掘出这种信息。最后我找到的方法是，搜索引擎有丰富的用户行为数据，这里面包含了用户和品牌互动的丰富信息，对品牌的认知变化就隐藏在这些行为数据的变化里面，我们可以通过机器学习找到这里面的模式变化和规律。我开始找各个技术部门，拼凑我在解决这个问题时需要的能力。在大家的帮助下，虽然并没有专门的开发人员支持，但我还是找到了一个简陋的方法。参考经典的品牌认知测量维度和方法，结合通过线下样本调研得到公允的品牌认知数据，我开始探索它们和线上用户与这些品牌互动行为数据之间的关系，并试图找出一个基本的模型。当我看到数据被很好地拟合，并显现出比较可靠的预测能力时，我开始说服销售团队尝试，他们表现得比我还要急切，所以我不得不提前安排。当全国各个地区的广告销售以线上线下的方式聚在一起，在讨论我的品牌认知度行业排行榜的会场上，可能只有我一个人知道这个模型有多简陋，一些环节采用的数据只是我用Excel完成的。但是，我清楚地知道这些跨国品牌在年底预算没有花完的时候，需要一个看起来科学的说辞来交差，并把预算花光，因此我就有信心了。这次跨部门的沟通效果出人意料，大家对这个简陋的新东西表现得很宽容，在后面的权威品牌专家论证会上也是如此。虽然这个简陋的方案投入应用了，但基于此的广告投放和用户反馈可以帮助模型迅速进化。从在测试反馈中完善到通过应用反馈持续优化，不断用算法激活数据，不断替代人为定义的特征，直到模型可以自主发现新特征和自动分类，这也是令唐·舒尔茨教授感到意外的地方。这个工具迅速成为销售人员手中打开品牌广告主投资的敲门砖。

我不知道这是不是第一次有人以算法测量品牌认知，但我相信在更多的领域还有更多的问题可以被数据和算法更好地解决，并在持续地反馈数据中不断完善。

生物的启示

动物的生存竞争力在很大程度上取决于动物对外来刺激的反馈。如果动物的生存策略足够灵活，那么其生存的机会就会更大。如果动物想用来自内部的策略化解问题，那么就需要基因来控制自己的每一种生存策略，也就需要耗费很多的基因编码来记录这些信息。所以，为了让有限的基因组控制丰富的生存策略，出现了神经系统，并通过神经系统从外部高效地感知和探索有效策略。神经系统意味着后天感知能力的发展，比如说老鼠可以通过气味识别来强化自己的生存优势。老鼠要觅食，而食物的进化速度很快，所以老鼠的进化速度应该更快。但是一旦基因进化的突变率变高，其有害基因就会变多。于是此时，它就需要有更强的神经系统来挑选食物。所以神经网络本来就是用于弥补进化不足的"感知-策略-反馈"的循环进化机制。神经系统不是唯一有这种特性的系统，免疫系统也是。事实上，免疫系统也在向智能计算提供来自生物进化的灵感。

反馈驱动的网络结构无处不在

事物都有内在属性，我们在这里称之为本征，它存在但未必被我们认知。那么人类从外部观察到的事物的特征就是我们推测本征的起点。用特征推测和表示本征的过程中，我们只能基于自己的认知模型对本征建立假设，并通过数据反馈不断地验证和优化假设。关于这个测试和校验数据的架构，目前做得比较理想的是网络结构。也许我们发现，从互联网到人工智能，我们都是在基于一个不同的网络结构处理反馈，并从中获得认知的提升。基于这个架构，我们统计数据，探索学习数据中的映射关系，就像ANFIS（自适应神经模糊系统）最早做过的，新的算法在结构上的微调并不会改变本质。

很多年前就有很多人用过的神经网络，本来就像一个万能的公式，简单的反馈规则在近期算力和数据高速增长的推动下，展现出了出人意料的样本特征和自主发现能力。当然，最近更加出人意料的还有大规模预训练模型的"知识"发现能力，这也让人们对用简单规则演化复杂系统更加有信心。无论是网络性结构还是非网络性方式，无论是网络性强化学习还是卷积的思路，模型都会根据样本输出建立模型参数据的假设，并基于这个模型去预测，再将对预测偏差的度量或者基于奖励函数，将信号反馈给模型进一步优化参数。创新之处在于，人们在不断找到更多模型结构和模型参数假设生成方式，找到更多在假设与反馈之间学习的模式，找到更多不同形态的数据反馈来不断校验和优化这些假设，从而实现更好的拟合与预测效果。到目前为止，层出不穷的"假设和反馈方式"有强化学习、对抗生成网络、自监督等不同路线，但这也只是开始。

深度神经网络本质上是一种高效的HFL系统。"假设"体现为模型参数的归纳偏置，可以简单地理解为在样本的充分归纳学习之前建立的"有偏见的假设"，这种偏见并不是故意的，而是因为我们无法在预估的时候完全消除偏差造成的。让算法优先推荐某种解决方案，这种偏好是独立于观测数据的。常见的归纳偏置包括：贝叶斯算法中的先验分布、使用某些正则项来惩罚模型、设计某种特殊的网络结构等。好的归纳偏置会提升算法搜索解的效率（同时不会显著降低性能），而不好的归纳偏置则会让算法陷入次优解，因为它给算法带来了太强的限制。反馈则体现了海量高质量数据对假设的高效收敛，反馈就是基于预测偏差持续降低"偏置"。

深度神经网络如何从反馈中学习

①模型：从第一性原理出发

模型在神经网络算法的第一性原理方面还有很长的路要走，这一方面关系到未来的突破方向，另一方面决定了大规模应用中的算法可解释性。本质上，深度学习（深度神经网络的简称，是神经网络算法的主要代表）是通过算法在反馈（样本）中自学习的能力，追求以更简约、高效地以低维的结构表征高维的世界，并保持自洽。这依然是一套基于统计学的方法，算法把一个问题分解为众多维度的重叠向量来开展并行计算，以微分的方式通过HFL的循环持续调整模型参数来学习数据中的特征，再通过积分所有向量找到更高效的低维表示方法，并最终解决完整的问题。这需要借助大量计算完成复杂问题的分解处理，完成对复杂模式的高效表示，这也是它大量消耗算力和电力的原因，同时也是为什么擅长并行计算的GPU重要的原因。但是，这种算法自学习的能力可以大幅度提升人类获取知识的效率。

在深度学习的黑盒机制下，我们常常使用许多经验性的方法，例如选择不同的非线性层、样本的归一化、残差链接、卷积操作等。这样的方法为网络带来了优秀的使用效果，经验性的理解也为深度学习发展提供了指导。但这些方法究竟如何应用，为何需要加入网络，正在使用这些技巧不断刷新算法性能纪录的聪明工程师们似乎也难以回答。

加利福尼亚大学伯克利分校教授的报告"Deep Networks from First Principle"提供了一种系统性的理论观点。报告阐述了最大编码率衰减（Maximal Coding Rate Reduction，MCR）作为深度模型优化的第一性原理的系列工作；并尝试通过优化MCR目标，能够直接构造出一种与常用神经网络架构相似的白盒深度模型，其中包括矩阵参数、非线性层、归一化与残差连接，甚至在引入"群不变性"后，可以直接推导出多通道卷积的结构。该网络的计算具有精确直观的解释，受到广泛关注。我们也可以忽略这些专业术语，简单地理解为，这种方法可以实现用人类能够直观理解的方式表示深度神经网络的工作过程和机制。

正如费曼所说："What I can not create I do not understand."为了学习线性划分的样本表示，所有常用方法都能够被精确推导出来，是实现该目标所必需的。

②知识：从单一领域到通用

对于个人而言，正确且有价值的事情需要固化成原则和习惯其效用才会被充分放大；对于智能而言，信息反馈中包含的发现要固化成知识和图谱实现迁移和重复使用，才能使智能持续升级。而且，智能不仅要学习特定领域的知识，还需要学习跨领域适用的通用知识，实现可迁移复用才能够形成更高效的智能。之前的迁移学习更多想通过项目之间的迁移来积累知识，而大模型展现出来的新可能性是通过在一个更大的模型中共享来实现知识"迁移"的。共享而非分离后再应用，正在成为一种越来越深刻的思想，这可能是一种更贴近世界运行规律的方式。除了大模型，图数据库也能深度关联数据之间的关系，让分析者能从更多维度观察和分析数据，让数据分析效率更高，可洞察更深层的数据价值，这也是构建知识图谱的关键方法之一。

沃森在医学上的失败表明，在缺少明确"规则"的情况下，机器在确定哪些数据是真正的信息方面面临相当大的困难，它很难自主区分和发现、积累知识。但是问题在于，当机器面对无限可能性时，就需要强大的知识图谱和推理能力来更高效地管理"假设"，从而快速在可能性中找到答案。例如，如果我们有一个完善的"世界模型"，提供了关于这个客观世界的更全面的知识框架，很多训练任务可以在此基础之上被更高效地学习，不用像传统机器学习，每次都是从零开始，原地起跳。现在重新讨论Abductive Learning这个思路的原因是，深度神经网络的进展可以与之结合，特别是GPT-3和LaMDA之后不断出现的新的预训练大模型，例如GPT-4，已初步展现出在符号操纵方面的能力，能够与逻辑推理相互促进，甚至可以就同一个任务让两个系统联合训练，将学习过程中的感知与学习过程中的符号推理结合，大模型的进展已经显现出跨领域学习的潜力。

③数据：从规模、质量到效率

某种意义上，智能的水平就是从数据中获取知识的效率水平，数据本身也是重要的基础因素。早期，数据规模和更接近现实世界变化的实时连续性数据带来了对于知识获取的直接帮助，大数据使得自监督等具有更高自学习能力，但对数据量有要求的算法有条件得以应用。然而，大规模的数据反馈也不一定只能通过扩大样本库采集来实现，强化学习、Mask等不同的思想通过算法的主动尝试和数据生成及处理技巧，也能带来大规模的数据反馈。大规模数据本身就是资产。此外，样本数据的信息质量同样关键，样本中更高的信息密度可以让算法基于小样本完成学习任务。最后，从单位数据中获取知识的效率将是需要持续提升的关键方向，如果算法的发展使数据能够更高效地转化为知识，就是我们需要的强大认知能力。

大规模反馈数据经过反馈机制并行、重复、海量地处理后，会基于丰富的数据发现人类难以觉察的，不同向量复合模式下的微妙潜在特征，在它擅长的领域涌现智能，例如大规模的简单定制化（千人千面），或基于大规模数据的统计模式挖掘（视觉等多模态识别），但它还不能解决所有问题。

AI的不可能三角，有效反馈的边界

有效的学习需要来自外部的新反馈，有效反馈数据在客观世界里的自然分布也是符合统计学规律的——并不均匀，这为我们带来了收集的难度。比如自动驾驶车辆上路的安全标准是99.9999%的可靠性，而真实的开放驾驶场景里有大量

的长尾场景，例如外观不规则的载货车辆，很难被AI充分收集和学习，这就会造成长尾场景，形成驾驶策略无法应对的潜在风险。这就像吃到几颗好吃的瓜子不难，一直吃却没有一颗瓜子是坏的就很难，能力要求背后的难度是非线性上升的。事实上，很多在测试中准确率可以达到90%以上的医疗AI，在更换数据集之后的准确率会掉到60%~70%，甚至更多，可重复性还非常有限。

开放的环境里充满难以统计的长尾现象，这和确定性的要求，以及规模化的应用目标之间形成了矛盾。要么牺牲开放性，在特定较封闭的港口、高速公路场景里实现高确定性和规模化复制；要么选择开放性，降低确定性的要求，降级为L2+的辅助驾驶，实现规模化地应用；要么选择规模化的基础能力API输出，无法解决特定的问题，而依靠开发者去解决任何开放性的问题。我将其简单地归纳为"AI的不可能三角"，是想表达这个大概的意思。

从最近的数据中可以看到，全球自动驾驶的先行者Waymo的单位距离人类接管（Disengage）数量减少的幅度和趋势表明，算法升级带来的收益在边际减少。获得有价值的数据越来越难，突破也变得越来越难，这也符合"90—90法则"，最后10%的性能提升可能需要花之前90%的性能提升所需时间的10倍。这正是因为开放环境下的反馈数据稀疏。

在解决这些基本矛盾的过程中，一直以来的领先者Waymo给出了自己的选择，在技术方面采用结构化测试、模拟器等手段，在商业方面采用的策略是基于特定场景的用车业务模式，因为这可以提升确定性，即安全性。

Waymo先选取特定的城市，开始是凤凰城，后来又到旧金山等城市。在充分测试和学习后推出出租车服务，而不是一开始就采用卖车的方式。早期集中由专业团队运营管理车辆，而不是个人消费者，在保障安全性的条件下不断优化，降低了自动驾驶的接受门槛。用车模式对于社会资源的整体利用效率都是有益的，这也解决了卖车模式的问题：车主必然在开放区域行驶，其中就包含目前技术上没验证过的区域，这会带来极大的风险。而市内出租车的起止点是可控的，这更符合目前AI技术难以应对开放性的特点。

在此基础上，Waymo会不断探索不同的地理环境和气候条件。在感知方面最后要突破的难点当然是Semantic Understanding（语义理解），真正理解本地化的驾驶规则、与其他司机的协同方式、不同的手势和信号的不同含义等，从而更好、更有针对性地理解当下所处环境，包括物理环境的感知和社会环境的感知，达到更接近人类司机的模式。

北京时间2022年3月1日消息，美国加州公共事业委员会（CPUC）向谷歌母公司Alphabet和通用汽车公司发放了提供自动驾驶客运服务的许可证，允许两家公司旗下的自动驾驶公司在旧金山及周边提供收费客运服务。

在开放性、确定性、规模化的冲突之间，Waymo选择了确定性优先，牺牲开放性，以单个限定环境的不断累加追求规模化。从可行的几个场景开始，以渐进的方式最终将自动驾驶汽车卖给个体消费者，在开放性的环境里自由地驾驶汽车，但这一个终极目标可能会非常遥远。

　　在克服长尾场景统计这个基本矛盾的尝试中，也有通过泛化组合与推理等方式来解决长尾场景挑战的不同探索方向，但进展仍然有限。在目前的阶段，端到端的算法还不能解决所有的问题，仍然需要有工程化的能力模块组合才能更好地解决问题，特别是在自动驾驶等需要高确定性的领域。

　　在AI的不可能三角中权衡，还有一种极端的取舍方式是最大限度牺牲开放性。在医疗AI方向效果比较好的应用场景是医疗影像识别，特别是眼底和肺部疾病识别，因为这两类人体组织在视觉特征上有极强的规律性，都是分形结构，这使异常病灶的特征更容易被识别。而IBM的沃森则选择了开放性极强的课题，肿瘤的医疗决策诊断辅断，因为病因极其复杂，缺少单一的规律性，所以我们很容易理解它遇到的阻力。除了技术路线的问题，还有商业模式的问题，沃森并没有处理好AI与医生的关系，人类目前依然是开放性问题的终极判断者，并有相应的风险责任承担能力。牺牲开放性从而在个别场景取得显著成功的例子还很多，例如波士顿动力的机器狗保持平衡的能力、识别车牌号的OCR技术等，但它们在复杂开放性问题上都缺少可靠的应变能力。

　　AI应用的最大问题来源包括两个方面：

　　第一，人机分工边界：开放性问题固然难解，但只要我们清晰地认知边界就不会有问题。AI在应用实践中最大的问题在于没能处理好人机结合的边界。高级辅助驾驶L2+（或者叫L3）事故频出，人工智能客服反而成为投诉高发区，这背后是开发者没有理清AI的能力边界，进而没能管理好应用预期。这需要AI应用开发者首先要清晰地了解这代AI技术能够解决哪些问题，需要让人清晰地知道哪些部分和环节是需要人来负责的，在应用的具体场景中也要管理好用户的预期，而不是模糊边界、过度承诺，这会延缓全社会应用AI的进程。但这不妨碍AI在很多领域成为"副驾驶"，"Copilot for everything"（一切皆有副驾驶）是值得期待的。

而且，我们也相信算法会变得越来越有通用性，不断有新的尝试来解决以往无法解决的难题。例如，结合了博弈论和无模型深度强化学习算法的DeepNash在Stratego游戏中取得了超越人类的优异成绩，并且学会了处理带有隐藏棋子"不可预测性"的方法，而这个不完全信息博弈游戏曾经让单纯的端到端算法一筹莫展。人类只要负责提出问题就可以，而生成和执行任务，类似于翻译、写基础代码等规则映射，就可以交给机器学习了。

第二，过于迷恋技术： 对于AI领域的业务，多数人认为这是技术驱动的，需要不断以技术的创新扩大市场。事实上，所有生意都是由商业驱动的，需要基于现有技术的特性去匹配合适的市场和需求，本质上，新技术的意义在于激发新需求和新机会，我们要基于新机会与新能力的新组合，建立由需求反馈驱动的可持续成长模式，而不是过多关注以持续的技术突破解决现有问题。

2.2.2　感知—认知—智能，从有形的特征到无限的意义

这一代人工智能算法依然基于统计学，并通过基于此的自动化模式识别能力解决感知问题，比如针对声音和视觉的

形式特征，自动化的语音识别和人脸识别。所以，我们可以猜到，先被解决的是交互问题，以后的人机互动不需要按钮和过多的动作，而是机器的主动识别。然后被改变的就是基于感知的自主控制系统，比如可以自动感知环境的自动驾驶车辆、机器人。前者简化了我们的表达，后者让我们不需要移动，因为智能体会主动感知我们、服务我们。而从形式特征层面的感知到语义认知层面，再到更加通用的智能形态，则是未来需要突破的方向。目前的挑战在于从感知到认知。例如，自动驾驶车辆可以采集到行人肢体动作的图像，单纯从感知的角度，这就是一个由像素组成的视觉构图形式，感知算法可以有形式特征层面的区分能力，但是语义信息并不在摄像头捕捉到的画面里。例如，某个行人的肢体动作表达了什么含义，及其对自动驾驶车辆行进路线的威胁程度。

以有限的符合表达无限的意义

物理的拓展增长视野，人文的拓展形成意义。理性总是在寻找确定性的规律，而艺术的旋律在变化中会展现更高级、更微妙的规律和美。前者更像计算科学，后者更像复杂的现实世界，而我们的努力是用前者有效表征后者。

汉字的数量大约有10万个，但是日常使用的汉字只有几千个。据统计，1000个常用字能覆盖约92%的书面资料，2000个常用字可覆盖98%的书面资料，3000个常用字则可覆盖99%的书面资料。在人类通过文学等艺术形式表达认知和自我的时候，在创造和分享"意义"这种人类特有的评价体系的时候，近乎无限的"意义"和有限的形式符号及其组合之间就形成了矛盾，而艺术家更擅长感受人性和组合这些形式符号。在世界的不同认知和表述体系之中，无论数据智能和人类智能这两个体系是否一致，我们都会不断地建立和增强这两个体系的关系。现实世界的"意义"是无限复杂的"意义体"，任何现有的符号体系都难以全面、精确地表达。以有限的符号表达近乎无限的意义体系，并建立映射关系，这个过程是需要层层升级的，从表象的特征到通用的知识。

真实的客观世界并不像语言是一个结构化的符号体系，我们或者机器，需要从原始的世界图景中自主地抽象特征和符号，来完成基本的感知和认知，这正是感知的挑战所在。

2.2.3　基于反馈效率的终极智能竞赛

智能在反馈中涌现，基于感知能力和数据条件的发展，算法的持续创新本质上是反馈机制的创新，这可以让数据转化为知识的效率更高。一个重要的转折点是，机器是否可以形成自学习的能力，自学习的能力配合算力就会带来进化模式的根本性变革。此外，目前探索的方向集中在知识增强、推理能力、类脑计算原理和架构设计、数学和模型层面的持续推广，以及其他自然科学进展带来的交叉启发。

简单的反馈机制可以产生复杂的智能系统，那么我们要寻找的就是对简单规则的正确假设。就像George E.P.Box所说的，"All models are wrong，but some are useful"（所有模型都是错的，但其中有些是有用的），反馈让我们不断向有用的模型演化。总体而言，如果说人工智能的上半场是反馈机制驱动的，那么下半场需要在如何提出更高效的假设方面有所突破。也许是知识系统、推理能力，也许是其他更有创造力的方法。可以确定的是，基于反馈的归纳统计，很难从根本上解决更多问题。

智能的标准

《强权外交》（*Diplomacy*）是一款七人制经典策略游戏，玩家需要与其他选手建立信任、谈判和合作。Meta AI的智能算法基于"战略推理"和"自然语言处理"来完成合作策略的制度和与其他玩家的沟通。在实际的游戏过程中，没有一名玩家发现是人工智能在玩，算法正在接近图灵测试所需要的能力。尽管如此，智能要取得进一步的进展，还需要在创造性、成长性、通用性这三个方面有所突破。以ChatGPT为例，你问它："《反馈》是一本好书吗？"它可能回答你："《反馈》是一本好书。"这只代表它能从统计学层面知道这几个词以这种序列出现的概率很高，虽然它在数据中进行知识结构自组织的能力已经有非常大的进步，但它并不能从书的内容质量等方面的价值判断。

①标准一：新人机测试，算法要能提出新假设

其实，有用的智能机器不一定非要像人一样，因为人类也是智能形态之一。当智能这个词被更多讨论的时候，定义的边界就开始模糊了，在我们选择方向和评价进展的时候需要有一个更清楚的标准来指引。在众多标准中，我认定的标准是：人工智能是否能提出创造性新假设，而不是像现在的深度神经网络从随机初始化条件开始，或者像更早的算法基于简单规则的程序化工作。因为能够提出假设代表了知识的

前提已经存在，并且具备了拓展性推理的能力，具备了创造能力，以及一定的目的和方向性。当然，如何具体测量和制定创造力的标准就成为另外一件更有挑战的事情，因为创造力是一种涌现，还缺少统一的量化标准。如果只是基于反馈机制，而不能提出创造性的假设，甚至基础的假设，那么机器将无法超越人类。在这里，创造性的标准只是一种方向性的表达。

算法提出新假设的方式，主要是在对大规模数据潜在统计规律的探索能力高于人类（归纳法），而非基于知识和推理（演绎法）。例如药物分子生成模型，借助机器学习模型预测生物活性，寻找人类疾病靶点的新治疗抑制剂，已经取得了很好的成果。除了归纳和演绎，我们对搜索和演化的机制同样有探索的空间。能够提出新假设，并能够评估新假设效用作为反馈，这样的算法在某种意义上已经具备了进化能力，只是还不能突破领域的局限，但这已经是一个最小反馈循环了。

②标准二：持续自我提升的HFL效率

人类个体通过刻意练习和及时反馈来快速成长，帮助普通人成为天才，这个过程本质上也是HFL。算法自我学习的HFL是什么样的呢？

数据样本的输入决定着输出的质量，规模化的反馈源、可持续的数据应用生态都是基础性的工作。对于监督式学习而言，样本数量极其有限；而对于无模型强化学习而言，奖励机制能够反馈的信息太少了，这都是在反馈数据方面有优化空间的。同时需要设计在面对样本分布变化时具备更好适应性的学习系统。

神经网络是一种多级计算反馈回路，在循环中输入移动速度越快，循环学习的速度越快，训练时间就会越短，进化速度也就越快，我们可以通过加速循环内的计算和通信来实现这一目标。我们看到计算结构还在延续着摩尔定律的微观优化，从芯片架构到网格计算架构，再到多云之间衔接的整体架构，都还有效率挖掘空间，量子计算等变革在特定应用领域的价值同样值得期待。

在反馈机制创新方面，神经网络结构的进一步探索包括胶囊网络、生成流等方向，以神经ODE和Liquid神经网络为代表的神经网络架构创新背后，有一种特殊的隐藏层，具有更强大的表示潜在状态的特定动力系统，并且所需的参数比传统架构更少。反馈机制有样本学习、随机尝试、自监督、对抗生成等，此外还有很多创新方向。

在计算模式迭代方面，推理方式从相关性发展到通过"反事实"建立因果关系的尝试。Mask技巧在某种意义上就是采用了一种"反事实"的思路，从基于此并正在改变世界的Transformer（一种基于多头注意力机制的模型架构）到最近横扫所有SOTA的BEiT-3都采用了这个技巧。还有一种从微观随机到宏观因果的方式是分层次表示，这在很多自监督学习框架中的"世界模型"都有相关尝试。

基于更高的学习效率，智能可持续代际进化的关键在于，在反馈中进化出更高效的进化方式，在反馈中学习更高效的学习方法：

第一，将反馈沉淀为具备通用性和复用性的知识，这是可持续学习机制的关键。知识增强和计算模式进化迭代速度将会形成正反馈。

第二，目前主要是反馈数据在驱动，对于长期的智能发展路线，基于发现知识的能力和知识进行自推理的能力，提出创造性假设的能力是智能的关键。

第三，学习更高效的"持续自学习能力"是算法进化的必经之路。很多团队已经开始参考进化理论来建立不同的、针对模型算法的变异和搜索框架，从而建立能够发明算法的算法，但这还需要在数学方面有更大的突破。

回到当前，神经网络结构依然是目前最为广泛应用的反馈学习结构，因为它相对而言使成功的可能性变大了，当然这也是它如此消耗算力和能量的原因。也许有一天我们以宇宙粒子数量级的网络结构学习的时候，很多问题就不难了，当然这只是一个想象中的假设。

③标准三：具备通用性才是智能，才能加速进化

基于人工规则的系统只会变得越来越复杂，简单的通用机制才是未来。世界就是用简单通用的规则演化出混沌现象，有足够的交互规模就可以实现。对于计算，这意味着只要有足够的算力支持，再配合简单的反馈、统计、搜索等算法，就可以实现对任何人类规则系统的学习效率优势。在走向通用智能（AGI）的道路上，规模是当前的关注点，一个是大型预训练模型代表的网络参数规模，另一个是强化学习代

表的强调反馈数据量的模型。说到底，都需要在反馈的规模进行突破。相比之下，对于计算模式的探索虽然重要，特别是算法和函数生成假设的能力，但还缺少可以操作的实质性进展。

　　智能要么以由外到内的方式解决问题，机械地将问题分解，并在单个子问题上，在不同流形分布和分布假设之间做序列映射，同时尽可能地穷尽各种场景，而数据和计算规模只会越来越大。要么以由内及外的推理等方式解决，以更加通用、更多共性、更高维度的方式解决问题。

　　从长期来看，一方面，对于不同领域的通用自学习能力是智能的基本要求；另一方面，多领域的学习是智能加速进化的必要信息来源。与通用相反的是领域性，这是基于人脑有限认知资源和能力的条件下形成的人为分隔。其实，真正的智能是通用的，越是有更高的通用性，就越是需要回归本质。这需要跨学科的共同努力，特别是数学和认知科学还需要进一步突破，让哲学、数学、神经生物学、认知科学、脑科学、计算科学等真正融为一体。

当下的重点方向

①最小化反馈效率损失：一体化计算架构

　　在行业早期，垂直一体化设计可以加速对基本可用性临界点的突破，让新事物尽快被市场接受。就像当前的AI行业正在走向"一个架构"，即硬件、软件、模型、知识、数据、算法，各环节之间以反馈的传递实现一致性的优化；就像PyTorch和CUDA的一致性架构和相互增益；就像内存墙带来的问题，以一体视角考虑的一致性架构甚至要从软硬件延伸到产品和应用层，基于分布式"端"的本地数据采集和学习加"云"的整体归纳式学习架构，这可能是最适合目前基于统计学算法机制的智能产品架构。智能的一体化架构也不只出现在人工智能领域，生物的架构从来如此，后面我们也会讨论到软硬件一体像生物一样进化的具身智能。推动行业发展的一个力量是成本，在AI应用场景中的设备端需要不断降低成本，功耗极低的模拟计算设备，例如忆阻器，未来也将有可能运行ChatGPT。以标准化和通用化提升规模来降低单位成本，并以低成本加速普及应用，基于规模化反馈的生态才能形成正向循环，加速进化。

②最大化反馈规模（横向学习）：智能涌现的临界点

智能是一种涌现，涌现需要规模。我们看待复杂系统的时候，经常以基本粒子组成宏观结构的视角，去描述一个动力学系统的演变，沙堆实验就是一个观察这类问题的典型例子。

沙子累积成堆，计算每次在沙堆顶部落置一粒沙会连带多少粒沙移动。"自组织临界"（Self-organized criticality）理论认为，沙堆一达到"临界"状态，每粒沙与其他沙就处于"一体性"接触，那时每次新落下的沙粒都会产生一种"力波"，尽管微细，也会导致沙堆发生整体性的连锁改变或重新组合，某一粒沙会成为临界点，触发整个沙堆的崩塌。到达临界状态时，沙崩规模的大小与其出现的频率呈幂函数关系。

大规模的反馈数据和预训练模型参数也在不断增长，从反馈到智能涌现是否存在临界规模？预训练模型参数就像沙堆上的沙子，在迅速增长，如果不是崩溃，接下来会发生什么？

预训练模型规模的重要性，及其带来的变化已经体现在当前的进展之中，并且仍有潜力。我们关注一下模型参数规模和效率的关系，在2017年，预训练这个概念刚刚推出来的时候，模型大小只有96M。2022年上半年，已经有团队发布了高达100万亿参数的模型。18个月后，芯片的集成规模翻一倍，现在预训练大模型参数规模每一年增加10倍。基于语言的认知过程包含语法、记忆、知识、先验、类比，而大模型也正在基于大规模的数据不断尝试形成这些能力，数据规模和合适的算法模型，会带来更深远的影响。我们已经看到，不断扩充参数规模的过程中，跨模态知识能力开始涌现出来。几年前我获得的一项专利授权也采用了跨模态学习的方式，用CT训练超声，令激光雷达和视觉感知相互监督，但并没有想象到多模态学习的进展如此之大。虽然基于统计学，但做大了基础输入的数据和参数规模，大模型神经网络的连接复杂性上升，隐藏层的复杂动力学就会不断有意料之外的灵光闪现，这一趋势还会持续，但并不改变统计学的金字塔形自下而上的收敛性本质。

原子弹制造的关键点之一是确定临界体积，既要实现链式反应，又不让中子逃逸出去。能够以最少的物料达到临界体积的形状是球形，大约15千克的铀-235，或5千克的钚-239，这被称为"临界质量"。在互联网领域同样存在临界规模数字，当网络的节点规模足够大，网络效应让其中的每个节点就像中子一样逃逸不出去，链式反应就发生了，并且会像黑洞一样加速吸纳外部节点。竞争的焦点就是要率先突破这个规模的阈值。也许在这个临界点到来之前，没有人懂我们在做什么，而我们却要为此不惜成本地投入。当Uber的车辆密度让车辆平均到达时间维持在7分钟的时候，体验瞬间就发生了质的变化，平台上车辆和用户开始进入了"正反馈"，Uber的商业模式优势就形成了。或者，我们还可以用资源的临界"密度"来衡量。

当越过了规模的临界点，网页搜索可以通过大规模的群体反馈实现高精度的纠错，以及搜索请求与网页内容之间的高相关性排序。规模临界效应同样体现在AI领域，预训练大模型可以涌现让人惊叹的智能。

类似于ChatGPT的大模型，在数据和参数规模扩大的同时，内部的复杂反馈交互更快地上升，穷尽可能性的能力就更强，智能从中涌现。除了大模型，像搜索引擎这类集中了大规模反馈数据的平台，正不断在反馈中建立信息与信息、信息与人的复杂关系。这就像一个大脑，当它的规模和复杂度达到一个临界点，就会产生意料之外的惊喜，因为算法处理数据的规模和维度已经远超人类。例如，它可以猜中我们的某个偏好，或者发现被隐藏的内容。但这只是在庞大的反馈数据规模基础之上的灵光闪现，不可迁移复制，因为这受限于形成智能的反馈机制。

除了数据规模，现实世界的复杂问题还需要高维度的表示，基于概率的方式对数据条件有严格的要求，很多问题因此变得无解。如果用算力和数据的突破来简化模型，看起来可以解决更普遍的问题，在更多数据上训练出来的小模型LLaMA-13B在多数基准测试中优于175B的GPT-3。而且，简单的模型能够跨越不同的"域"持续升级。我们相信真正有用的规律应该是简单的，但这需要借助大规模数据和其中蕴藏的信息深度才能发现。

如果有足够的规模，将全世界抽象成数据，变成一个预训练模型，可能很多问题的答案就在里面。但这可能并不会是真正的智能临界点，就像通过刷题可以无限接近"学神"，但经验积累和天赋驱动是两种完全不同的模式。现在的大模型还是基于规模和工程在取得进展，并没有突破基础的局限，对于AI的发展方向只是选择之一。在稳定性和精准度方面先天不足，缺乏可泛化能力，无法拓展创造性假设，在这些关键视角上ChatGPT都没有实质突破。智能临界点应该是算法建立假设和反馈的完整自主循环，即算法自主的HFL才是临界点。算法能够自主提出假设，也意味着目标和意识的形成。如果计算从数据之间的关联升级为更复杂的推理关系，这可能会引发更复杂的反馈效应。其实，建立假设需要某种形式的推理。

③更高反馈学习效率（纵向学习）：自学习和机制创新

当前的智能算法工作主要是基于反向传播对误差的持续修正，但反馈机制创新的空间仍然充满可能性。例如，更接近大脑皮层工作机制的前向传播就得到了Geoffrey Hinton的支持。

第一，从反馈中学习"如何学习"

人工智能是能够像人类一样从反馈中自学习的典范，Reinforcement Learning（强化学习）可以通过自主地尝试获得反馈数据，Self-supervised Learning可以从未标的数据样本学习。反馈就是它们最好的老师，但它们和人类学习的方法不同。它们既可以通过和现实世界的交互获得，又可以通过模拟器中的智能体训练积累。以何种更好的反馈机制学习是关键，算法甚至可以在反馈中学习"学习机制"自身的不同设定，即"Meta-learn everything"。

2021年的CoRL（Conference on Robot Learning）采用无模型强化学习模式的"机械狗"，它们利用了机载本体感受和外感受反馈，将感官信息和所需的速度命令映射到脚步计划中，实时、在线地适应未见过的地形环境，这种策略使它们的表现显著优于其他腿式机器人。无模型强化学习模式直接对得到的经验数据进行学习，最终实现累积收益最大化或达到特定目标，这样可以从反馈数据中学习得到更适合"机械狗"的学习策略。

虽然目前更多是已有技术模式的工程化融合应用，算法还要学习构建知识的能力，才能让学习连续。算法形成知识概念的能力已经在DeepMind的一项研究中被证实，这项研究使用了稀疏线性探测方法，将网络在训练过程中参数的变化映射为人类可理解概念的变化。随着训练的进行，许多人类定义的概念都可以从AlphaZero的表征中预测到，且预测的准确率很高，问题是这些知识还缺乏通用性。

最终，算法需要在反馈中自学习"如何学习"的机制，才能持续进化。大规模、实时、连续、高质量的反馈流数据为自监督学习、强化学习提供了自主探索的条件，特别是PaLM等大模型在因果关系和综合任务能力、知识共享方面表现出新进展。但是，这常常是用特定方式对应特定场景和问题的学习，还未形成能对算法学习框架自身进行自主拓展的，学习"如何学习"的机制。

第二，高质量的假设

在科学领域，DeepMind与顶级数学家合作研发的AI，希望解决对称群（Symmetric Group）的组合不变性猜想问题，我们看到了在纯数学研究的前沿"AI指引人类直觉"的可能性。因为普通人难以从海量数据中发现隐藏的模式，但AI可以通过模式挖掘和统计分析发现新假设。牛津大学的Juhász教授表示：任何可以生成足够的大数据集的数学领域都可以使用这种方法，而生物、经济学等领域也将从其中受益。

机器可以模拟给定集合下近乎无限的可能，并基于有效性反馈得到的概率生成假设，就像AI在围棋算法中找到的更多可能。但这种通过从负例传递的偏差反馈中学习的方式是有局限的，机器还要从正例学习，从历史积累的知识中推理出新的知识，这两个方面需要结合起来机器才能更高效地提出高质量的假设。

在文化领域，基于对抗生成网络的智能设计，相对于穷举组合的方法有更大的创造性潜力。艺术是似与不似之间的想象空间，机器把握精要的方式有时候同样耐人寻味。人类的艺术更多是"意在笔先"，自上而下地体现于形式，更重要的是"意"的创造与境界，而这是基于人类的体悟积累形成的，在这方面AI还相去甚远。

对于算法，产生大量抽象而角度灵活的答案并不难。重点在于，算法完成对可能性的探索之后如何评价不同发现的创造性，以及探索过程的效率如何。关于有用性和成本的标准似乎正确却不充分，如果我们找不到更好的评价方式，在使用传统的评价方式时就不会产生新方法。至少，创造性需要在有用的基础上评价新颖程度方面的特点，是否是全新的角度，是否产生新知识，是否解决了以往无法解决的问题，因为这可能为以后的工作开创新的方向。总之，我们还需要一套定义、评价算法的创造性，从而给算法奖励反馈的方法。但是，离我们最近的方法可能是在微分学习机制、联合概率学习的基础上，引入连续性的知识辅助（预训练大模型有这样的潜力），或者通过其他数学方法，或者通过降维分解并行计算等机制，从"质""新""广""易"等角度提升生成新假设，最终作用于HFL。

第三，从相关到因果：反事实、模拟、知识图

相关性分析能力的巨大进展部分替代了因果分析，但这并不能替代因果关系的价值。"反事实"是对不真实的条件或可能性进行替换的一种思维过程。假设有100种可能性，事实上只发生了其中一种"A事件伴随着B事件"，这可能被认为是某种程度的相关性。如果用想象和算法生成其他更多的可能性，并通过结果的反馈推测是否"A事件导致B事件"。

"反事实"拓展可能性假设，可以通过添加条件、减少条件、替换条件、替换结果等不同方法来实现。例如，"睡得晚，所以迟到了"，"反事实"假设可以是"睡得早，就不迟到"，这可以帮助我们更加接近可靠的因果关系。因果强化学习模型和干预策略结合，就可以利用算法为这个过程加速。

"反事实"在算法获得重要进展的背后发挥了隐形的作用，例如Transformer中的Mask技巧，扩散模型中随机增加的高斯噪点，这些横扫行业的模型本质上都是基于"反事实"的思想在自动创建可靠的、全面的新标注样本。

知识图谱和模拟技术可以为通过推理建立因果关系的过程加速。基于"反事实"模拟机制，我们可以加速获取原始观察信息输入的能力，通过基于知识图谱的因果推理，我们可以避免做大量重复的学习工作。

第四，长周期反馈和间接反馈中的隐性特征

人们觉得长周期的反馈过程由太多小的不确定因素组成，却忽略了这些小的不确定因素的组合却在更高的层面存在另外一种确定性秩序，就像短期市场的技术波动性和巴菲特的长线价值投资预见性。在强化学习算法里，这类问题被称为"稀疏奖励"（Sparse reward）问题，或者叫训练环境中的长期信用分配（Credit assignment）问题，指的是在复杂学习系统中，如何分配系统内部成员对结果的贡献。生物智能依赖分层认知机制解决这类问题，分层强化学习也正在参考这种方式来解决问题。

第五，在全样本反馈中实时学习的众包智能

纵观科学或者艺术的历史，总有少数时期英才辈出。在这群杰出人群中，突破性的见解在相互保持交流和争论的人们之间的"共享内存"中，并通过分布式计算出现，形成一个跨越时空的数据和知识库，最后由某个人写出答案。其实，每一位参与者都是这个伟大计算过程中的一部分，这是某种意义上的众包智能。

算法需要在反馈中学习，而反馈的模式中有一类是更实用的，即通过大量用户的实时使用反馈数据优化算法策略。在自动驾驶的早期阶段，我获得了一个自动驾驶控制策略的发明专利的授权。授权大致的内容是，基于装有传感器的人类驾驶车辆，通过人类驾驶策略和自动驾驶控制策略的偏差和执行效果进行学习。后来看到很多主流的厂商也有类似的尝试，看起来这是一个有共识的方向，形成了有趣的趋同进化。事实上，已经规模化部署的智能设备都可以通过这种方式持续升级策略，这也是某种意义上的众包智能。

另外，众包智能的优势在于反馈的多样性，群体是最全面的反馈者集合，通常能够发现最细微的问题。

第六，主动寻求反馈：L2X

目前最有效的反馈方式，可能是用人的反馈和输入来加速算法训练，L2X（Language to X）用户可以通过简单交互指令修改算法的运行规则，算法也可以向人主动提问。理论上，算法是在统计模式之间映射，语言可以映射到任何一个相关体系，人类语言和机器语言没有本质不同。目前已经有团队成功地实现让机器人通过接受人类的反馈，逐渐更新自己的价值函数与人类保持一致。还有一个以技术加速反馈的例子是流程机器人RPA。这个已经出现在多数世界500强公司里的新面孔擅长在很多重复、耗时，且规则明确的流程环节发挥作用，RPA机器人的使用量正在变得越来越多。很多反馈也因为自动化而变得更加快速，UiPath的团队甚至认为一名医生80%左右的工作都能被机器人替代。我们相信，技术总是会不断创造新的反馈形式加速学习。

④模拟加速反馈：大脑、量子、生物

真实的大脑里充满反馈信号，是一个冗余低效、时刻伴随噪声和错误的古老系统。但它不依靠算力堆叠，进行一亿亿次操作只需要20瓦功率。人们正尝试通过尖峰信号机制、存储与计算单元结构关系、新皮质研究和逆向工程、稀疏性和条件计算、模拟计算等多种方向来探索大脑的工作机制。

在类脑计算的研究探索中，我们需要在器件层面模拟神经元和神经突触功能，获得基本人工器件单元（如人工神经突触、神经元等）及其连接网络结构，并最终实现对类脑计算机进行信息刺激，使其产生与人脑类似的智能。当前基于人工突触器件的神经形态应用，已经逐步从简单的生物突触行为模仿向复杂的神经形态计算发展。生物的本质是化学等不同领域属性的集合，IBM正在研究的电化学RAM理论上可以有几十个甚至数百个状态，相对于相变内存和电阻式内存只能有两个或几个状态，电化学RAM具有明显的优越性。

微观的世界以量子态运行，而量子计算机恰好可以很好地模拟这一类系统的运行状态和趋势，测试不同的预测和假设并快速获得反馈，这是经典计算架构很难做到的，这也对药物、电池、催化剂等非常有意义。在2022年，IBM的Osprey量子处理器已经具有433个量子比特，IBM研究院院长达里奥·吉尔认为，量子计算机是一台像自然一样运转的机器，它可以模拟自然过程，从而解决以前无法解决的问题。如果说传统计算机是数学和信息的结合，那么量子计算就是物理和信息的结合。在不远的未来，我们将迎来HPC、TPU、GPU和量子计算芯片并存的新阶段。

一些场景会被优先改变，Rigetti已经推出了世界上第一款使用量子计算机开发的天气建模解决方案，并在探索量子计算在材料模拟、优化和机器学习、应用于现实世界的人工智能、模拟分子系统、聚变能源量子模拟中的应用。在云计算方面，Rigetti与亚马逊和微软均在尝试合作；并与DARPA合作开发能够解决复杂优化问题的量子计算机。

量子模拟帮助我们在平行宇宙中加速升级，接近新可能性的临界点。万事万物可以被抽象为数学范式的复制和演进，生物基因可以用ATCG四个碱基的数字形式完成计算，从生物学免疫系统的进化，到能够自我复制的数字程序形态，再到广为传播的思想意识。形式不重要，它们都是在反馈中不断地更新假设，并不断提升适应性的进化方式。模拟系统就是用这些现象背后的数学范式去抽象、建模和加速学习，建立一个又一个源于现实世界，但可能比现实世界运行更快的平行宇宙。

　　人类依赖有限经验做选择，机器可以模拟近乎无限的可能性，特别是有了量子计算机对具有量子态特性对象的模拟能力的本质性飞跃，以及对生物进化模式的研究带来的对模拟机制的创新。量子计算突破了算力，生物进化机制则有可能带来计算模式的突破。

　　这里的挑战在于，量子计算是会出错的，如果纠错不及时就会让量子计算失去意义，如何通过反馈纠错是值得深入探索的。

　　生物演化是智能算法最好的模拟对象之一，其中包括"具身智能"的演化机制。对于智能体，软件建立基础的"意义"认知和对应的感知能力、行动能力是基于硬件实现的。例如，有实在的"身体"才能理解相对于"身体"的空间方位有何种含义，有了进化到理想状态的"身体"才能高效地执行策略，"身体"硬件与"策略"软件是共同进化的。共同进化的挑战性在于，一方面这要在大量可能的"身体形态"中搜索；另一方面，通过终身学习评估智能体适应度也需要大量计算。来自斯坦福大学的研究者Agrim Gupta、Silvio Savarese、Surya Ganguli和李飞飞提出了一种新型计算框架——深度进化强化学习（Deep Evolutionary Reinforcement Learning，DERL），该框架能够在环境、形态和控制这三种复杂度维度下同时规模化创建具身智能体，进行学习和演化。

　　试验中设定了不同的环境，并验证了环境对形态进化有极大影响，在更复杂的环境中进化出的形态确实更智能，它们能够促进智能体更好、更快地学习多种新任务。按照具身认知（Embodied cognition）的推测，进化发现的形态可以更有效地利用智能体主体与环境之间的物理交互的被动动力学（Passive dynamics），从而简化学习控制问题。它既能在新的环境中实现更好的学习（形态智能），又能跨代实现更快的学习（鲍德温效应）。

2.3　周期叠加——新个人计算中心、元宇宙、Web3.0

　　基于反馈机制，世界被高效连接和计算，这背后的连接、计算、关系是相互影响的三个基础因素。当无处不在的连接和数字化反馈形成了大规模的数据流，就像网页爆炸时代诞生的搜索，计算成了将数据盈余转化为有价值洞察和智能的关键。计算能力的突破使我们可以处理更大规模的数据，为了进一步提升反馈数据的获取效率，虚拟与现实的结合就成了必然，因为这可以为分散的世界带来极致的连通性，成为信息损失率最小的体验容器。此外，在虚拟环境中，没有了现实世界的"摩擦力"和限制，我们还可以快速、近乎零成本地测试不同的假设。再进一步，当计算和连通性完成了生产力代际跃迁，建立了反馈流数据通和计算智能的正反馈循环，我们需要新的反馈机制重新组织世界的关系来适应和促进新生产力最大化的需求。这一连续进程的背后就是我们要讨论的智能计算、虚实结合的世界、去中心化的组织关系，以及三者的大汇流。

2.3.1　新个人计算中心：从连接到计算到智能

关于下一代互联网的讨论从语义网到产业互联网，再到元宇宙，一直没有中断。可以确定的是，狭义的互联网已经是个过去时，Web不会一直是承载信息的最有效载体。世界当前发展的重心已经从连接到计算，将连接产生的反馈数据从负担转化为知识，计算和智能将成为最重要的杠杆。与其讨论下一代互联网，不如讨论下一代个人计算中心。什么是计算中心？微软有Windows、Teams、Azure，是"To B"的计算中心，特别是云计算形态；苹果和谷歌有硬件和操作系统、智能助理、应用生态，是"To C"的个人计算中心，特别是智能手机。它们的共同点是，都在基于最丰富和重要的数据，发展处理和计算能力。

当下的热点之一是VR，那它会成为新一代的个人计算中心吗？目前看来，这更多只是在改变内容形式和体验，并希望基于此带来更好的世界连通性，进一步完成数据的积累再通过计算形成智能，最终改变连接和计算的方式，更高效地优化现实世界的资源配置。当然，要做到这一点，需要将现实世界真的装进这个头盔里，即便做到这一点，我也觉得应该会有更好的方法，例如"人造眼睛"等技术驱动的视觉感知系统。而且，我们的目标应该是虚拟和现实的融合，而不是完全的虚拟化。

我们可以从人群渗透、24小时伴随性、场景宽度等基本可用性角度评估它对个人生活和工作的支持能力，再从交互的角度评估它的信息输出效率。你会发现VR可能会成为类似短视频和直播的场景级应用，并有机会自建半封闭的完整生态，类似于微信的"移动王国"和抖音的"视频王国"，再降维把各种应用做一遍。VR当前最大的挑战在于，新尝试用户因为应用场景的局限性而导致了较低的（15%～20%）月活跃率，还很难说明这是一个已经验证、具备可持续快速增长基础的业务模式。对于新技术，我们不能从技术指标去揣测它可能会带来的潜在变革，来自消费者的需求敏感度和早期用户黏性是更直接的反馈信号。VR的应用场景还比较多地局限于游戏，而强大的计算平台显然需要快速发展出通用性。

对下一代个人计算中心的假设还有很多方案，有一个热点是便携的AR和个人智能助理的软硬组合。个人智能助理在Finger First的智能机时代生不逢时，不同于VR把人从世界中隔离出来，将人和信息放到现实世界中的AR可能是它理想的载体，这会带来更高的可用性和更多场景的可能性。我们可能对VR的沉浸式体验念念不忘，但智能手机也不是沉浸体验最好的硬件，它甚至不如电脑。

如果说VR是体验工具，那么AR就是信息工具。在AR的落地方面，Snap与亚马逊在合作中，将为后者提供从AR购物滤镜到AR营销分析的全方位服务，涉及的商品和品牌数量均刷新双方的合作纪录。Snap这两年来早已接连牵手亚马逊、迪士尼、可口可乐、乐高等大型公司，用AR在社交、电商、游戏方面做了众多尝试。比如，我们最近想买一款墨镜但又不知道哪个品牌的颜色、款式更适合自己时，不用费劲出门逛街试戴，你直接打开手机里的Snapchat，进入亚马逊Fashion的品牌主页，通过产品的AR滤镜功能，简单地左滑、右滑就可以看到不同眼镜的上脸效果，重要的是，体验效果相比十年前有了质的进步。

根据Snap的统计数据，过去几年AR已经成为Snapchat用户的日常，Snapchat上每天有超过2.5亿用户使用AR，占日活用户的72%，用户平均每天使用AR超60亿次。在2022年6月Snap曾发起一项AR消费调研，有超2/3的消费者表示在使用AR后会购买产品，66%的消费者表示AR购物帮助减少了退货，96%的消费者希望在购买时使用AR来完成获取产品的更多信息、分享购物体验等交互。根据Fingent的研究，到2025年，全球近75%的人口都将成为频繁使用AR的用户，到2030年，AR将创造高达1.2万亿美元的商业价值。

总体上，一方面，开放性的AR配合多模态感知智能可能再次改变连接和交互的形式；另一方面，当今时代的重心正在从连接逐渐转移到计算与智能上面来。新连接和新交互将带来大规模反馈数据，进而通过智能助理的计算能力处理数据，转化为智能和自动化的效率优势，然后维持和放大连接的规模优势，以及基于此的反馈数据生态优势。

数字化的"人"，可计算的"人"

个人计算中心的价值潜力在于"人"的深度数字化。不同于描述虚拟人物所用的"数字人"概念，这里强调被数字化表征和解构、增强的真实人类，因为计算最终要深入人类有形和无形的每一个细节。

①交互

人与世界的交互界面的变革总是在趋向不可逆的"自然化"，不同的互动界面形态最终收敛到更适合人类原生互动方式的反馈机制。更自然的声音和动作识别，借助多模态感知技术的进步变得无处不在，按钮等传统方式将逐步消失，机器可以与人通过图文视频等进行多模态、多步骤的有连续性的互动。这背后是技术基于人类选择提供的反馈来实现的。

除了多模态自然交互，推荐引擎在不同领域的广泛应用，不只是改变了世界的界面。除了个人化算法计算出来的不同世界界面，不同的小世界正在元宇宙里分别生成，每个人都可以用算法为自己编织小世界，基于自己的"人为选择"反馈，沉浸在自己喜欢的内容流、商品流，甚至平行宇宙里难以自拔。

②健康

从医院内到医院外24小时的生活，数字化的硬件和软件有从不同来源持续采集、整合、分析和反馈健康数据的能力。能够精确地量化，更敏锐地发现模式的细微变化，甚至能够发现容易被有经验的医生忽略的潜在的关联因素。而且，也能实时地监测到不同健康解决方案产生的效果反馈，使解决方案可以自动优化。从而通过算法学习反馈，获得个人定制化的针对性健康方案。我们可以想象，在自己的智能机的本地存储和计算的离线智能感知模型，可以根据自己的说话语气、行为模式变化，以及任何信息和信号，实时给我们相应的健康提示。

③从量化自我到个人化的HFL

大约69%的美国成年人至少会跟踪一项健康指标，随着时间的推移，我们变得更快乐了吗？我们的思想和身体表现得更好吗？我们比一年前更有效率吗？我们为什么胖？是什么让我们感到迟钝？是什么导致了我们的疾病？我们该如何改进？今天，我们问医生；明天，医生也许将询问我们的数据。

量化自我并不新鲜，本杰明·富兰克林曾在日记中跟踪了13种个人美德，以推动自己走向道德完美。他在自传中分享了这一见解："我惊讶地发现自己的缺点比我想象中更多，但看到它们减少，我很满意。"今天，我们和他唯一的区别是技术取代了日记本。进步不仅使数据收集更便宜、更方便、更丰富、更快速，而且使我们能够基于算法，通过量化发现我们从未知道其存在的生物特征。

我们不一定局限于健康的目标，新的穿戴设备可以低成本快速普及、广泛连接，在从行为到情绪状态等各层次，个体的全面数据可以被自动地记录和分析，并开展模式学习和挖掘。入睡前或醒来后的情绪，疼痛对人们日常生活的干扰，运动中"准备训练"的主观感觉都可以成为被量化观察的指标。在生活中我们也可以特别选择一个或多个仔细定义的指标来跟踪，并将这些指标从自己的经验流中分离出来，建立基线值和预测值，收集异常值，以便给予它们特别的关注。除了对于生活习惯、学习、工作改进都有帮助之外，这可以为全面地模拟个人的数字孪生体建立基础，从而实现进一步的个人探索。在未来，也许需要拓展到"量化一切"，这样才能更好地探索个体变化的外部原因和内部原因（从原子到器官再到生理功能，基因、生化等不同模式下的内部运转数据）。在此之上，算法可以通过模式发现定义健康问题的假设，并形成优化方案，再收集反馈优化模型，建立HFL。

而且，连接分布式的个人的端侧学习，也会基于RSS框架（后面会介绍）建立云端数据驱动的宏观学习策略。生命是一套算法，我们可以通过数据还原和优化它。虽然现在的用户数据被大的平台集中使用，但每个人都应该有从自己的数据中获得反馈并学习的权利和能力，并保持准确性、独立性、包容性和透明度。

用于数据收集和可视化的参考工具

（下面的列表包含一些设备和应用。在选择最适合您的设备和应用时，请务必进行具体的针对性研究。）

跟踪任何内容

开始：使用笔和纸或数字电子表格（Google Drive或Excel）。

建议：AskMeEvery，通过电子邮件或文本简单跟踪有意义的数据。

替代品：IFTTT，连接您的在线服务（例如，自动将Foursquare签入保存到Google Drive等）。Daytum，收集、分类和交流日常数据。

活动

开始：Moves，免费移动应用。

建议：Fitbit，它们是为数不多的推广开放API的活动跟踪公司之一。

替代品：耐克Fuelband、Amiigo、BodyMedia、欧姆龙、Misfit Shine、Jawbone UP、RunKeeper、Strava。

睡眠

开始：Sleep Cycle，移动应用。

建议：Zeo。

替代品：WakeMate、Lark。

心情

建议：Happiness。

替代品：MoodPanda、Moodscope、Mood jam。

心脏

开始：Cardiio，使用iPhone摄像头测量心率。

建议：emWave2，心率变异性跟踪和减压。

替代品：Polar、及欧、Basis、阿迪达斯miCoach（带心率传感器的训练衫）、Tinke（心律变异性）。

血压/体重

建议：Withings。

替代品：Blipcare、iHealth。

验血

建议：WellnessFX。

替代品：InsideTracker。

其他各种各样的数据工具

23andMe，DNA测序。

uBiome，微生物组测序。

Lumoback，姿势。

耐克 Hyperdunk，带传感器的鞋子。

SpectraCell，微量营养素测试。

Dexcom，连续血糖监测仪。

QuantifiedMind，认知追踪。

Muse，大脑传感器。

HAPILABS，一种追踪饮食行为的叉子。

MyFitnessPal，营养和饮食。

RescueTime，生产力。

可视化工具：Excel、Tictrac、Nineteen、Indiemapper。

灵感：FlowingData、Visualizing。

　　个体是在反馈中建立自我认知的，在茫茫黑夜，帮助我们克服恐惧的是远方出现的灯光，如果控制了反馈，在某种意义上就控制了个体。这些数据就是远方的灯光，新的个人计算中心通过将"人"充分数字化，使很多事情变得可计算可优化。以AI能力学习个人化的反馈模型，帮助人们以顺应本能的方式激发正向能力，启动正向习惯，让好的习惯也会成瘾，优化我们的日程等各个方面，帮助人类变得更加健康、更加智能。最终，我们可以通过计算将反馈数据更高效地转化为价值。

2.3.2　从现实世界到混合现实世界——最大连通性、可体验性、可计算性

　　来自环境的自然选择塑造了人类的进化，而人类正在用技术和自己的选择塑造自己想要的世界，来弥补自身进化的不足。在我们熟悉的现实世界之外建立新的平行空间，元宇宙的概念背后是数字化的发展，表现在新交互技术和去中心化经济系统的成熟（虽然去中心化机制并非元宇宙的必要条件，但我们仍按理想的条件来讨论元宇宙的远景，因为Web3.0去中心化、跨平台的经济系统会是元宇宙极大连通性的保障基础）。一个新世界的成长性在于它是否能够突破新的极限（虚拟世界在形式上是无限的、连通的），以及获得更快的演化效率（数字化的假设、反馈和演进）。

　　数字与现实混合的世界拥有更高的反馈获取效率，这首先从交互反馈效率开始。XR或者全真互联网等诸多概念背后的数字化交互能力提升，让人们在数字化世界中获得了有突破性的舒适体验。至少，使头晕感觉减弱的六自由度VR头盔在不断普及，获取这种体验的硬件成本也在迅速下降。这让很多体验升级的可能性被打开，为应用效果的进一步丰富提供了基础。声音、视觉、动作的多模态信息和低摩擦成本的自然体验界面，让交互反馈的效率提升。虽然它试图用外加的沉重设备隔开人与世界的自然交互界面，但游戏和基于推荐算法的短视频已经证明，虚拟世界对人性本能的快速反馈和满足，会让它成为时间和注意力的黑洞。

　　这种体验升级的标志性事件是，内容不再是用来看的，而是用来进入的。但是，建立全新的体验习惯还需要生活在拥有这一技术条件时代的新一代人规模壮大，才能实现切换。从文字到图片、视频，基础载体和用户习惯的迁移往往是确定的、被动的、缓慢的。同时，不同相关领域的技术也要系统性升级，例如元宇宙需要的算力和现状有几百倍的差距，这同样会是一个需要较长时间的过程。

虚拟中的真实感消费

　　就像电影《楚门的世界》里表达的，真实感不一定要在现实世界里获得。在"橡胶手错觉"实验里，被试者的右手旁边平行地放置一个橡胶右手，接下来实验人员会用一个小刷子对被试者的右手和橡胶右手同步"刷刷子"，在刷了一小段时间后，会拿一把刀在橡胶右手上比划（假装要"切"这个橡胶手的样子），然后观察被试者的反应。结果显示，当用小刷子同时同步刺激被试者的右手和放在被试者右手旁的橡胶右手时，被试者会感觉自己多拥有了一只手。还有另外的实验运用功能磁共振成像（fMRI）进一步地证明了在这种情境下，我们对橡胶假手的拥有感。

伦敦大学神经科学教授、纽约大学访问学者博洛托博士解释说："我们的大脑并没有进化到感知现实。它们的进化为我们提供了对我们生存有用的东西。"大脑并不判断真实性，感知带来的真实感是感官与意识、潜意识共同作用在大脑中形成的。

一项使用VR设备进行的测试结果表明，感知是一个基于经验获得的世界模型的推理过程。因此，SoR（真实感）可以被视为基于预测误差大小的概率推断，该预测误差表示给定感觉信号与我们的世界模型之间的拟合。对于给定的感官事件，预测误差的大小是一个人的世界模型感知"真实"的概率。并且，SoR阈值是稳健且可复制的。所以，高仿真的游戏和VR体验都可以混淆现实和虚拟的边界，安慰剂效应也能激发真实的身体反应。

虚拟世界如果能够产生情感、产生人格、产生存在感，那它就和现实世界无异。

先把世界装进模拟器

虚拟化意味着对既有规则和束缚的全面突破，通常会在一个领域重塑游戏规则。在数字技术领域，虚拟世界会成为现实世界的先行，加速进化反馈。

①虚拟社交

如果我们想创造一个具备一定自主交互能力的虚拟人物，多轮对话、情感计算等算法层面的进展为创建人工智能助手打开了大门，可以帮助处理数十亿次的日常客户服务互动。但是，在虚拟人物具备自己因人而异的、独立演化的人格特点之前，这只是从二维到三维的更生动的形式变化而已。

如果我们也像扎克伯格一样对虚拟世界的社交充满渴望，相信虚拟社交时代就此来临可能还为时尚早。数据显示，Meta旗下的虚拟社交平台Horizon Worlds，大多数用户在访问Horizon Worlds一个月后便不会再登录平台，甚至连员工的使用率都不理想。也许我们还没有真正翻越虚拟和现实之间的社交体验门槛，找到更具体的价值。

②虚拟生产

英伟达（NVIDIA）的野心已经延伸到元宇宙的工业化生产，在与宝马的合作试点中，通过创建宝马的虚拟车间来低成本、高效率地训练机器人。"宝马以大规模的方式进行个性化制造，它们的运营是世界上最复杂的，"英伟达创始人兼首席执行官黄仁勋说，"Omniverse就是为了实现这个过程而打造的。我很高兴宝马公司利用NVIDIA Omniverse将它们的团队连接起来，在物理世界中建造任何东西之前，虚拟地设计、规划和运营它们的未来工厂，这就是制造业的未来。"

在机器和各类设备的自主控制训练场景，模拟不同的问题、情境和解决方案的组合，都会给进一步优化方案提供必要且可能难以获得的反馈补充。此外，虚拟并行可以大大加速我们通过反馈来学习的速度，在虚拟世界里犯错是没有成本的，我们可以在快速的犯错和修正中取得进展。所以，我们可以更加灵活地对未来做出假设，在虚拟生产的测试反馈检验中不断接近最优解，并最终将其应用于现实。

③虚拟测试

英伟达模拟技术和Omniverse工程副总裁瑞夫·勒布雷迪安表示："数字孪生本质上是一种从真实世界取材，并在虚拟世界中表示它们的方式。一旦在虚拟世界中对现实世界的东西有了准确的表示，并且有了一个能够准确模拟世界行为的模拟器，就可以做一些惊人的事情。"虚拟环境使我们在相对论之后，对时间和空间又有了新的认知，这将深刻地改变人与世界和人与人的互动方式。

虽然摸拟器模拟的不是完全真实的东西，但它提供了一些重要的优势，例如通过生成算法建立现实中难遇到的挑战性长尾场景。以自动驾驶控制策略的模拟为例。

- 它很便宜——不需要汽车，以及道路或安全司机。
- 它速度很快——可以在一夜之间在模拟器中驾驶100万英里。
- 它是安全的——可以测试在现实世界中永远无法尝试的危险情况。例如，模拟在我们面前有奔跑的行人或发生事故的情况。
- 它很复杂——可以在有趣且具有挑战性的条件下尝试所有模拟里程，而不是在简单而无聊的普通道路上浪费时间。

- 它是可重复的——可以一次又一次地做同样的测试。
- 它是可变的——可以尝试任何情况的数百万个微小变化，可以尝试各种天气和照明，可以尝试各种类型的道路和交通情况。
- 它很奇怪——可以测试极其罕见的情况，例如汽车在海啸、地震、火灾、洪水、龙卷风或沙尘暴中可能会出现什么问题。
- 它是软件——可以创建模拟硬件的复杂故障，混入各种情况，并学习如何处理它们。

不只是在自动驾驶领域，AlphaFlod的进一步发展有希望实现对蛋白质动态生物学特性的模拟，在进入实验室验证之前，通过模拟细胞来加速医学实验。现在的强化学习算法本质上就是智能体在虚拟环境中的快速进化，这已经在众多领域带来了前所未见的突破性成就，这可能会是数字时代标志性的解决问题方式。

将世界抽象成数字，算法在虚拟世界中加速反馈学习

算法已经可以在很多领域为现实世界加速了。早在2017年的一项关于"心脏病发作预测"的研究中，综合比较了ACC／AHA（美国心脏病学会/美国心脏学会）指南与随机森林、逻辑回归、梯度增强和神经网络这四种机器学习算法的应用效果。这四种技术都在没有人为指导的情况下通过分析大量数据形成了预测工具，这一研究中的数据来自英国378256名患者的电子病历，其目标是在心血管疾病相关数据中找出模式。所有计算方法的表现都明显优于ACC／AHA指南。计算使用称为AUC（其中1.0分表示100％准确度）的统计

方法，ACC／AHA指南达到0.728。而根据研究团队2017年4月在PLOS ONE上公布的结果，四种方法的准确度从0.745~0.764不等。其中表现最好的神经网络做出的准确预测比ACC/AHA指南高7.6%，而虚假警报则低了1.6%。在约83000条记录的测试样本中，这个比例相当于额外有355名病人得以被拯救。

现在，丰富的反馈数据可以让算法更进一步。例如，持续的健康数据可以支持我们提前发现潜在的健康问题，而不必在身体出现问题之后再补救，我们有理由期待预测性治疗等新方法可以大幅提升人类生存质量。总之，将现实世界的时空事件紧密压缩为高质量的数据集，算法就可以在这个虚拟世界里加速进化。

元宇宙封闭的自我向内反馈最终走向熵增灭亡？
个性化推荐和元宇宙都是熵增系统？

当一个系统追求向内自我回归与拟合的最大化时，缺少足够的开放性和内外部能量、信息的交换，没有向外成长的拓展性，最终将会趋向熵增和崩溃。所以，推荐系统和元宇宙等人类构建的小世界都不能将人类隔绝于现实世界之外，而需要通过和现实世界保持一致性和融合性，保护开放性的来源。

算法构造的小世界是对创造力的强化还是削弱？想法的来源不断减少？确定性和创造力是一对矛盾因素，如果推荐引擎给我们的内容都是高相关性的，就很难兼顾足够的创造性，至少在基于统计学基础的这一代推荐机制之下是这样的。虽然协同过滤等机制有一定的去中心化发现能力，但依然没有提出"创造性假设"的机制，还需要智能算法在HFL的机制上有更基础的突破。

广泛连接的网络看起来将地理和物种隔离带来的多样性消除了，但接收相同的信息不一定产生相同的观念，不同的族群会在观念层面分化，从而为可能性和创新提供土壤。观念隔离的多样性即基于意识独立性的精神多样性将持续地进化，建立在区块链之上的去中心化生态基础可能会帮助我们建立新世界的基础关系。

2.3.3　从中心化的规模，到去中心化个体的自组织

Web3.0，不同版本不同信仰

无论是语义网还是元宇宙，Web3.0总是会让世界在信息、知识、物体、体验、情感、价值、意义等不同层面和维度都有更好的、跨小世界的一体连通性，并且能够通过更加去中心化的方式实现更高的组织效率。一些人认为Web3.0的重点在于单纯的链上去中心化机制，另一些人则认为，最热门的Web3.0候选者是基于去中心化机制的元宇宙，两者不可分割。如果我们认同去中心化对于Web3.0的重要性，那么基于公链的去中心化反馈结构将是Web3.0带来变化的主要方式，在连接和计算之后，这会带来全新的去中心化组织和激励方式。这是决定反馈效率的基础架构，这将充分释放个体的主导和创造力量。

建在去中心反馈机制上的新世界——DAO社区、元宇宙与现实的冲突

无论是DAO社区（Decentralized Autonomous Organization）

还是元宇宙，疯狂的投机都在加速生态的发展，而这背后是去中心化的反馈机制。去中心化的反馈机制产生新的货币信用体系，基于此的生产激励系统形成对个体的强烈刺激：超主权、价值相对恒定（通缩机制）、开创性投机的个人激励（类似于美洲大陆的首批建设者）。而这与国家主权体系下的产权与分配规则是冲突的，新加坡正在成为一些互联网人征战Web3.0的阵地。创新总是要在合理性与合规性的双线之间做平衡，如果能够将Web3.0定义为支持去中心化的新契约机制，就变成了更温和的变革，更加具备可操作性。

基于去中心化生产关系（经济系统），在元宇宙里组织的形态变成了DAO社区，它是NFT的上层，在基于NFT的物权系统上建立由参与者共同主导的关系，让组织成为成员的工具，而不是反过来。DAO社区可以拥有NFT和创造NFT。如果说NFT是"Media legos"，那DAO社区更像是"Corporate legos"。对于基于DAO社区的自组织群体，NFT能够保护它们的创新，同时，将一份作品分成多份的参与感也会加强成员间的关系。数字世界的新组织形态，始终是对现实世界边界的重构、扩展和再合理化。

未来的形态：去规模、去中心

苹果委托Analysis Group经济学家展开调查，将App Store第三方App与苹果自己开发的App进行对比，发现第三方App表现更出色。

世界正在从追求规模和效率的中心化机制向追求创新和个人化的去中心化机制演变，去中心化创造力的典型就是基于公链价值系统的Web3.0，代表之一是DAO社区。它被用来自发聚合有共同目标的个体，通过自主定义共同的游戏规则，一起实现目标，通过激发个体潜力而不是平台潜力来创造价值。这个过程需要大家基于高度认同共建共治，从而发挥个体的创造力，而不是被中心化领导。例如，有的项目是为了买下一支NBA球队，开创一支球队的球迷治理。对于LinksDAO，它正在创建一个聚集高尔夫爱好者社区的虚拟乡村俱乐部。对于PleasrDAO，它用于收集、展示和创造性地添加/分享社区NFT。在游戏化的DAO方面，很多公司以这种方式做每日签到的游戏化运营，或许可以在换水果、换菜的人群外，更受到年轻人的喜爱。

就ConstitutionDAO而言，它从一群围绕这个目的聚集在一起的陌生人社区筹集了4700万美元，整个过程在几周内就完成了。ConstitutionDAO没有太多其他东西——没有明确的路线图、执行计划。但是，做出经济贡献的个人与项目目标完全一致，并受到社区的激励，使这种机制的凝聚力和行动力让人印象深刻。由个体灵活紧密地连接为群体，使单个主体的规模（大公司）在某些情况下越来越失去灵动的创造力。

更远的未来形态往往不会一下子亮明真相，它往往和复杂的现象混杂在一起，让我们为之兴奋却并不特别明确，即使离得很近却也无法确认。只有从这些可操作的小细节开始，基于假设行动，带着模糊的心态开始做，并基于反馈优化，这需要我们不断地通过假设和反馈的循环去持续探索。

个体对个体的新反馈结构

　　分散也能带来集中，例如把土地分给个人却带来更有凝聚力的国家，例如通过个体成员达成群体共识来维护的虚拟币，可以建立宝贵的信用。在不需要监督的条件下有序发展，也许集中的中心化控制并不是唯一的办法。这些变革的源点在于由个体与个体组成的新反馈结构，从去中心化的社区到去中心化的经济系统，去中心化的记录、激励和"X to Earn"的机制将使Web3.0成为对个人化时代发展的有力助推，并有机会重塑现在的商业秩序。

　　在Web3.0时代到来之前，用户个体作为一个点和中心化平台这个超级节点之间依靠契约维护，由后者背书信息并主导反馈结构。Web3.0时代到来之后，用户个体与个体之间的新反馈结构形成，公链上的共识成为价值契约的基础，这种反馈结构带来的终极信用体系可以支持价值的传递而非只是信息。平台的中介价值被基于个体共识的信任机制取代，平台的主导力消失后这些权利将归于使用者个体。有了DAPP（Decentralized Application）后，我们不用被超级App强迫设置导航界面，可以随意根据自己的偏好选择。我们的数据和资产也都在基于点对点反馈形成的共识机制共同维护的公链上，而不是在某个大平台上，我们可以通过任何一个提供服务的平台去访问和管理自己的数据和资产。在某些领域，个体与个体间的直接反馈反而可以实现更高的社会效率，品牌和服务者也可以采用DTC的模式更好地反馈需求。更重要的是，以往中心化平台提供的具有数据资产锁定效应的应用和功能在Web3.0时变成了开放的契约被重新组织。类似Nostr协议，个体成为主导力量。这可能不仅仅是影响商业领域的公司组织形态，甚至是影响整个社会的基础关系，并进一步影响先进生产力的产生和全球秩序。

我必须要强调的一点是，世界上并不存在绝对的、理想主义的去中心化。在某些领域，这可能代表着无原则的平均主义和随之而来的低效，以及额外的协调沟通成本浪费。例如，全世界的人把资金集合到一个基金去做投资，短期看来风险可能很低，因为它几乎可以控制市场。但是这就会使人失去去中心化竞争带来的更优的价值发现能力，以及基于此的合理资金分配方式。去中心化更多是参与和互动的机制和形式，在新环境下的新演化，我们在不断趋向去中心化，这可以在更快速变化的环境中提升创新和抗风险能力。总之，平衡、均匀的去中心化分布意味着宇宙的死寂，适度的中心化效率和失衡推动的创新是演化的动力来源。缺少双向反馈的中心化单向命令和单纯的高效执行并不构成优势，可能会在动态环境中迅速衰落。

更有趣的是，最去中心化的反馈机制又会形成"最中心化的统一世界"，整个公链是打通的，以往Web2.0的小世界都被连通起来，区别在于这种新的中心化是以用户为中心的，个人隐私数据被更好地保护。但是，现在鼓吹Web3.0最猛的投资家可能并没有提醒大家，主张去中心的Web3.0应用现在正运行在少数投资人和平台控制之下。例如，提供这些中心化服务的区块链开发平台Infura、加密基础设施服务商Alchemy集中式的基础设施。特别是在国内的区块链市场上，并不存在与国家体制有冲突的公链基础，而现在运行的联盟链则与前者有本质的不同，我们需要对Web3.0的概念讨论保持更加谨慎的态度。

此外，公平与效率之间的矛盾并未被Web3.0创造性地解决，如果我们在这个古老的矛盾上没有实质性的进展，那么就很难认可它在这个重要的方向上有基础性创新。虽然，基于自由的信任一直以来都是人类的理想。

Web3.0"不可能的三角"下的新机会

对于Web3.0新业务的可行性，要在去中心反馈机制、现有法律体系下的合规、高可用性这个"不可能的三角"里做灰度的权衡取舍。

首先，Web3.0的意义在于个人化基础上的极大连通性，可信的跨平台一体化价值系统。个人化的工具、个人化的信用、个人化的资产、个人化的隐私、个人化创造力的激励……这会重新定义世界的组织关系，从基础设施到平台再到应用，都存在大量的机会。但在应用层面可能很难有大规模的高度集中，因此价值变得有限。

对于长尾的个体，这将是一个全新的时代。一个平凡的主播可能永远无法在中心化的Web2.0平台上突破走红的算法阈值，而在去中心化且跨平台的Web3.0生态里，她将有机会通过不断持续积累的个人粉丝关系和数据资产，最终找到自己的小世界。这也会为平凡的个体带来极大的激励作用。

同时，Web3.0是基于新的经济系统的投机机制。这种参与冲动并不是完全负面的，就像开拓新大陆，每个人都被改写历史的机会和潜在收益所激励，从而有了使用和参与动机的本质不同。

其次，虚拟和现实两个世界的连接方式和背书关系是商业模型容易崩溃的环节，不同秩序相互交叠适应，如果我们处理不好两者的关系，结果将一切归零。很多接受度更好的项目通常有现实世界的资产为虚拟世界的Token（数字代币）背书，就会更好地处理了虚实、新旧两个世界的关系。

最后，大量的新应用都在从理念到概念再到可用性的探索过程中。Web3.0的机制优势与这个优势对应的未被解决的最难问题，可以形成正排和倒排的两张表，我们可以拿着这张表一一对应不断尝试新假设，然后在测试和反馈中不断优化它，最终有机会形成基于Web3.0新反馈机制的真正可用的新服务与需求之间的OCA（适应度），才能真正迎来爆发。例如，DAO社区2.0就在不断升级。

理想的Web3.0，三条主线的汇合

第一条主线是连接，即反馈的获取效率，元宇宙需要XR带来的体验升级、极致世界连通性（真正的元宇宙只有一个）、可提供模拟能力的容器。但是，元宇宙的硬件载体，也就是VR设备，目前时刻应该关注的指标是它的硬件和应用的渗透率，还有更重要的用户活跃度。对于一个有希望的新事物，可能渗透缓慢，但应该有高的早期用户使用频次和黏性，否则就很难判断它是正在升起的新星，目前VR设备还没有明确的类似信号。目前对于元宇宙的讨论更多是从理想出发，倒推现实，这种方式对于新技术加速成熟并没有太多好

处。从当前的实际应用来看，虚拟现实不一定是最高效的信息工具，但它的体验价值是显而易见的。

第二条主线是组织，即反馈的关系和机制，多样性的创造力需要基于区块链技术的数据和经济系统。这个系统也正在激发人们率先进入新世界创建私有产权、获得投机性机遇的冲动，就像人们在开拓"新大陆"的过程中所表现的勇气和激情。现在，更强大的一点在于，我们在新世界的资产将可以像比特币一样不受现实世界规则的约束，这种反馈激励机制是新世界高速发展的基础。此外，去中心化的信用机制对数据资产相关权利的记录和确认也将是重要的基础生产关系。

第三条主线是计算，即反馈的转化效率，我们还需要"建立相关性"等发现潜在规律的能力，并基于此高效组织世界上的信息和资源，所以计算和智能对大规模数据的自学习能力是理想的元宇宙必不可少的基础能力。此外，在新虚拟世界的生成技术和自动化方面，AI已经具备高可用性，而且有足够的计算能力才能让虚拟世界的模拟引擎运转起来。同时，虚拟环境已经被证明是训练AI的理想环境，两者相辅相成，就像MineDojo用视频和游戏训练AI完成任务，智能的NPC（非玩家控制角色）也会让游戏更有趣。

抛开行业内不同观点的讨论和预测，无论未来的世界被命名为什么，这三种力量都将发挥基础的作用。其中，虚拟世界体验将会缓慢地、不可逆地发展，成为信息的容器和连接方式。而基于区块链的去中心化秩序则依然没有完全解开理想世界与现实世界的冲突，并将去中心化的组织关系变成社会的主流基础结构之一。但是，智能计算是数据规模指数级增长之后无法绕开的发展方向。从产业发展的实践来看，阿里云和百度智能云等云计算公司已经在智能计算的方向上有了扎实的进展和社会价值创造，硅谷公司也在通过投资等联合方式将云计算和AI结合起来。例如，基于云能力的预训练大模型调用，AI将会是云的重要应用场景。

2.4　基本矛盾——原始本能的慢反馈

如果说可以完全数字化的外部世界反馈是一种普适的规则，那么来自人类古老本能对外部世界的反馈机制，可能是全宇宙最独特的现象之一。为了在充满风险的原始生存环境中提高生存率，对生存有利的反馈方式在经过长周期的积累之后固化为稳定的本能机制假设，能够在瞬间不假思索地做出决定生死的判断。这无疑是重要的机制进步，生存知识以条件反射的快速方式提升了早期人类面对风险时的确定性，但也在新的环境下难以改变。以本能为对象的反向适应正是全社会共同努力的方向，这也是消费行业要解决的问题。

很多反馈来自生存和本能的演化

"You can take the person out of the Stone Age， but you can't take the Stone Age out of the person."（人类早已走出石器时代，然而石器时代形成的原始本能却一直埋在人类意识的深处。）

尽管今天的人类生活在一个完全现代的世界里，甚至开始了太空探索和在虚拟现实世界中的建设。但是，人们在从事这些活动的时候还是带着石器时代的猎人心态，保留着采集者的本能。智人大约于20万年前出现在萨凡纳平原，但根

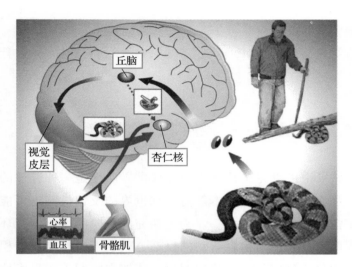

边缘系统的反馈：人类杏仁核在情感处理过程中调节身体和大脑之间的相互作用。杏仁核支持对恐惧信号和威胁的感知，其活动与包括面部表情在内的情绪强度等级相关。杏仁核的输出支配下丘脑和脑干自主神经回路，以触发情绪，特别是威胁的自主唤醒反应。

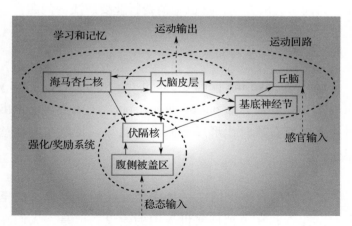

边缘系统与情绪和行动动机（强化/奖励系统）以及学习和记忆过程（涉及高情感内容，只记住我们在情感上感兴趣的内容）有着原始的联系。边缘系统赋予来自内部和外部世界的信息以特定的情感意义。

据进化心理学，今天的人们仍然在延续那些使生存成为可能的特征。例如，当我们受到威胁时会进行激烈战斗的本能，以及交换信息和分享秘密的动力。

生存和本能经常被我们联系在一起，它就保存在我们大脑的边缘系统里，并以特定的工作机制时常提醒我们。即便如此，如何主动改造生存环境，建立更适宜生存的，与自然界平行的独立进化系统，补偿进化不同步带来的问题，这也是我们不得不面对的现实，即使看起来充满矛盾。

2.4.1　人类本能与环境的不同步进化

可能很多人都感受到过，智能手机的普及和社交媒体的广泛使用，使人们开始害怕错过朋友圈里发生的新事情，因此产生了网络社交焦虑FOMO （Fear of Missing Out）。快速进化的世界正为古老的本能带来新的不适。

本能的过激反馈：人类、自然界、技术，演化不同步

据统计，2018年有51.8%（1.29亿名）的美国平民、非住院成人被诊断出患有10种选定慢性病中的至少一种。超过1/4（27.2%）的美国成年人患有多种慢性病。这一发现与先前的研究结果一致，该研究发现2012年的患病率为25.5%。更多的社会学统计显示，当代生存状态和情绪前反馈导致过度焦虑等社会问题、肥胖等健康问题，并且趋于严重。

20~30年繁衍一代的进化方式，也许会快于自然界的变迁速度，让人类在地球上的生存取得伟大进展，但远落后于摩

尔定律代表的技术进化频率，并且在智能知识方面因为个体死亡而缺少从反馈中持续学习的连续性。生存于指数级快速变化的技术环境下，将影响人类根本的生存与进化问题。一方面，是古老原始的深层边缘系统和生存本能，追求即时满足式的快速简单反馈机制，都过于敏感，在强大的外部刺激下更容易产生不适；另一方面，是快速复杂化的外部环境和进化不同步的内在本能，导致过激反应，体现为过度敏感、大脑边缘系统强烈的不安、感受到食物不足和稀缺，所以人就开始不停地吃。无节奏的糖摄入使人患肥胖症，还有抑郁症、焦虑症等精神问题，这可能会进一步导致社会问题。如何以健康的生活观念和方式解决这些问题是有意义的社会性问题，当然也是商业问题。以"新消费"满足和调节人们生活状态的需求，也直接导致了一些对应新需求的新商业形态。

25年来，罗切斯特大学医学中心一直倡导一种被称为生物–心理–社会方法（Biopsychosocial Approach）的替代观点。在这种观点看来，疾病涉及自然系统相互作用的许多方面，包括化学的、神经的、心理的和社会的。因为任何一个方面的变化都会导致其他方面的变化，所以每一个方面都是人类疾病的元凶和人类健康的贡献者。例如，汉斯·塞利的开创性工作表明，压力可以通过过度激活自主神经系统来影响身体的所有器官。事实上，不同的心理状态会导致众多生理变化，比如腺体分泌过剩、肌肉组织僵化、免疫系统抑制，上述现象都涉及癌症、心脏病、糖尿病和其他疾病的发病。正是这些疾病，成为导致大多数美国人死亡的元凶。

信号淹没：噪声使"工作区"过载，如何有效反馈

最新的脑科学家研究显示，每时每刻，大脑里的神经元都在低语、喊叫、歌唱，让大脑充满杂音。然而，其中许多声音似乎根本没有表达任何有意义的东西。它们记录着噪声的习惯性回声，而不是信号。同时，大脑似乎也没有明确的功能分区，而是采用分布式的工作方法，但存在着类似独立投票机制的高级统计机制来克服这种嘈杂。重复的、有规律的外界刺激会形成明确的反馈。

早在2009年的研究显示，一名美国人平均每天要接收约34G信息，而且我们越来越多地面临分散无序的信息输入，使大脑中负责信息理解的"工作区"严重过载。今天，用户体验（UX）或用户界面（UI）设计师工作的一个关键部分是确保在网页或应用程序屏幕上显示适量的信息——足以使其具有相关性，但又不会导致信息过载。这一点尤为突出，因为人们可能会因信息过载而感到压力。这种压力被Richard Saul Wurman（信息可视化先驱和"信息架构"一词的创造者）描述为"信息焦虑"。Wurman认为，信息焦虑不是由信息本身引起的，而是由大量无关紧要的信息引起的。因此，设计师的任务是设计信息，使其与用户的信息需求相匹配，这一过程涉及许多问题。然而，通过系统地识别必要和易于了解的材料，设计师可以减少信息过载以至破坏用户体验的机会。

从电子邮件到Instagram，异步通信媒体主导了我们的信息交流。随着指数级提升连通性，"稍后响应"也日益成为常态，因为个人不断发现自己积压的信息需要响应。通常，在这些平台提供的技术框架内收集信息的速度超过了用户可以

轻松处理和响应的速度。由此产生的信息过载会影响对话和信息传播的整体动态，特别是在社交媒体网络中，中心节点用户的信息过载会影响相邻用户的互动行为，从而会严重影响平台的转行效率。在证实这一结论的研究项目中，信息过载阈值被设计为每小时30条推文传入。

信息过载带来反馈信息传递困难，大脑"工作区"效率不断下降，常规的信息传播效率同样面临持续降低的趋势。也就是说，同样的信息传递，其效果却在下降，因为大脑同时接收的各类信息已经趋于饱和。而且，部分商业化算法放大同质化信息产生群体盲从，让有价值的不同视角更难被注意到。

刺激滥用："外在奖励"削弱内在动机

常规信息传播的边际效率下降，带来的直接结果是大家都在加强刺激的强度，同时伴随信息传递的边际成本上升。这无疑加剧了整体信息环境的混乱程度，同时使信息受众习惯于"外在强刺激"，而这可能会导致"内在动机"的下降。

曾经有这样一个故事流传甚广：一个老人在乡间休养，附近有一群很吵闹的孩子，这样的情况让老人很难好好休息。老人试过一些方法，可是都没有见效。后来，老人告诉这些孩子，让他们在这里使劲喊叫，谁的声音最大，谁就能得到最多的奖励。当孩子们已经习惯老人每天都会给他们奖励时，老人却把奖励减少了，直到最后，老人不给他们奖励了。最终，孩子们也不再来这里玩耍了。如果我们用奖励的方式引导用户每天使用自己的服务，是不是把动机变成了任务，没了奖励，用户就会像这群孩子一样离开。

在品牌更需要用户的内在认同来支持其长期发展的商业环境里，滥用折扣等外部刺激的短期现象还广泛存在。事实上，这在削弱品牌的长期竞争力。经济周期和资本泛滥，使人们更倾向于用简单的方式快速解决问题。高强度的短期刺激等方式，滥用条件反射机制，忽略了内在动机的意义，让用户忘记真实的体验目标，削弱其真实的兴趣，使业务陷入负循环。而且，在奖励的影响下，用户的反馈是被噪声污染的信息，会影响业务的正常演化。计算技术驱动的合理奖励系统可以用于塑造习惯和社区关系。

外在奖励更能预测任务完成的数量，而内在动机更能预测任务完成的质量。很多知识社区类产品的失败原因可以归结于此，因为对于内容产品，质量的重要性要高于数量，而失败的社区通常有过多的运营刺激并没有真正影响用户动机。

外在奖励并不一定会削弱内在动机。被削弱与否，取决于外部奖励是什么，也取决于外部奖励是怎样给出的。不恰当的外部奖励或是惩罚，会削弱人的内在动机，让人找不到持续努力的动力开关。

如果个体把成功或失败的经验教训归因为自身能力等相对稳定的内部因素或运气等相对不稳定的外部因素，其内在动机会发生显著变化。而得当地利用外部奖励开展针对个体的心理干预，甚至可以增强其内在动机，这需要进一步评估分析具体案例中的奖励设置方案。

心理学家爱德华·德西在1969年做了一个实验，他将一群大学生分为两组，让他们玩一种益智拼图游戏。其中一组每完成一题可以获得1美元报酬；另外一组则不获得任何报酬。在实验结束后的休息时间中，没有获得报酬的这一组学生更愿意花自己的休息时间去继续做这些智力题。德西效应（Westerners Effect）认为，适度的奖励有利于巩固个体的内在动机，但过多的奖励却有可能降低个体对事情本身的兴趣，降低其内在动机，甚至扭曲、取代、摧毁其内在动机。这用在商业活动上就是要转变常规的单纯奖励方式，从单纯追求数量指标到尊重奖励机制。

美国心理学家德西和瑞安，曾提出影响深远的"自我胜任理论"：当人的胜任力、自主和关联三种心理需要都得到满足时，他的行为动机便会由外在转为内在。

外在奖励是重要的运营方式，特别是在启动阶段可以帮助业务快速突破临界点，但这不能替代产品和服务本身的价值。设计奖励系统的目标是激发用户去感受产品和服务价值，刺激帮助业务形成正反馈增长效应的用户行为，例如社交圈的转发、电商的交叉销售等。最重要的是，让用户感受到自己是行动的"本源"，而不是被外在奖励操纵的"棋子"，在事后可以适度给用户意外的奖励，这会降低奖励带来的不良影响。否则，如果我们停止发放奖励，跑掉的可能不只是孩子们。

2.4.2　人类反馈机制的基础：失位的"适应器"，与"自我"对话的新方式

从进化心理学的角度来看，人类的心理机制并没有进化到能适应今天快节奏的城市生活，发展出新的"适应器"。仍然发挥重要作用的古老本能的缓慢变化是对于外部快速变化的阻尼器，起到稳定作用，大脑深处的本能一方面受外界影响，长周期的固化对生存有利的经验；另一方面，作为人类认知形成的具身容器限制条件，自然也会影响我们对外界的反馈。不适应的前反馈让人们焦虑，并自然地触发原始的解决方式，例如以进食等本能反应抵消"生存焦虑"。

所以，如何修复人类生存本能对快速变化的外部环境的过激反馈方式就成为课题研究的重点，如何同人类自我对话、构建新的平衡、新商业系统是否可以弥补这种不同步进化带来的缺失，都是值得我们探索的方向。人类正在通过有意识地主动改变外部自然环境、商业环境和社会环境，使我们所处的外部环境也会同步地"适应性进化"，反过来根据人类的选择和反馈，适应人类的"本能需求"。

进化总有新办法，"喂养"反馈系统，就能营造幸福感。日杂店总少不了"烟、酒、糖、茶"，这些商品都是在刺激和满足原始的需求偏好，满足在智人时代甚至更早的时候人们对能量和多巴胺的渴求，具备一定的合法"成瘾性"。这也是新商业系统的"古老本能"，只是形式在发生"适应性进化"。例如，从茶到咖啡，再到更方便的咖啡。

超越自然界的进化

①反馈的中枢是哪些内在需求

如果感受器—中枢—效应器构成一个简化概念的反馈单元，那么内在的心理机制在中枢环节发挥着核心作用。人类的心理为什么会被设计成现在这个样子？是因为它们曾经在人类的进化历程中成功地解决了许多反复出现的、有关生存和繁殖的适应性问题。特别是在远古的恶劣环境中，较好地解决了某个重要的适应性问题。适应器就是针对特定问题的应对心理机制，是跨文化、跨种族的共性，是人类通过遗传获得的。

生物的进化既有改变自己来适应的一面，例如人类拥有的适应器包括：对富含热量的食物表现出特别的偏好；也有主动塑造的一面，例如有机体对小型生态环境的主动改造能够改变自身的选择压力，每个有机体都可能成为自身进化的工程师。例如，蜘蛛结成的网改造了生活环境，为自然选择创造了新的机会。

然而，现代生活环境的变化没有刺激人类进一步进化，原因有三个。第一，早在5万年前，人类已经分散在地球上，以至于有益的新基因、心理突变不可能传播。第二，人们没有持续不断的新环境压力。换句话说，没有火山喷发或向南倾斜的冰川对天气或食物供应造成如此大的改变等因素，来促使人们的大脑回路被迫进化。第三，1万年的时间不足以在整个人群中建立显著的基因改造方法。因此，进化心理学家认为，尽管世界发生了变化，但人类并未发生变化。

我们经历的很多问题的本质是，变化的环境和古老的心理机制的不同步，导致反馈系统的失调。认识到这个反馈机制，也是解决诸多社会问题的起点。

②重建反馈系统的有效性

为了克服不适，大脑要想方设法产生快感，这是生存本能的运作方式。内外环境进化不同步，使大脑边缘系统在现代社会快速变化的压力中更容易催生焦虑，长期积累之后，失控的恐惧感使生存本能受到挑战。在富足的社会中，生存本能对不适和威胁更加敏感，一方面，会使人产生过激的误判，寻找短效强刺激带来的过度满足，暂时抑制恐惧感，但它们同时也会使多巴胺水平出现新的骤降，使人进一步寻求更大的刺激；另一方面，长期如此会导致慢性健康问题，使人们陷入不良的负面循环。这个过程就像货币超发之后，对通胀短期过激的紧缩反应反而是大萧条的直接触发因素，最终形成加速负循环。

然而，还有另外一种可能。人们通过进化新的生活方式来主动改变生活环境，与焦虑的生存本能形成新的反馈平衡。

在人被网络信息淹没的情况下，理性脑已经趋于饱和，这时候人们就需要打开感性脑，建立与外部世界的交互反馈。我们可以把人类的心理看作是一套程序，它被设计成只接收小部分特定的信息。如果我们想对他人建立有效的沟通和影响，就需要遵守大脑做出反馈的方式。此外，这个心理认知空间是有限的，特别是对于商业传播，我们需要在这里找到自己的独特位置，并在这个位置上成为用户的第一联想，才能被用户有效地认知和记忆。但是，在认知层面的工作不能代替在价值创造环节的努力，好的产品或服务带来的用户价值始终可以形成新的突破力。事实上，单纯的信息传递效果越来越有限，我们只有将其与公司对待用户的真实行为、更好的产品或服务、整体的运营充分结合起来，更多地在互动的每个触点，激发用户到用户的传递，营造具备一致性的"场"，才能在噪声中杀出重围，得到用户的清晰感知和反馈。

穿越噪声的七个注意事项：

第一，明确功能性，对问题建立直接反馈，短关联反馈。

第二，简单的、直觉的、感性价值的传递更加快速有效。生活中，九成的决策是由直觉完成的，无意识决策发挥的作用大于信息不完整的理性决策。

第三，即时满足，快速捕捉稍纵即逝的开放时间窗口。

第四，新鲜刺激、多模态、感性媒介格式和交互介质、沉浸体验。

第五，用户、社交和专家形象，人的影响作用大于内容的抽象信息：人设带来更丰富维度的认知和认同，更容易沉淀和强化，最终帮助传播者更高效地建立认知层面的可区分性。

第六，通过行为引导和固化而不是通过信息传播来改变心智认知更容易带来人的直接变化。

第七，基于用户大脑熟悉的概念传递信息，而不是发明新事物。

③行为大于信息

市场营销团队的意义在于加速提升用户对信息的接受度，在信息效率下降的情况下，行为可能是一个好的切入点。人类共同行为清单的作者唐纳德·E.布朗，在行为领域列举的共性包括手势、面部表情等人性角度的行为语言。在建立认同、塑造习惯方面，关注行为和感觉而不是理性和态度可能更有效。例如，做一款高频的App，用行为的框架可能比用心智的框架更容易被用户接受，"信息+心智"的模式不如配合"行为+习惯"的模式，不试图改变用户，而是更有效地顺应和满足用户的行为本能，更容易取得效果。

建立从"行为"切入的互动视角，通过参与实现塑造。

- **互动行为过程**：交互触点即内容载体，行为体验即价值传递。固定的小区快递人员的着装与微笑，客服人员快速电话回复，这种行为接触的感知胜过苦口婆心的广告说教。

- **场景化行为模式**：和用户的交互模式要有机地嵌入其生活，形成固定的外部触发。例如，外企白领下班路上买预制菜回家快速做完美味晚餐，中产家庭周末开车去山姆集中采购全球精选商品，老年人早起在菜场探索乐趣。只要设计好了融入用户生活的行为和场景模式，就会有源源不断的自然行为触发，这是不需要广告宣传的，宣传带来的反馈数据扭曲会影响业务正常优化。

- **游戏化参与和行为**：会玩并和用户在一起玩、游戏化机制人人皆可参与。

- **行为数据化**：在行为引导方面，通过认知强化习惯，可以充分利用数据管理工具，时刻感知用户的反馈，包括交互的形式（简单）、强度、频率。

- **分类人比分类表层信息标签更加可持续**：对于建立长期关系而言，亚文化圈层分类比基于数据信息分类更好，特别是在人群纯度优先的情况下。例如，中产家庭不应该用收入数据划分而应该用人群生活方式划分。数据机制下的推荐系统的反馈容易形成收敛的小世界，开放性和社交关联拓展性是更可持续的方式。

削弱的"内在动机"：刺激滥用

①合理的刺激和预期中的反馈

即便是负责理性模式的前额叶也需要刺激来建立稳定的判断，所以我们经常看到一些人做出非常有挑衅性的动作来挑起冲突。不同的感官作用的效果并不相同，例如，味觉刺激更容易触达深层前额叶系统。刺激是建立反馈的必要条件，本身无可厚非。不同的刺激模式也会有不同的反馈，前额皮质反应慢，大脑边缘系统反应快，所以人们更喜欢做针对原始本能的刺激，快速而强烈。在某种意义上，合理地使用刺激，可以帮助我们获得可预期的反馈效果。

人类拥有多种刺激和反馈的系统，分别承担不同的任务。

- **想要机制**：内啡肽，短暂愉悦。
- **永不满足的麻醉功能**：阿片系统。
- **深层渴望系统**：爱、健康的长久满足感，多巴胺机制。

控制多巴胺使人们理智，欲望多巴胺给人们动力和快乐、满足感。

②边际效用递增的成瘾性

一般而言，过激的刺激总会面临同等刺激边际效用下降。成瘾性的不同在于显著的"滞后效应"和"相邻互补性"，这意味着更大的现期消费会导致更大的未来消费。根据Becker和Murphy的观点，这是成瘾性物品的明显特征。对效用的建模过程中，假定成瘾商品的边际效用随成瘾状态上升而上升，这就带来了更大的刺激需求和滥用刺激的冲动，让人们陷入不能自拔的负面循环。然而，这并不等于成瘾消费对消费者而言是正收益，因为这里面没有计算"上钩与戒除"的成本。而且，商家在推广商品的时候，往往会选择性地忽略这一点。

③认同大于刺激

劣质廉价的高频刺激很难获得他人由内而外的认同，社区化认同关系却能帮助大家建立深层次的连接与共鸣。从泛众沟通的失效到小众和关系认同机制下的信息双向传递，真正的尊重来自他人的反馈，是点燃内在动机的火种。

定义社区关系和互动模型

前面我们提到了"自我胜任理论"，满足三种最基本的心理需求：自主、胜任和联结。满足这些需求，特别是自主的需求，才能持续激发人们的内在动机。基于兴趣、去中心化的社区形态恰好匹配这些特征。

每个时代的媒体对应每个时代的品牌和品牌建立方式，在今天，最受用户喜欢的新品牌往往和用户有更紧密的直接互动，并从用户的反馈中获得更深入的理解。健康新品牌随时预订的模式更贴近新的用户行为习惯，将消费变成爱好，让用户更自然地爱上健身。通过社区方式邀请也增强了情感互动，保障了用户之间的"同质化"程度，用户的形象是品牌最好的宣传大使，也是最好的增长方式。社区正在取代会员，基于内在动机的激发成为更富情感的关系维系方式。很多运动品牌都在熟练地通过线下互动吸引用户进入自己的社区。

兴趣/生活方式的分类，应该打破价格和品类的限制，对于用户，这是更容易找到相近特征的方式，更容易建立认同，主播组货的方式已经向固守原有品类划分方式的零售公司证明了，这一点是可行的。特别是在充分激发种子用户的"内在动机"之后，通过用户自组织增加互动，因为他们发自心底地认同这种文化，为自己成为其中一员感到满足。

有些人认为用户反向定制是一种陈旧模式，部分原因可能是他们并没有获得基于用户内在认同的高质量反馈，可能是因为用户没有深度参与和反馈的内在动机。用户定制不光是数据的问题，没有认同就没有深度参与行为，也就没有高质量的数据。

适应、尊重、借用原始本能

利用原始脑的特点，多采用奖励反馈的方式，让学习成为类似油、糖、脂的被喜好对象，而不是一味强调这种消耗有限意志力的方式，这是一种更实用的方法。积极的正向反馈才能真正激发本能脑和情绪脑的强大行动力，而不是不断地用评比和羞辱去摧残本能激情中正向的一面，例如自尊心和好奇心。因为人类强大的本能脑和情绪脑虽然没有思维、短视愚笨，时常沉溺于游戏、视频、美食、懒觉，但它们超强的欲望和情绪力量却是非常宝贵的行动力资源，如果能让它们感受到学习的乐趣，它们同样会展现强大的行动力，就像沉迷娱乐一样沉迷学习。而且，奖励必须及时，就像游戏的即时反馈满足感，是游戏和真实世界的重要区别，让人们忘我地投入其中。

激素分泌制造的虚幻快感，让传播基因的机器可以更高效地运转，这个机制就是符合进化标准的。这是一个长期演化的结果，我们更容易实现目标的做法不是改变这种长期机制，而是把我们认为有意义的事情装进这个机制并建立与之相匹配的反馈机制。枯燥的学习、工作和生活，都会使人从最小化能量消耗的懒惰模式，切换到快乐积极的模式。

从人性的角度理解生意，例如零售提供的不应该只是商品，而是满足感，一切就会变得不一样。当然，这方面做得最好的可能要属游戏产业。

本能就是不断适应生存环境的长周期学习过程。本能不断地沉淀非自然应对方式和选择的反馈，即便是被驯养的狐狸，也不会单纯地跟着刺激走，跟随条件反射而被外部刺激定义。它只是选择了对它的生存更有利的方式生存下去，并为此做出了改变。而自我的形成，并非单纯来自直觉的反馈，个体的判断和选择在生存的终极选择之后不断地积累差异。

　　本能对内是寻求稳定性、使其沉淀为直觉的过程，自我对外是寻求差异和不同的过程，以建立物种对变化的适应性和生存的竞争优势。演进的过程是独特的慢反馈，非自然属性的单纯条件反射，它是来自本能和自我与世界的互动。商业领域的品牌战略为什么没有被数字技术颠覆，正是因为这种特殊的机制。

　　成功的反馈塑造了活下来的我们和本能，这体现了反馈的定义作用。反过来，又影响了现在的行为。同时，行为结果的反馈缓慢地调整自我本能的假设。但是，自然选择对人类的影响看起来已经弱于社会选择，但社会选择并不能决定生存和基因遗传。

科技无法改变的少数事情

　　科技和算法无法改变人类的古老生存本能，只能学习和适应，因为它来自人类长期进化过程中对于生存的效用累积，而非计算和推理。尤其是基于此的直觉和创造力，还无法通过数学的方式有效解构。数据智能和人性本能的直觉模式基于不同的反馈周期、反馈层次和反馈机制，共同构成了影响人类社会的两个最基础的力量。

　　尽量不要发明新事物，只在熟悉的事物上适度创新和重新组合，占据关键的心理位置和认知次序，这胜过改变这个古老游戏规则的任何新尝试。因为全新的东西往往会被本能排斥，这与自然科学完全不同。

第3章
在新反馈系统中加速

平行于自然界的反馈进化系统——SCOT，是指满足（Satisfaction）、创造（Creativity）、组织（Organization）、技术（Technology）。

人类的感官只能感受到很有限的部分（例如对光和声），这限制了我们获取数据反馈的能力。人类大脑处理数据的规模、速度、模式在更长的周期内显然无法与硅基算力的进化速度相争。

不同步和新均衡

快速的外部生存环境演化使人类基于自然界形成的碳基进化系统已经相对落后，导致了内部本能系统的不同步。我们必须有新的系统化解这个只会变得越来越严重的矛盾，才能获得生存所需要的新适应能力。新人类将是一种超越自然属性的混合体，需要更多新系统的融合、补强和再平衡，以实现生活的稳态和更高的本能满足感。我们发展了增强满足感的新消费、超越其他生物的创造力、大规模的组织能力、不断学习和改变世界的技术，这些努力都是在自然界之上，为自己建立新的生存适应系统，帮助人类形成新的内外部均衡和进化方式。

非单一的世界观

20世纪70年代中期，英国著名的科学哲学家K. R. 波普尔（K.R.Popper）提出，宇宙中除了存在物理客体的第一世界和意识状态的第二世界之外，还存在一个客观的第三世界。第三世界是人类创造的客观知识世界，它包括理论体系、科学问题、批判论证、艺术作品及书籍杂志的内容等。第三世界是客观的，并不是人类有意创造的；它也是自主的，有自己的发展规律。而且，第三世界通过人的干预能够反馈于第一、第二世界。波普尔提出的第三世界理论，在西方科学哲学界引起了强烈的反响。从认知的角度来看，世界是分层的，同一个时空里的人通常活在不同的平行世界里，有不同的信仰和文化，甚至是不同的App。

弦论认为不同的紧化效应让不同的平行宇宙里存在不同的测量值，但它们各成系统

如果从物理的角度看待这个世界，会是单一系统吗？弦论已经发展成一个难被证伪的体系。在弦论的设定中，一共有10^{500}种紧化方式，每一种都对应一个宇宙，我们的宇宙只是其中的一个。这个宇宙里的精细结构常数等参数恰好可以为人类的诞生提供条件，这就是多重宇宙的由来。这背后，部分是因为物理学进入了缺少实验验证能力可以支撑的阶段，更多依靠数学的推进。但无论如何，人类的想象力不会甘于停留在一个有终点的宇宙里。

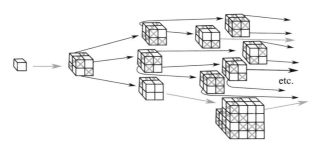

宇宙膨胀理论推导得出，无论何时发生膨胀，

它都会产生指数级更多的空间区域。

实际的生活空间也是由很多"平行宇宙"构成。不同的社群和商业生态系统流行不同的亚文化和主题，它们有着不同的游戏规则和语言，活跃着不同且不相干的人物和事件，也有着各自相对独立的演化方式和边界。

独立生命系统的演化：各不相同的HFL系统

列举前面两个分别在意识层面和物理层面的不同例子，我只是想说明，我们的世界由不同的平行系统构成，不同世界的基础假设体现为物理常量值、基础信仰和认知的不同，分别形成各自不同的HFL系统。这里面最重要的可能是生命进化系统，然而，现在的人类已经不只生存在这个单一系统里。例如，还有与生命进化系统平行的智能技术演化系统等四个系统与人类密切相关。它们有自己相对完整且独立的"假设生成机制"和"反馈机制"，能够各自演化。

那么，每个系统是如何基于"假设和反馈"发展的呢？我们以相对独立的生物系统为例，澳大利亚本来没有兔子，后来有人引入了兔子。一时间，兔子成为当地的霸主。面对缺少天敌的新进入者种群数量呈指数级增长，整个生态系统对其束手无策。于是人们又引入了病毒，但是并没有完全杀死兔子，有一小部分兔子的免疫力强，活下来了。这个过程中有病毒和兔子的竞争和系统性演化。

兔子是怎么完成这种演化竞争的呢？就是通过不断的基因变异提出新的生存假设，通过试错获得自然选择的反馈来推动演化。我们只要维持高强度的频率试错，总会找到抵御病毒的方法。兔子不知道怎么免疫病毒，它们只能一次次地试错，个体成为群体的试错机。无论如何，只要留下几只兔子，只要能够活下来，那么它们的数量就能逐步增长。在这里，可以拯救种群命运的适应性基因变化，就是个体的兔子用大量的生命持续试出来的。可以说，大量的兔子是一个无比沉重的代价，但是，只要能繁衍足够多的后代，依据它的基因突变（基因突变也有其概率），它就有可能突破病毒的包围，这就是生命系统的机制。

不同的"假设和反馈机制"形成也区隔了不同的平行系统演化，每个系统里都有像兔子这样不断提出新生存假设的信息试错机，尽管自己完全无法准确预测。但是，只要有足够多的数量和足够长的时间，就能够找到演化的机会，而不同的系统又会有类似自然选择的最终反馈机制。

无形的进化系统

参考其他生物的进化案例，从蚂蚁等真社会性动物的社会分工等案例中，也可以看到由个体支撑的更高层次种群进化系统的存在。我们不想讨论这个系统是否是在通过牺牲个体，而使群体更好地实现了个体利益。尼采认为，人是一根绳子，是一种过渡产品，必然被某种东西超越。现在的技术哲学派，比如凯文·凯利、库兹韦尔，都认为必然会出现某种更高级、更高层次的存在，如超级智能。因为那是奇点，过了奇点，人所不能理解的东西就出来了，人就被超越了。如果类人猿知道自己的某个分支会进化成凌驾于它之上的人类，它会做何感想？

社会性的信念、技术性的智能，很多持续传承演化的系统，以维持和延续自身扩张为目标，这些系统需要适应人类，通过人类的选择获得反馈，就像人类的进化是去适应自然界，在自然选择中演化，我们可以称之为"相对独立的平行世界演化系统"。在凯文·凯利看来技术就是这样的元素，它们有自己的假设更新、反馈选择、演化迭代的机制。围绕这些机制的常规概念的边界是不确定的，甚至生物与非生物的界限也是模糊的，因为它们有新的概念和分类方式。满足人类基本生存需求的消费、代表人类智慧的个人创造力、支持人类社会协作的组织形态、技术对人类的增强与结合，甚至超越，都是这样的演化系统，这也是与人类的演化相互增强的四个重要反馈进化系统。

构建平行世界，反向适应生存本能的反馈机制

就像在人类进化的历史上多次发生的，人类的身体并没有强大的储水能力，但人类的智慧可以通过将这个功能外包给其发明的水袋，帮助人类在干燥的环境里，比其他有强大储水能力的动物走得更远。有很多介于人类内外环境之间的人造物，例如，采用自然材料为人体保暖，应对外界气候

环境变化的衣服、房屋，甚至还有更加复杂的计算机语言体系，都在增强人类的生存能力。

人性深处的本能机制演化缓慢，而外部世界却在不断加速变化，生存焦虑等过激前反馈体现了这种失衡。好在我们可以主动创造小环境，有更多和自然界平行的进化系统来增强人类的生存能力，解决和修复这个问题。新消费是对本能的最直接反馈，给人们满足感；个人化的创造力系统以"随机"反馈给人们带来可能性，实现自我价值；新组织形态以去中心化反馈机制放大个体的力量；技术进化将从根本上提升人类的反馈效率，人机混合智能帮助人类进化到新阶段。这四个系统都是基于各自的反馈效率升级机制，平行发展，加速进化。

有多重反馈进化系统增强人类的生存能力，才有现代人类的新进化方式。

数字化反馈的加速作用

如何更好地利用数字化反馈方式的升级和优化能力，来帮助这四个"有生命"的平行进化系统更高效地自演化，帮助人类赢得生存优势，也是一个值得重点讨论的课题，很多领先的公司已经有很多成功的实践案例可以参考。例如，社交、电商等数字化线上末端用户反馈系统，对快速推出新消费品牌的支持；DAO社区对个体化创造力的支持；数字化协同工具对组织流程和信息效率的重新组织；大规模数据和反馈机制创新对智能技术的推动。这些都是在以创新的数字化反馈形式抽象现实世界为反馈进化体，以可计算的方式为这个时代加速。

3.1　满足——新消费如何实现不可逆升级

个人化新消费是对古老本能的最直接反馈。

本能的反馈机制遵循"最直接"原则，其中，消费是对几乎不变的本能需求和变化的生存环境与生活方式之间冲突的反馈，提供最直接的、具有一定强度的满足感。这不仅局限于物质商品的形式，所以内容类App里出现消费也不足为奇，这都是一种通过"杀时间"自我愉悦、通过满足感自我平衡，消除现代人焦虑情绪的过程，因为原始人类一天不需要8小时就能采集到足够的食物。特别是，人们更愿意为新需求和更高层级需求的边际满足感支付更高溢价。因为本能的诉求形式和生活方式总在变化，人们更愿意为最新的东西买单，基础的需求已经得到满足且敏感度下降。

3.1.1　是什么为消费赋予意义

新的消费形态就像发展缓慢的艺术形态，因为它本质上是对稳定的人性本能的反馈，变化和新的消费形态假设只体现在人文科技、生活环境带来的表现形式变化，对不变的人性内核做新诠释。这种特别的反馈机制也让它自成系统，形成自己的独特演进主线。

不同步的进化和过激反馈

①化解生存本能过激反馈带来的时代问题

人类本能的进化远远落后于科技正在不断改造的生存环境，快速变化的生活节奏会导致过激的前反馈效应。通过新消费补偿和治疗现代社会"亚健康问题"，我们还有很多切入点。例如，无糖食品安抚人对于吃的负罪感和对肥胖的恐惧，知识消费对冲职场焦虑，健身使人获得愉悦的多巴胺。新兴消费形态更多是带给消费者心理上的成效，是对心理需求的反馈，所以形式上应该会有很多创新的空间。例如，功能性零食、游戏化的学习、社交化的运动，并不像明确的功能需求那样对形式有所局限。

②对刺激的寻求从未变化

从某种夸张的角度来看，大脑也是在用"毒品"来实现调节和抑制。而食品制造商可能是最懂成瘾性和人性内在动力机制、兴奋机制的一群人。在他们的手里，盐的低成本优势、糖的最佳极乐值、脂的可无限放大性，共同向消费者的感官传递刺激，并使消费者形成记忆和习惯。这些商家对于如何做好影响消费行为的正负反馈分工，反馈机制的每个环节设计——从令人垂涎的广告画面到幸福感营造，再到入口的鲜甜激爽和回味留恋——都驾轻就熟。

《盐糖脂》里面统计显示，一个美国人平均每年摄入33磅奶酪、70磅糖，8500克盐，这些数据是建议摄入量的两倍。这些物质并非来自餐桌上的调料瓶，而是来自年销量高达一万亿美元的加工食品的"贡献"。在美国，每年用于为牛肉做市场营销的资金超过8000万美元，而多年之后的总金额达到20亿美元。相比之下，美国农业部营养中心每年只花650万美元劝说美国人调整饮食习惯——减少盐分、糖分和脂肪的摄入量。

商业和消费者的利益并非总是冲突，研究发现了一种名叫"内源性大麻素"（Endocannabinoids）的物质，可以触发舌头上的甜味感应器。它由我们的大脑产出，使我们胃口大开。我们还可以使用一种名为氯化钾的化合物来代替盐，这可以降低钠的摄入，从而降低高血压风险。这种白色晶体观感很像盐，从化学角度来看它和盐的作用也很像。

饥饿并不会过度引发我们对美食的渴望。现在我们已经很少会感觉到身体和大脑的能量耗尽，并急需补充营养素之类的情况了。然而研究发现，我们进食的动力来自于其他方面。有些来自于情感需求，有些则反映了加工食品需要注重的核心顺序：首要的是味道，其次是香气、外观和质感。

就在刚才乘电梯时，我看到一位年轻的女士快速吃着爆米花，发出清脆有节奏的"吱吱"的声音，看上去她很享受这种体验。

虽然盐、糖、脂都是生存本能想要的反馈，而且我们身体中有一种自然生理控制能力，这种能力可以防止我们的体重出现大幅度增加。但是，当我们面对汽水和高能量饮料时，我们的身体就会毫无防备地被这些饮料"淹没"。在2006年的一个实验里，实验者给人们输葡萄糖液并展开观察。这些人丝毫没有减少他们的食物摄取量，仿佛完全感觉不到输入体内的葡萄糖所带来的能量。研究人员认为，如果没有刺激到神经系统，就很难被人察觉。

③合法成瘾性

与爱好让我们无法自拔不同，生理上成瘾性的形成有不同的机制。在医疗领域判断上瘾有六个标准：

第一，耐受性。耐受性是指身体会对药物免疫，只有靠增加成瘾物质的数量和次数，才能保证获得的快乐和以前相同。

第二，戒断行为。也就是一旦我们离开成瘾物质，就会出现不舒服的感觉，比如说心里难受、失眠、出汗等各种症状。这种行为会逼迫我们再次去寻找上瘾物质。

第三，失去控制。上瘾者很难控制自己的行为，明知有坏处，仍会义无反顾地沉迷下去。

第四，无法减少。上瘾者没有办法减少对上瘾物质的依赖。

第五，过度关注和强迫自己对上瘾物质的依赖。所有注意力都在关注上瘾物质。

第六，对身心和社会功能产生损害。上瘾不仅会伤害身体，还会破坏家庭、影响工作、引发犯罪。

行为科学和化学同样能够形成成瘾性，事实上，游戏、短视频和咖啡等虽然在合法范围内，但也有部分类似的特征。成瘾效果除了来自商品和服务本身，计划性的心理强化机制也能部分达到成瘾效果，游戏化机制就很好地利用了这一点，这都需要基于对生存本能反馈机制的透彻理解。

很多品牌强调忠诚度，其实产品的特性本身就是一个重要变量。

④需求的正反馈效应：心理外化

当我们把自身的需求建立在外在的东西之上，只要外在被满足了，心理问题就解决了。这种内在心理需求的外化反而成了不适感的触发因素，所以我们有很多不健康的生活方式。快餐化的满足，使人们更加缺乏耐心，更加敏感易焦虑。人们对即时满足和成瘾消费越来越习惯的同时，满足感的边际收益在递减，这会进一步刺激人们的使用频率，反而会进一步加大需求，越来越依赖持续加强的外部刺激。

将消费者变得更懒、更馋、更急躁等的业务在不断提升标准，也许是过度的服务，但这种体验升级对消费者而言是不可逆的单向门，如果消费者发现只有一个服务提供者可以提供这种服务，那么消费者最终会无法脱离这个业务。

⑤基于人性构建商业优势，不可逆的升级

从人性的角度来看，消费者的反馈在某种通用性准则情况下是可预期的，广告业中广泛应用的3B原则讲的是Beauty（美女）、Beast（动物）、Baby（儿童），当这些富有感染力的画面出现，就能想象到受众用户的表情。

某种意义上，商业的终极挑战在于人性。如果我们能把用户的体验变得更简单、更快捷，如果我们能够让用户变得更"懒"、更"馋"、更"急躁"，这种标准的升级往往是不可逆的，因为只有作用于人类的古老本能，并帮助人类对冲外部世界的快速变化挑战，建立新的适应性平衡的体验才能达到这种效果。如果我们能够做到这一点，就是在构建不对称的竞争能力。其实，这就是商业的本质，不断升级标准和实现标准的能力。所以，有的时候靠补贴培养用户不可逆的习惯依赖性，从开始的不需要到后来的离不开，升级需求标准，然后基于规模形成对新进入者的效率门槛，也是看似不合理但目前仍有效的商业模式。这需要保持一定时间的资本投入强度，风险投资者经常提供这种扭曲市场的力量。当然，用更高的人性标准引导和锁定消费者，能够建立更高价值认同的奢侈品品牌，也有这种力量。而且，在消费从有意识的基础需求转移到在无意识的升级需求中找增量的新阶段，基于人性的升级标准就更为重要。

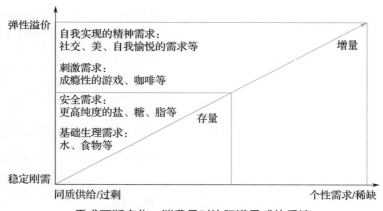

需求不断变化，消费是对边际满足感的反馈

⑥如何判断新消费品牌是否成功

新消费品牌的创新价值在于，基于稳定且强大的原始本能需求在新环境下的不满足，将需求满足的标准提升到新高度。例如，你穿过Allbirds的鞋，就很难再接受其他的鞋，你会觉得两者的舒适性有明显的差距。甚至当你适应了液体浓缩咖啡的便捷性，都很难再选用略复杂的手冲咖啡方式。新消费品牌的成功往往伴随着新消费习惯在某个人群中率先养成，并通过人群扩展，这种趋势自然而然地发生，且不可逆地加速。最终，它们不光具有物质价值，还有精神价值；不光具有使用价值，还有资产价值，就像限量的球鞋和NFT。前段时间，我参与的一个用户调研里的中产消费者反馈的数据显示，几百个受访者平均愿意拿出20%～30%的预算为自己购买"小幸福"，花在精神消费方面。

新消费品牌要利用好四种力量，建立对边际变化的快速反馈能力。

- **新人群**："95后"新需求和中产"买时间"的需求，新人口结构催生新零售形态。
- **新需求**：商品内在的精神需求和刺激性需求等要素，可以在产品生产和运营工作中引入并运用。例如，NFT带给年轻人的社交属性、咖啡的复购属性，都是在运营中可以挖掘的。
- **新标准**：不可逆的体验标准升级。
- **新能力**：线上的数字化工具、内容社区、电商渠道、支付、物流等快速测试、交付、反馈、学习系统。

算法拟合多巴胺的分泌反馈

算法的终极目标之一是拟合人类多巴胺的分泌规律，解构对"美"的模糊而融合的体验，虽然"美"在人的精神世界里可能是比智能更深层的秩序，这可能是现在的AIGC（AI

Generated Content，用人工智能技术来生成内容）无法真正触及的。但是，表层的行为和体验应该是可以被测量并重复的。有人说幸福是一种敏感度，对于算法，这可能是更可量化的多巴胺分泌，或者其他深层且可精确量化的度量维度。用技术增强的反馈效率，对事物的本质有更相似的刻画，这最终会使基于人性理解的商业竞争变得不对称。就像TikTok个性化的推荐算法特别擅长这点，用户每隔几秒滑动一下手指，始终处于高频率的强烈刺激之下，因为这些小视频是由算法基于亿级用户反馈学到的深层特征挖掘出来的。我们的商品和服务如何激发消费者的兴趣，在某种意义上，这也是在用算法预测消费者的多巴胺分泌机制，以便随时做出恰当的反馈。

其实，商品和服务也可以像短视频一样被测试，只是我们要懂得如何去设计这个测试，就像Stich Fix有一套深入学习用户偏好，并将这种偏好应用在商品开发上的用户交互反馈学习系统。最终，我相信在个性化提升效率的同时可以创造增量消费，因为它对需求的挖掘更加深入。简单来说，我们通过推荐系统的用户反馈来定义商品价值点，会比人为设定更有效率，技术可以助燃多巴胺，前提是我们的反馈系统要足够完善。但是，现在的多数行业发展还停留在同质化的供给，个性化推荐只在分发层面做区分，人们已经用推荐引擎做好了用户的分类与匹配，而在商品和服务的供给层面，并没有以个性化技术形成定制能力，更不用说其他环节，个性化技术应该是可以贯穿整个价值链的。

量化人性，重组品类

同样是从人的内在特性出发，我们会发现年轻人的敏感

点总是在更快地升级和迁移，特别是在全新环境下长大的
"95后"，从他们开始，国内消费市场可能会开始建立忠于
自己的潮流。而奋斗中的中年人，正在把时间从无聊的日
常迁移到自己感兴趣的事情上，为更快的物流和智能家居产
品付费，因为"买时间"就是"买生命"，然后把多出来的
时间用来"买乐趣"。买时间、个人健康、家场景、发烧圈
层，这四个新兴的领域都有重塑的机会。

将人性数字化，将个人数据和深层需求关联（如个人健
康），就可以重新整合和定义品类的边界，穿戴设备、食
品、运动、保健都可以被健康数据重新关联，从而更有效地
帮助用户实现目标。这代表了新生产力模式下新的价值创造
方式。此外，智能驱动的家场景也是同样的道理，以数据实
现更智能的整合协调，从而节省更多时间，用于满足自我。
在数据驱动之下，家场景可以优化与商品存在内在关联的服
务与应用，而不只是单纯的商品，从而发展为从用户视角提
供整体解决方案。解决方案在以往看起来是非常庞杂的，而
有了个人数据就找到了解决问题的关键，就会有自然的关联
性。再比如，如果平台积累了用户的偏好数据与身体尺寸数
据，那么服饰类消费的推荐模型就有了优势，会成为用户的
又一个智能代理，以数据整合相关品类。总体上，这是基于
用户需求和场景，以个人化数据和会员等形式重新整合解决
方案，建立业务之间的协同效率。用户得到的是简单和定
制，平台得到的是消费持续挖掘和高用户迁移成本。

最痛苦的可能是更加同质化的存量必需品消费，这个领
域的问题在于不断深挖需求，即实时性、计划性、兴趣化三

大场景都有潜力。总之，继续挖掘吃、穿等基础需求场景，终极场景是人的本能和内心的热爱，精神性需求、体验性需求、知识性需求等都有无限的潜力，因为这些虚拟的需求可以持续升级。只要我们有一套好的反馈系统，就能够持续找到服务这些需求的路径。

3.1.2   新的反馈管理技术平台，高效建立认知、强化习惯

在新增用户见顶的情况下，基于反馈数据建立更加智能的用户反馈管理系统来提升活跃度，可能是必然选择。这个时代给我们的礼物之一，是我们拥有更好的数据和技术条件可以智能地管理来自用户等不同角色的反馈，而不再依靠直觉和低效的反馈互动，并以此作为整个业务的引擎。这个机制的后端需要以不变的"人性需求和本能"作为反馈管理的机制内核，以变化的商品与服务定义、互动形态等为形式要素建立策略库，以数据反馈整合整个业务链条，建立共享能力。前端需要基于包含兴趣、偏好的个人化数据档案和互动周期档案，更有针对性地使用来自后端的认知管理模型和随机强化习惯模型等工具，交付个人化的价值，并实时做出适应性改变。

以数据智能为核心的反馈管理技术平台，可以让我们更有针对性地对用户随时变化的全新生活方式做出迅速响应，重新定义用户反馈循环。从而更好地控制反馈以塑造认知，更好地调节反馈以塑造习惯。当然，我们更需要交付更加贴合用户特征的商品和服务。统一的反馈管理平台也是测试和

学习的平台，使我们可以不断从数据中挖掘不同角度的新假设，并进行测试和改进。

瑞幸咖啡的重新崛起，也很好地体现了数字化反馈管理能力的新使用方式。在后端使用算法建立数字化的用户互动管理引擎，在前端以人与人互动的界面接触用户。虽然效率来自数字化，但是交互仍然需要以人的情感为界面。

以用户认知管理为例，我们都会强调用户心智的建立，会选择一个概念然后不断向用户传播，以为这样就可以建立用户心智。其实，用户应该不会那么理性地思考传播概念是什么，心智更多是来自用户体验细节的无意识累积和比较，在单一的方向上突破一定阈值后自然形成。而这个从量变到质变的过程就需要数据来精细地管理用户行为模式的实质变化，并因人施策。

在这个领域，现在最迫切的问题不是数据不足，而是如何将这些数据更好地应用在整体业务系统中更多不同的业务环节，而不仅是与用户互动，这方面的行业进展过于保守。最基本的部分需要包含对用户和商品或服务交付的全面数字化。在这之上的应用层则是对整个业务流程的数字化反馈流重组，从数据驱动的产品与服务定义到定价，再到供应链优化等环节。以一个用户为中心，以一致性体验和数据流，智能地整合分散的业务模块，以反馈效率和挖掘新假设来驱动增长。例如定价，即便我们更多地从竞争的角度做跟随定价，并且不得不加入价格战以支撑销售目标的达成。事实上，我们可以基于数据更好地分析在哪个SKU上提供什么样的折扣组合，可以帮自己更好地实现价格战目标，要销售额还是利润，或者是追求不同人群的消费频次，通过运筹学模型在约束条件下最大化收益的潜力并没有被充分开发。

同时，系统性的反馈管理技术平台，将通过应用来沉淀丰富的数据和算法，这也可以帮助我们通过学习和测试弄明白用户自己也说不清楚的新需求，甚至用户的弱势就是他根本没有机会表达。这也为我们进一步研究消费者进化、游戏化互动、行为科学等提供了必要的条件。

反馈管理技术平台一方面可以像我们在前面讨论的以"人"为中心，也可以以"物"为中心，例如一件商品。对于同质化的标品已经在商品力层面失去区隔意义，但同样的东西放在不同的人群、渠道、场景、品类组合下面，就会有不同的意义。例如，一盒巧克力放在电商大促里面，和放在外企楼下的便利店里面是不同的。未来的零售供应链的一个重要意义就在于以物为中心，集中、智能地管理反馈数据，并从中获得洞察，提升效率。值得注意的是，Netail已经在以商品为中心的反馈数据管理方面取得了显著的进展，能够迅速对竞争对手的价格等策略变化做出反馈。

随着反馈管理系统的数据积累，可以演化出更个人化、更智能的个人购物助理。对于分散的消费渠道，在个人数据的整合层面会出现新的中心化效应。数据的终点就是智能，而智能的终点是以数据更好地满足需求，这样才能建立可持续的数据和反馈进化循环。心智内部触发、场景外部触发、智能数据管理系统，这三种力量将是影响消费的基本着力点。

个人化的智能系统会随着数据能力和学习能力的持续提升，不断从个性化推荐到个性化生成，再到更深入的价值整合。

3.1.3　新供应链创新速度，高效反馈平衡三个矛盾

更多的长尾选择和更清晰的人群特征聚焦，可以让目标用户花更多的时间留在你的店里探索自己的兴趣，更低的价格让用户更愿意走进你的店并轻松地完成消费转化，更频繁地上新可以让用户更主动访问你的店，而不需要投入太多营销成本。然而，这三点从供应链的角度看是有冲突的，在充分竞争之下，艰难的零售和消费行业环境正在通过技术创新突破原有的行业矛盾，找到新的增长空间。

这就是数据驱动下，C/B一体的价值网络。一端是用户场景实时互动的行为和偏好，另一端是分散的工厂整合之后灵活的产能调配。现在，这一切可以被集中管理和统筹，这就是跨境电商这个赛道里的明星模式了。

一方面，这可以实现更短的生产反馈周期，加速上新频率、SKU宽度、低价格，这三个矛盾因素被革命性统一，产业互联网和分散的个人需求变化之间的一体化反馈，不断刺激新需求；另一方面，来自需求侧的反馈引导供给侧的生产要素组织，如设计师平台、工厂产能、原材料供应链等，帮助供给侧平台化、数据化、服务化，建立为使用和价值付费的商业模式。合理的反馈结构应该包含需求侧的人和供给侧的物，合理的反馈方向是需求在先，再传递到供给侧，通过双向反馈驱动创新。

　　用户侧流量见顶后，组织就会面临分化、分流压力，不再有自然增长的新用户，用户和供给的正反馈在用户这一侧的驱动力变得有限，双边网络效应就会减弱。在这种情况下，缺乏有竞争力的供给就无法维系持续增长，以往过于侧重单纯流量变现型的供给是不可持续的，供给侧必须有更强的拉动用户侧的能力，才能维持平衡，产业互联网的效率提升势在必行，并会成为新阶段的驱动力。

　　产业互联网会反过来改造C端互联网。供需链条的结构性优化需要端到端的全局运筹，才能在需求侧实现最大化、满足需求的同时让由决策等环节构成的购买总成本最小化，才能在供给侧最大化提升成功率、资产利用率和周转率，才能在流通环节使中间成本最小化，虽然大规模协同常常会受限于组织的协调能力。例如，在电商搜索推荐等分发策略不能仅侧重用户行为反馈，还要考虑商品力、订单拆合、客单价、库存与距离、时效、利润、环境成本等多种供给因素和综合成本，更多考虑本地基于空间、时间的实体产业因素的实时分布，实现更符合价值规律的产业侧与需求侧反馈。例如，反馈数据可以帮助高度非标的生鲜商品实现标准化分级，使之可以基于确定性高效流通。用户互联网更多是基于对"人"的数字化理解，产业互联网更多是基于对"物"的理解，搜索引擎需能搜到书的内容而不只是书名，能搜到商品的成分而不只是说明书。最终，更高的产业效率也会影响C端互联网，直接影响时效、价格、品质等多种体验，形成更强大的双边网络效应的正反馈。在这个正反馈组合中，C端要解决用户基于个人化体验的交叉销售最大化问题，完成需求挖掘。此外，数字化的"需求"可以为供给侧带来极大的确定性，而这正是产业变革的关键要素。B端要解决基于产业效率的成本问题，加速创新。

产业互联网可能是一种必然。互联网从连接信息流到连接商品流、资金流、物流，本地黄页被自建数百万配送员团队的生活服务公司替代，门户网站被有内容生产生态的平台替代，做深、做重是价值创造能力强化的必然趋势之一。而且，产业互联网是云计算的集中应用场景，是科技公司从用户互联网出发，向产业侧深入，提升产业反馈效率，进而步入云智能时代的自然路线。

个性化与标准化的矛盾

从最基本的组成单位来看，每一块乐高积木都是高度标准化、可以批量生产的零件，但是从最终的产品来看，它又是形态各异且个性化的，因此，个性化的用户体验也可以来自于"标准化"的服务流程。而这个标准化应该是极致的，也就是说每一个服务的动作都不能再往下切分，这样才能找到组合的基础粒子，而找到这些基础粒子就需要依靠数据的力量。因此，当我们既追求个性化服务又追求服务规模数量级时，基于大数据来切割服务流程实现极致标准化，才是可行的解决方法。

在珠江边上的创业园里，一家智慧供应链公司的员工正熟练地在时装图片上标注被分解到非常细颗粒度的要素信息。这需要一定的服装行业专业知识，虽然是非标品类，但有这种相对结构化的数据，如果由算法来做同样的工作，应该可以很快被训练到可用程度。有了基本的素材数据，算法可以在这种大众快速消费品领域尝试生成设计，配合快速、精确的在线测试方案，将新的流行元素变成具体的产品设计。

现在即使面对模糊需求，我们也可以工作。生成式设计、在线测试反馈、要素化生产，可以帮助我们更快速地把握大众快速消费品类的消费趋势，而且这些在饰品、家居行业也有不错的实践。我们只需要告诉算法大概有感觉的样本，以及有趋势苗头的样本，其余的交给算法去理解潜在的规律。样本化模糊需求表达，产品设计的要素化测试，这个过程基本可以被算法化。

消费要素粒子化+算法学习

对新的需求做出灵活反馈需要新的能力，从消费侧到供给侧的全面在线化、数字化为新消费提供了新的生产力平台。无论是用户需求还是商品、服务，更加精细的标签层级，使细部特征得到了更好的展现，通过在线的假设生成到快速测试反馈，再传递到在线柔性化生产的工厂里，最终快速交付。将全部价值链要素高度打散之后，由算法重新组织每一个层次的要素特征组合，这种特征是由算法重新聚合的，而非人为标注。创造力和标准化可以被高效统一。

新消费品牌=不可逆体验标准升级+端到端的更快速反馈进化（线上新媒体+线上新渠道+产业SAAS）

新品牌诞生于新的数字化基础设施，有快速反馈需求、加速进化的能力。新消费来源于新的生活方式和文化潮流，有更贴合需求的内涵。新中产日益提升的消费需求在不断重新定义"好"的标准。重要的是，拥有更强支付能力的新中产愿意为此支付溢价，新品牌正在创造不可逆的体验升级。此外，为用户营造虚拟和现实结合的新体验，是新消费品牌最鲜明的特征，也是这个时代的特点。

新消费品牌要活下去就需要打造强大的品牌，自带流量。因为注意力可以通过用户的时间来衡量，所以会持续升值，只有品牌可以对冲成本的增加。同样的商品将会随着规模化生产呈现降价趋势，新消费需要不断创造新的附加值。在不断创新价值和不断强化品牌的正反馈中，新消费会逐渐成为主流消费。

新消费品牌诞生于内需统一的市场，竞争会放大消费者的选择反馈效应，倒逼升级，最终会形成更强大的国际市场竞争力。人类的满足系统不仅包括新消费，从采摘野果和狩猎到大规模个性化制造，从篝火旁的故事到个性化的内容推荐，都是高效的满足系统。

3.1.4　从物质性消费到精神文化消费的不同反馈机制

无法精确地以数学形式表示的精神消费，自然无法建立基于算法（广义的量化评估）的高效反馈机制，这就是文化领域进化慢的部分外部原因。现在，能够自学习高维特征并探索假设的新一代 AI 算法或许能帮助这个领域更进一步发展，在数字化反馈中基于 HFL 快速演进。

同样是对人类古老本能的最直接反馈，满足感的提供仅靠物质消费是不够的。除了精神性的物质消费（从烟、酒、糖、茶到奢侈品等），精神和文化一直是重要的消费形态（艺术、娱乐、元宇宙等）。这是人类表达自我、满足自我、认知自我的重要过程。相较于传统的艺术形态，以数字化游戏为代表的新娱乐形态，更容易被数字量化，对本能和感官的刺激更加快速、直接，显示了在反馈中快速进化的优势。

新事物占领市场，通常会以更快的反馈速度进化，就像不断出新的"垃圾食品"和短视频一样，让我们来不及腻烦且难以摆脱。快速反馈需求能进一步激发需求，来拉动更强大的生产投入，其背后都是消费和创作双方同时集中爆发的正反馈效应。通常，大众的、世俗的趣味以浅显、直白、快速的方式不断在反馈的推动下翻新，使人丧失了因为厌倦低水平的重复刺激而产生对更缓慢、深刻的高级精神形态的追求意愿。高雅与世俗的竞争，同样是反馈机制的满足效率竞争。

特别是在充满噪声的反馈信号环境里，直接、强烈的物质刺激，快速变化的社会环境，使多数人产生过激前反馈和焦虑。而高雅艺术过于复杂的生产过程，需要很高的修养门槛，这显然会影响以规模化消费为最终反馈的进化机制。文化艺术消费因为反馈进化效率劣势，正在被物质消费部分替代。情绪也许可能被基于数学的算法量化，但艺术还无法被数学有效表征，我们对AIGC的讨论应该谨慎一些。

需求的满足通常会从规模化的满足过渡到创新形式的满足，再到高质量标准的满足。AI等数字化反馈技术，有机会帮助精神文化产业加速进化，多模态的内容理解和生成技术正在取得进展。只要我们以一套系统性的方法解构和表征艺术的形式，并找到可靠的反馈信号，就有机会快速找到新的更好的艺术形式的创新方法。

3.2　创造——随机的超级个体，确定的"To i"生态

如果我们将人类社会看作自然界之外的第二自然环境，那么人类社会文明体和碳基生命体就是在分别通过个体的随机性和社会选择，以及局部基因变异和自然选择来各自通过产生局部随机性实现整体的确定性进化。个体的随机性为人类文明带来变数，从而产生伟大的创新。

个体化的创造力遵循"随机性"反馈原则，来应对外部变化和共同的新课题。进化需要通过"随机性"原则获得更多的生存可能性，从而在进化过程中能够不断战胜自然界不可预知的挑战，在人类社会中，个体去中心化的多样性反馈是必要条件，这可以帮助人类超越自然界的进化局限，发现更多富有创造力的方法，以个体的随机性换取整体的确定性。就像生物基因中碱基对的随机变异，微观个体"随机"反馈正是个体化创造力的基础。微观粒子运动的随机性可以构成宏观物理系统的秩序性，个体的随机创造力正是构成社会整体层面有序创新的原始力量。人类的创造力是一个相对独立的进化系统，有独特的反馈机制。

原生反馈和"随机"碰撞

在微观的尺度上世界是随机涨落的，分子不停地做无规则的运动，不断地随机撞击悬浮微粒。当悬浮微粒足够小的时候，受到的来自各个方向的分子撞击作用是不平衡的。在某一瞬间，微粒在另一个方向受到的撞击作用超强的时候，使微粒向其他方向运动，这样就引起了微粒的无规则的运动，这个永不停歇的过程包含了不可预期的可能性。这就像在大型公司强大的组织意志下生存的微弱个体创新，好像存在个体与整体的矛盾。

独立的个体将基于最原始的感受获得灵感，并形成最直接的表达。这样的个体需要通过自组织和涌现机制影响整体，共同形成一个多样化的整体，并基于独立性和多样性释放创造力，以和中心化的公司机制平行发展。

个体的原生创造力，真正改写历史的力量

个体随机性的意义体现为不受局限的好奇心、创造力和激情，为世界带来意外的变数，这是算法无法计算的领域。例如，创业和创新的风险对于一个量化系统而言近乎无限大，这只能来自个体，由人的热爱和激情所推动。敏锐、充满想象力的个体企业家，擅长解决新的不确定性问题，他们不但不会知难而退，而且会实现更彻底的颠覆。正是这些小的不同累积形成人类社会的大进步。疯狂的发明家、艺术家、创业家、探险者，真正改变历史的伟大事件基本都来自于他们。

正是不追求实用的好奇心在驱动世界发展。16世纪，意大利数学家吉罗拉莫·卡尔达诺提出虚数并创立复数系统的时候，觉得这东西没什么用处。然而，现在复数已经成为量子力学等理论的数学基础，几乎所有现代技术都和复数有关。最先进的技术在刚被发现的时候看起来都是无意义的、不实用的，多数是科学家的兴趣，不被处于中心位置的大机构、大公司所重视，因为它们更看重短期的应用。很多年后，这些原始的发现经过应用反馈的验证，最终会转化为我们日常所用的技术。在我们的经济和贸易活动中，在交易中真正由人产生的价值，就是创造力产生的附加值。

去中心化的边缘创新系统是人类文明的基础，是人类走出自然界最重要的创造力的来源，也是个体创造力最好的体现。个体创造力遵循最朴素的自然生长规则而非设计，未经过权威过滤，是个体原生直觉对世界的直接反馈。基于最简单的规则约束，更加自由、随机、无目的的碰撞，以及分散的个体带来的极致的多样性，通过去中心化的自我组织和交互反馈，会释放更多的可能性。个体更强的风险偏好和承担能力，与主流保持距离，保证自己不被吞噬，这使个体创造力成为独立而不可或缺的系统，在中心化世界之外，基于独特的假设生成和反馈驱动机制。

乐高会邀请儿童共同测试和设计新产品，一些人物形象的外貌和表情就是被儿童测试员选出来的。成品出来之后，乐高也会找儿童来体验。通常，最终用户应该掌握直接反馈的权利，个体创造者往往就是独立的重度用户，他们沉浸在非常个人化的喜好和想象之中，长期保持着与众不同的特性，而不必向组织内中心化的主流权威妥协。

除了尊重个体创造力，还要有保护。例如专利机制的建立及不同层面社会经济制度的完善是社会持续向前发展的根本力量之一，因为这可以激发人作为最重要生产要素的内在创造性动力，无论是人口流动、城市化还是技术变革，都不能取代这种力量。虽然全球合作等方式可以在基础的国民消费生产需求之上创造新的需求空间，但只有技术创新和稳定开放的力量是持续的。在不同的公司，也有硬性的个人创新空间为好想法的诞生提供土壤。

3.2.1　数字化反馈技术增强下的超级个体反馈节点

个体对信息、数据的生产和获取能力在数字化时代得到空前提升，有更强发现与整合能力的超级反馈节点，会自发组织，涌现为覆盖全社会的去中心化的创新感知和激发网络。他们可能是创业者、开发者、独立设计师、专业领域KOL、卖家主播……得到平台技术工具的支持后完成以往个体无法完成的工作，带动整体实现更高效的互动和反馈效率，并获得来自社会体系的生存保障和资源整合。

未来的基础能力有"To C""To B"，也有"To i"

追求个性化的消费者和追求个人独立性的生产者，以及快速发展的开放技术能力和Web3.0经济和组织系统，共同决定了未来将以个体为单位。技术可能会替代人，但更重要的是用技术助力人来对冲这种替代。

连接和增强个体能力的数字化工具和DAO社区等数字化平台的反馈能力为个体的崛起提供了基础。它们非但不会因为个体身份而脱离与社会的反馈连接，反而可以更直接、更自由地利用新的数字化反馈能力。韩国的个体内容创作者可以快速通过Naver的内容社区测试，获得用户的反馈数据。如果你已经有更多合作伙伴和更多客户关系需要管理，Verint也能够帮助你更智能地管理交互反馈流数据。如果你有新奇的想法也能够第一时间在DAO社区获得有相似目标的伙伴响应，并通过个体之间的反馈建立去中心化的信用背书。淘宝、抖音、微信为个体卖家提供了丰富的用户连接和渠道工具，这些平台级的数据反馈流在高速反馈市场的变化。GitHub上的开源工具和SaaS的普及使个体开发者可以迅速获取强大的资源，允许他们以更分散和独立的角色发现小众需求的反馈信号，不必因为能力不足而产生外部依赖，保护最可贵的独立性反馈源。"To i"（To individual）的生态发展，也伴随着众多的成功案例。

Gary Brewer创办了全公司上下仅有1个人的网站BuiltWith，每年可以赚1400多万美元。这个网站可以精准找到其他网站所用到的具体技术，例如某网站，A/B测试，用的是Optimizely；搜索，用的是Algolia；营销自动化，用的是ConvertKit……

BuiltWith能够检测到的技术数量已经超过61105个，在全球范围内覆盖的网站数量达6.73亿个。基于大数据力量就可以创造价值，例如提供"互联网技术发展趋势"，可以查看2000年至今的技术趋势数据。以"中国网站流行的网络技术"为例，这个页面涵盖包括"营销自动化""电商托管解决方案""企业网站管理系统"等28个细分项，BuiltWith

还对每项所用到的技术排名。你可以从中挖掘更有价值的信息，例如显示哪些网站使用购物车、分析、托管等，还可以按位置、流量、垂直领域等要素进行过滤。这样一来，BuiltWith的使用者就可以挖掘潜在客户，对市场有更全面透彻的分析。Gary Brewer在提供数据和服务的同时，还推出了会员制度，每月的费用在2130~7186元，按年买的价格则会在21300~71860元。

通过使用开放的技术资源，Gary Brewer一个人运营这家公司，他一天会分配几个小时处理特定的工作，像销售等职能都已经通过自动化解决。以个体为单位的工作方式会越来越多，因为个体的人生发展轨迹和组织并不完全一致，而后者的发展观念在新一代科技公司里更多取决于创始人的观念。一些公司的创业者总有一种感觉，是创始人的创造力带来了公司的成功（当前的困境是自己老了，需要新的年轻的自己加入公司），对工作者年龄的偏见成为流行。

"To i"生态和技术

移动互联网的硬件和软件越来越强大，和智能技术一同将社会的整体技术效率带入新阶段，同时大幅降低了获取成本，很多复杂的工作可以由一个人轻松完成。例如，帮助自由职业者更好地管理时间的免费桌面应用程序，它可以帮你记录、跟踪在项目中花费的时间。还有免费的FTP客户端传输文件、办公软件、聊天工具、财务管理软件，以及能够在每天不同时间检测显示器亮度的工具，以便很好地保护你的眼睛，让自由职业生活更加舒适健康。当然，这还不包括在各专业领域已经非常丰富的生产力SaaS工具。

无论是从国民经济周期还是消费周期的角度来看，需求分化和平台分化呈现出不可逆的趋势。"小"有它的两面性，但是在从效率优先转向创新优先的过程中，趋势对小而美的公司形态是更加友好的，对有资本思维增长方式的大公司并不友好，它们需要重建战略体系。

无论是过去的Craigslist还是国内的问答社区，它们都早早为个体提供了创造价值的信息工具。而今天，Upwork可以帮你更好地对接工作需求，Collective可为自由职业者团队提供SaaS市场服务，云端的能力提供者群体也正在迅速扩大。

未来，还会有一个更重要的因素，Web3.0代表的契约互联网使信任问题变得不需要大平台的信用背书，个人资产可以被跨平台保护，任何个体都可以在从0到1的阶段被信任，这对市场门槛降低将是革命性的，对于个体参与者来说更是如此。

以共享不断降低公共成本，服务"To i"市场

像DiFi服务MetaMask这样将复杂能力"封装"好，通过API输出的方式越来越成为行业的主流，例如MetaMask这样一款在Chrome上使用的插件类型以太坊钱包，只需要添加对应的扩展程序即可，轻量而方便。其实，几乎每个重要的开发能力模块，都有像这样的第三方可供调用。

除了API还有强大的开源算法，在拥有1750亿个参数的GPT-3Pre-trained mode开源之后，150多个国家和地区的开发

人员在访问GPT-3的API。即时可用，无须候补和审查，并可以通过微软Azure使用。不断有更多的开源预训练模型开放，可以让开发者以更低的门槛获得强大的算法模型。

2022年的微软Build大会清晰传递出微软对AI开发、低代码和无代码产品以及协作开发的重视。微软企业业务应用程序和平台副总裁Charles Lamanna认为，通过使用AI驱动的开发应用，从低代码到无代码，将有数十亿人具备开发软件的能力。Lamanna团队将GPT-3与微软低代码应用开发平台Microsoft Power Apps集成，用于一项名为Power App Ideas的功能，支持人们在开源编程语言Power Fx中使用对话语言创建应用程序。

解决了技术问题，你可能还需要一间办公室。WeWork在全球数个国家的119个城市提供共享办公空间和办公服务，将人们获得办公空间的门槛降低到几千元。其方式非常灵活，可以随时增加空间。

未来由热爱的人为热爱的人创造

Athleisure（运动和休闲风格）的缔造者——Lululemon从不做广告，而精挑细选的Lululemon店员不仅接受过专业培训，他们本身就是运动爱好者。一旦穿上了品牌运动服装，就是品牌最好的"代言人"。通过员工，品牌所倡导的"热汗生活"观念得以影响消费者。在品牌门店中，有一面"乐活宣言"墙，员工们会写上自己的热汗宣言，比如"我想获得潜水证"等。

每发展到一个城市，Lululemon都会挖掘当地最热门的20位健身教练、瑜伽老师，给他们提供免费的服装，并在门店里挂上他们身穿Lululemon服装的海报，让品牌在这些KOL的圈层里慢慢辐射，这些品牌大使和每家门店的团队一起，通过社交网络、"草根"人群、门店活动建立一个基于社区的市场推广战略，由他们共同的热爱来维系和凝聚。

几乎每个领域都有发烧友，一些新家居品牌，在海外疫情导致生活方式变化产生的时刻，在新需求和中国供给之间建立了高效的跨境DTC消费和反馈通道。它们通过引导潜在用户到老用户家中参观体验的方式促进试用，基于此建立粉丝用户驱动的品牌。从用户到用户，基于相似理念和生活方式的体验与反馈，将是更有深度的共鸣和反馈。用户对用户的反馈方式建立了社区感和不同的族群亚文化，并以此形成独特的凝聚力。

基于独立个体的自发秩序

独立的个体也会自发协作。亚里士多德提出"整体大于部分之和"，无论组成细胞的各种化学物质，还是由细胞组成的组织和器官，当各部分以有序结构形成整体时，整体的功能就会大于各个部分功能之和。这种价值的增益来自整体层面涌现出的新秩序，这是一个由简单到复杂的演进过程，建立的过程是基于反馈的信息输入实现的。对海盗等边缘组织的研究发现，基于简单的"连续交易机制"可以让这样的群体实现自治和形成某种秩序。在重复博弈中，只要博弈人有足够的耐心，贴现因子足够大，那么在满足博弈人个人理性约束的前提下，博弈人之间就会有多种可能达成合作均衡，前提是这是一个稳定的群体，有可预期的未来，竞争和学习将会最终引发分工，学习和进化速度快的部分会主导和支配学习速度慢的部分，进而出现层级。

3.2.2　群体涌现的简单反馈规则

在明确的规则下也会产生不可预测的现象，这是涌现的特点。通常出现在不受中枢控制的各个组成部分之间相互适应的复杂交互过程中。

规模、规则、正反馈

以微小的个体组成有秩序的整体，通常和这几个因素相关，它们在不同领域都有体现。通过大约十亿个水分子的相互作用，就会出现流动性和复杂的新特征。规模可以让微观世界的随机性相互抵消，这是规模尺度对涌现的影响。鸟群在空中灵活有序地集体飞行只需要遵守简单的三条原则：靠近、对齐、不碰撞，系统秩序和协作效率就会自现。这是规则对涌现的影响。同样地，海豹突击队能够在复杂的新环境中成功完成任务，依靠的不是复杂的系统，而是简单的三原则：射击、移动、沟通，不断地重复直到完成复杂任务。规则的简单还体现在与涌现相关的指标数量，2022年10月6日《科学》（Science）杂志发表了MIT物理系科学家的新发现，他们证明了只需要掌握少量群落尺度的控制变量，就可以预测复杂生态系统的行为。热力学描述大量气体分子的行为只需要温度和压强等少数涌现的状态变量，而不需要知道每个分子的坐标和速度。在生态网络中存在类似的粗粒化描述方法，实验和理论结果表明，只需要知道物种数量和平均种间相互作用强度这两个粗粒化参数，就可以预测生态群落中涌现的动力学行为及相变。

还有一个重要的因素是正反馈效应。蚁群在发现最短路径的过程中，看起来蚂蚁的运动是个体自主的、随机的，但在很多可能的路径之间，一旦出现被重复使用的短路径就会有更多蚂蚁被加强的气味吸引过来，就会迅速形成正反馈，蚂蚁协作是通过各自为路径投票形成的。相互传递信号和群体重复投票带来的非线性强化、弱化，最终让最短路径被整个群体采用。这是典型的"个体自主反馈的分布式投票+正反馈"的涌现方式。在物理领域的涌现，正反馈以另外的方式起作用。松散"个体"（构成物质的基础元素）组成一定规模的群体，还需要通过开放的能量交换创造失衡，形成众多可能性，并基于规则和正反馈循环放大其中的某个可能性，才能接近秩序切换的临界点。

诺贝尔奖中的发现

对诺贝尔奖得主的研究中发现了一个简单的规则（Ising模型）可以涌现新秩序：在一个网络的邻近节点之间，如果每个节点都是自我导向则会出现混沌；如果是外界导向并学习邻近节点，则趋向秩序。而且，演变出的结构在不同尺度上都是非均匀的。对人类社会而言，这个规则可能表现为一种文化和行为倾向，同样会触发不同的社会秩序和结构演变。就像社会的良序整体涌现可以来自每个个体对"尊重你身边的人"这个简单规则的普遍执行程度。

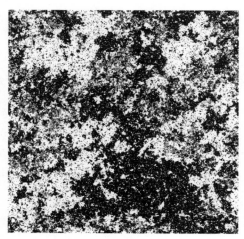

Ising模型

在我们的身边，群体之上的涌现案例非常多。文化社区的群体的连接形成文化风格特征，神经细胞的相互连接形成意识，诸如此类的社会学层面的实验，都取得了很可靠的效果验证。

就连推动这一波AI变革的深度神经网络学习算法，从某种意义上说，也是通过简单的基础规则和结构涌现智能的复杂系统科学。

对商业组织的群体创新启示

基于共同参与塑造共同认同的目标、简单的规则、松耦合弹性自调整关系、学习机制保障个体的强韧容错从而能充分试错、共同定义和拥有，这是我们在不同类型的伟大群体中看到的一些特点。这样的群体往往会通过以任务为中心的自发协同来实现自组织，以重复投票机制的马太效应/凸性效应形成智能的决策，个体与群体共同参与和定义。这些在很多种昆虫等生物群体上被生动演绎的朴素规则，很多公司也在参照。从个体出发，去推动整体的创新水平。只有实现了个体的成长，让每个个体成为有共同价值观的合伙人，为他们提供需要的能力和宽松的空间，建立与企业发展的长久关系，企业才有未来。

分散还是集中

对于个体的组织并不会有普适的好方法，因为这取决于我们要解决什么样的课题。后发优势的情况适合集中资源、统一规划、迅速追赶。进入无人区则需要创新驱动，需要开放、分散的去中心化涌现机制。对公司而言，面对有经验的领域就像工程问题，要集中去做；面对没经验的领域就像研发问题，要分散探索。

3.2.3　个体的困境

个人化让世界更加去中心化的同时，也让连接的数量呈指数级增长，让世界加速复杂化，这就需要与之适应的新反馈机制。

如果我们在经营一个服务个体创造者的平台，就需要解决这个领域特有的问题。通常，新事物的诞生也伴随新矛盾需要解决。1968 年，哈定在《科学》杂志上发表了一篇文章，题为 "The Tragedy of the Commons"（译为：公地悲剧）。场景是：一群牧民同在一个公共草场放牧。一个牧民想多养一只羊增加个人收益，虽然他明知草场上羊的数量已经太多了，再增加羊的数目，将使草场的质量下降。牧民将如何取舍？如果每人都从私利出发，肯定会选择多养羊来获取收益，因为草场退化的代价由大家承担。每一位牧民都如此思考时，"公地悲剧"就上演了——草场持续退化，直至无法养羊，最终导致所有牧民破产。

2009年历史上第一位获得诺贝尔经济学奖的女性——奥斯特罗姆在其著名的公共政策著作《公共事物的治理之道》中，针对"公地悲剧""囚徒理论"和"集体行动逻辑"等理论模型进行分析和探讨。同时，从小规模公共资源问题入手，开发了自主组织和治理公共事务的创新制度理论，为面临"公地选择悲剧"的人们开辟了新的途径，为避免公共事务退化、保护公共事务、可持续利用公共事务，从而增进人类的集体福利提供了自主治理的制度基础。

她没用经济学理论也没用博弈论，只是实地考察了那些能把自己的公地保养得很好的群体，通过数据分析，总结了这些群体共有的八个特征，这些特征具有通用的价值。凡是运行良好的小群体，都符合这八个特征。

要有群体认同感。整个群体应该有一个共同的目标，例如为了可持续的美好生活，我们都想把渔场维护好。这也就是所谓"意义"。

群体成员应该按比例共同承担利益和损失，不能一些人占便宜，而其他人吃亏。

每个人对群体决策都有发言权。决策不能让几个领导关起门来拍板定。小群体成员本来就不多，大家应该一起商量。

得有一定的监督。如果有人做出伤害群体的行为，群体得知道。

　　渐进式的惩罚措施。一开始发现有人违规，我们可以非常友好地提醒他一下。如果不行，再把惩罚逐步升级。

　　发生冲突应该公平、快速地解决，不要让冲突加剧。

　　群体应该有一定的自治权。本地事务本地决定，不应该由群体之外的所谓权威人士告诉群体该怎么做。

　　以上说的这些原则可以应用于各种尺度。我们说的是个人组成的小群体，但小群体组成的大群体也可以这么办，只要把其中每个小群体视为个体，各自派代表参与大群体事务就可以。

3.3　组织——反馈效率边界与再组织

自发形成的群体和组织也是独立于自然界的独特进化形态，它遵循去中心化的反馈原则，这也是群体存在的一种基础形式。虽然在此基础上会阶段性交替出现弱反馈强行动的中心化形态，以群体共识、契约等不同形式形成更高效的相同稳态，但真正的活力和演变的推动力仍然来自去中心化反馈。组织和群体有自己独立的反馈机制，越是去中心化的新组织，越是有更强的创造力，从而构成更强大的整个群体；越是去中心化的反馈机制越是有更强大的信用；越是去中心化的世界，越是具有更高的连通性。就像基于公链的个人数字资产不可篡改，每个个体的想法都可以被充分保护，且可以打通Web2.0的巨头分割垄断，形成一体。因为随着数字化和虚拟化反馈技术的发展，去中心化结构在不断消除自身独特机制带来的成本和效率问题。

夏日的夜晚，飞舞的萤火虫用微光点亮了原野，树木的阻隔和复杂的地区并没有影响它们成为同步的整体。哈耶克认为经济社会的首要问题，是利用好分散在个人手中的信息。这是因为我们在决策场景中所必需的知识，从来不是以整体的方式存在，而是以不完整，甚至经常矛盾的方式散落在不同个体手中。

回到人类社会，每个家庭中必有且仅有一位好厨师，因为假设每个家庭都有一日三餐的习惯，所以总有一个人有机会精进厨艺，但只要有一个人做得比较好，家中其他人就会做其他工作，从而没有机会提升厨艺，长期就会通过自组织分工形成难以改变的均衡。

组织由人与人的交互和反馈构成，公司与外部用户、市场、合作伙伴之间的互动反馈和开放的交换，内部人员之间的互动反馈，层层嵌套，一个公司就是一个多主体交互影响的反馈场。基于此，群体会在个体之上的不同层次、不同的群体演化可能性中，通过正反馈作用涌现协作秩序，实现高于个体的价值。每一个组织都是由反馈驱动的进化体，创造连接，敏于变化。而数字化反馈的应用则是为之加速。

3.3.1　新的反馈型组织

在不确定的环境中，希望建立固定的组织模式本身就是有问题的，对于组织而言，最重要的是通过优化个体间的关系来更好地实现共同目标。关系就是个体之间的位置感、参与感的不断相互适应所形成的相对稳定态，这种关系以往是基于战略的要求设计出来的。然而，在不确定性上升的环境里，单纯预测的效用降低，快速反馈的意义增加。组织的末端作为信息的第一触点，需要具备自主决策的能力才能真正提升反馈的速度，形成最小自主反馈单元（Minimum Autonomous Feedback Units，MAFU）。换个角度，具备信息优势的节点本来就应该成为主导者。这就会形成一个去中心化的，在快速反馈外部变化的过程中发现新假设的同时能够快速创新，并能够自发形成与之适应的组织关系的反馈型组织。这种组织形态能够根据市场的变化实现快速自组织，更擅长提供有竞争力的，"新""快""美"的新消费价值。

在高效的反馈型组织里，个体就像神经网络算法中的神经节点，在反馈机制传递的信号驱动下自发涌现智能行为，这来自特定反馈机制下每个独立节点的自发反馈、学习，建立适应性关系，完成"群体计算"的过程。

在今天，矩阵形的组织意味着死亡，业务流从来不是机械的，这会在组织内部形成空白、模糊、重叠和断点。真正的原始创新多数来自小而扁平、分布式的、开放开源的自主性网络。这种形态的优势是具备更好的微观发现能力，也具备加速反馈的能力，它们由微粒化的反馈型组织构成。其特点是：

- 端反馈。
- 短链反馈。
- 快速、高频反馈。
- 信息、任务、人的流动方式创新。
- 新的内在驱动和目标定义。
- 点对点自组织协作方式。
- 去中心网络和多样性并存。
- 最简行为规则：独立性和一致性、适应性反馈和创造性假设。
- 无边界的内外部连接。

以最小自主反馈单元构建新反馈型组织，新商业环境需要重新发明统一目标和定义边界的方式。

端反馈，外界生存压力和机会的第一触点

亚马逊有一个贝索斯亲自制定的规则，只要某个商品或者某个促销规则收到两次以上的同类问题投诉，一线客服人员就有权力直接按下"红灯"键，将这款商品或者这个促销规则直接下架，通过这种方式来倒逼相关人员马上解决问题。这个"按灯制度"来自丰田精益生产模式，一线操作工人一旦发现任何异常，有权直接停止整个流水线工作，让问题暴露出来并被解决。

亚马逊中国前副总裁曾修改"按灯"流程，将一线人员的"按灯权"上移，要求两个以上商品下架必须经过组长审批，五个以上要经过经理审批。亚马逊全球运营高级副总裁把他劈头盖脸地骂了一顿，并认为这是彻头彻尾的形式主义，他认为那些坐在办公室里吹着空调、喝着咖啡的经理，不会比那个正在和客户通着电话、聊着家常的员工更了解发生了什么。把"按灯"流程搞得如此复杂，让一线员工无法快速、有效地帮助用户解决问题。就算客服人员按错灯，也不用负责，要负责任的是管理层，他们必须去想办法，从招聘、培训、系统的角度去解决问题。

亚马逊的理念是：第一，给员工解决问题的正确工具；第二，依赖一线员工的正确判断。这两者结合在一起，才能把"以用户为中心"的良好意愿，以机制落实为具体行动。

最小自主反馈单元：肌肉细胞受到外界刺激之后会以最

小的反馈闭环及时做出收缩反应。同样，组织内的最小自主反馈单元也是最小价值创造单元，需要在合理的业务逻辑下，能够独立、完整地完成基础功能的内外部双向反馈循环。组织里不应该存在单纯的和过多的汇报者（管理者），这会降低反馈的效率，如果存在，那么就应该用其他技术方式替代。在具体的商业环境里，组织还需要时刻在自主和共享之间平衡，这取决于业务是以创新还是以成本来创造价值，前者往往面对增量机会所以需要自主，后者通常面对存量竞争所以需要共享和标准化。但是，无论何种情况都需要把洞察业务的最小单元尽量变小才能实现更精准地优化。而且，最小业务单元要有独立完整的工作闭环和损益意识，从而使组织具备自主感知能力，实现组织的整体生存效率提升。细分小单元和共享并不冲突，特别是基于数字化的反馈系统。

有了最小自主反馈单元，整体的组织正是由它们以分形递归的架构来构造，我们看到很多大公司也都有类似的中、微观结构。华为和谷歌的"军团模式"，就是在主循环之外允许建立新业务的内部小闭环，实现对外部的快反馈、快进化。

在对组织发展的早期工作进行研究之后，一些人发现组织内变革是一个自下而上的过程。在这个过程中，组织的无数个小的变革驱动整体的变革（Nutt et al.，2000），这是比尔等人在《哈佛商业评论》上发表文章《为什么变革规划不能产生变革》的基本精神。在讨论了"变革项目的缺陷之后"，他们发现更加成功的变革通常是从远离公司总部的分部或者下属的工厂发起的，并且这些变革是由分部的经理们领导的，而不是由公司的首席执行官或公司高层人员领导的（Beer et al.，1990：159）。优秀的首席执行官创造了变革的氛围，并且让其他人决定如何实施变革，然后再把变革最成功的分部作为公司其他部门的榜样。

末端业务人员掌握着最丰富的实践信息反馈，所以他们应该拥有主导权。盖洛普的研究发现，自己能够参与工作目标设定的员工的敬业度大约是其他员工敬业度的四倍。然而，只有30%的员工有这样的经历。最小自主反馈单元的末端自主性带来去中心化决策，前移的决策可以在本业务单元的功能定义范围内快速地切换到正确方向，灵活性、适应性、积极性都会显著提升，这可以保障创新活动的有效执行。

有了末端的自主性就有了整体的多样性，整体的多样性与独立性能够保障开放性和创新的产生。多样性不足会导致局限性，同时，我们也发现好的创意公司的人员构成都是非常多元的，甚至很多人并没有专业的教育背景，但多样性也可以很好地激发整体的创造力。

阿米巴组织曾经风行一时，但效果并不理想。其中的部分原因在于，去中心化的组织是用来解决适应和创新问题的，而不是用来在一个相对封闭的商业环境里解决成本问题的。公司是创新导向还是成本导向，需要在采用新模式之前被准确回答。在存在争议的阿米巴案例里，倡导业务纵向闭环与价格外部化，损益单元与组织单元的划分要一致。对于成本驱动型的公司，内部定价和人效会计学机制能够提供成本压力传递的机制，但这对于提供完整有效的内生增长驱动方法并不足够，最终使其走向错误的方向。

由去中心化的最小自主反馈单元组成的反馈型组织，其实在需要处理极端复杂性的领域有非常多的成功案例。沃尔玛采用"1+4"的组合将品类策略和采购经营组成最小自主反馈单元，可有效服务快速变化的零售行业需求。广告创意公司也会以文案创意+视觉美术的搭档为最小组合，灵活地处理不同的客户需求，不断提供好的营销想法。

短链反馈，更少的中间环节

让一线的销售人员做预测，我们可以通过末端自主让外部信息得到及时反馈，也需要让外部变化及时传递到组织内的相关方。以创意为特点的皮克斯公司，在内部建立点评日的反馈机制，将最高管理者和一线员工在特定的场合连在了一起，一些可能被长反馈链条掩盖和扭曲的问题可以形成更直接的碰撞，在避免问题演变为风险的同时，可以发现来自一线的创新可能性。

短链反馈不一定是固化的机制，阿里巴巴也会定期进行"老逍果汁会"，最高管理者和不同部门的一线人员在享受果汁美味的轻松气氛中，实现更直接的即时互动反馈，这对管理一家几十万人的公司非常重要。同时，阿里巴巴的内网也提供了员工和任何一位业务负责人直接反馈业务体验和看法的平台。对外的用户和商家交互也非常密集，不同角色的直接反馈也催生了阿里巴巴很多重要业务的关键创新。当然，每个大公司都要不断优化复杂组织中跨业务单元边界网状反馈链条中的低效点和断点，这些问题点不但会使组织增加成本、导致错误，更重要的是使组织失去市场的先机。

　　更短的链条在某种意义上代表着更短的反馈周期和更高的互动频率、更快速的响应，盖洛普的研究发现，每天从经理人那里得到反馈的员工，其敬业度是那些一年获得一次或更少反馈的员工的三倍。无论是组织还是任务，我们都可以将大的拆成小的，同时为员工提供合理的自主权。在空间视角的反馈链条长度，在时间角度的反馈频率与速度，都可以帮助实现更高的反馈效率。同时，更短的链条也意味着更低的成本和折损，在供应链领域，商品的搬运次数越少损耗率就越低，信息也一样。

　　大企业内部并不是看不到外部创新，而是某种体制限制了有能力提出新主意的提案者的动机，以及固有的互动机制和层层传递过滤掉了有价值的新主意。短链反馈经常可以在纵向上下游环节之间加速，但横向部门之间的反馈则很难被短链优化。

　　最小自主反馈单元、短链反馈，共同组成去中心化结构。公司由此可以实现触觉灵敏，易得先机的优势。

保持最简行为规则

　　2023年2月1日，推特创始人杰克·多西激动地声称，基于Nostr（一个开放协议）的Damus（基于开放协议的社交应用）在App Store上的首次亮相是"开放协议的一次里程碑"，代表着不受技术巨头操纵的新一代社交工具已经开始落地……这个由用户主导且不受审查的加密网络无须注册，无须服务器，还可以轻松集成机器人等拓展功能。Nostr回归到最基础的开放协议，建立人人可参与、可创建的网络，而非基于以往的平台模式，这正是Web3.0激动人心的原因。诸如此类的众多开放协议案例都是在探索，简单的协议可以支撑复杂的自组织生态，并创造改变历史的新价值。

组织的发展通常会不断加剧复杂化和规范化成本，因为总会有人不断根据新情况而增加规则，却不会有人适时地去除、精简、合并既有的规则，甚至已经很难数清楚员工每天是在多少条规则约束下工作的，每个工作流程需要多少审批和等待，这会不断地降低组织的反馈效率。不断回归最简单的基本问题经常能破除根深蒂固的组织惯性和成见，帮助我们发现本质。即便是最先进的计算机和AI算法，也是基于最简单的电子状态和统计数学规律来处理复杂工作的。蚂蚁也是通过最简单的"遇到障碍物则转向"这个最简单的规则，克服各种复杂的地形，在群体层面迅速找到食物和巢穴之间的最短路径。Web3.0基于协议而非中心化的节点运转，DAO社区可以迅速完成自发协调，简单的群体共识就是最有效的行为规则。组织需要以最简行为规则在保持基本一致性的前提下，为自下而上的创新提供土壤。

我们要想既实现最大化自由度，又不会导致效率损失，就要在最简单的基础一致性之上，使行为自由空间最大化。末端组织在保持简单性、独立性的基础上追求适应性反馈，组织也是在行为科学的基础上运转的。顶端组织则要追求整体的一致性，以创造性假设和主动设计为组织提供新导向，就像生物进化需要不断变异，组织也是在基因科学的层面工作的。组织的这两极同时保持从假设到反馈的相互影响，就像谷歌开发的DDPG强化学习算法。这个模型由两个网络组成，一个策略网络（Actor），一个价值网络（Critic），策略网络输出动作，价值网络评判动作。当然，我们也可以根据实际情况在两种策略之间做侧重的选择，例如主流的强化学习算法可以分成两大类，Value-based methods和Policy-based methods。第一种算法选择最大化函数值，Agent学习根据状态和活动预测下一步的好坏；第二种算法预测最优策略，不估计函数值，Agent目标是找到最优策略，而不是最优行为。但是无论如何，这两类角色是联合学习进化的，不能分割。最简行为规则来自全局策略并服务这一目标，同时通过反馈定义全局策略，从而更好地实现全局策略目标。

信息、任务、人

战略决定业务的机制和流程，再进一步决定组织形态。在此基础上以数字技术抽象，并在重复固化、提效，和优化、应变之间取得平衡。这样一套数字化的智能反馈系统中的流程、组织、IT工具，在不同的层次和形式上被灵活地标准化。

①信息、任务、人，哪个应该动起来

在合理的组织结构形成之后，业务流就可以高效地运转了吗？我们如何形成业务策略假设，并高效地获得反馈，从而实现整体演进？我们基于什么业务系统为客户更高效地创造价值？我们需要从这些角度来重新观察和分析身边的现象。

反馈速度在很大程度上取决于要素的组合与流动方式。特别是在不同业务单元的结合点上，谁是最佳的反馈整合处理中枢？在实现一个目标的过程中，是人动、信息动还是任务动，以哪种工作和反馈方式为中心，在哪个维度上组织资源，这决定了组织生命体活力的效率基础。

组织的长期竞争力由人构成，而业务流则是由人基于信息获得反馈，通过完成一个又一个任务来实现的。信息和任务与不同的人结合在一起，所以人们要经常开会、出差、讨论，花大量时间交换、理解、处理信息。即便我们完成了信息同步，但经常在临近完成任务时遇到变化，更不要说海量外部信息。在有了更好的信息和技术工具之后，在诸多任务要素之中，我们发现最难同步项目节奏的约束点是人，人的移动总是比信息慢，那么我们应该用什么样的框架才可以让任务高效运转呢？

②任务成为自进化的数字化反馈流

纵向将公司目标对应的业务流分解为不同的子任务，横向将任务进展分解为不同假设和反馈小周期，这个矩阵就是一般的业务流运转方式，但问题出在哪里呢？

当我们将任务不断分解，再将特定的任务绑定到特定的执行人时，那么就会出现不同的执行人在不断地交换信息，将各自的小任务拼成整体的大任务，不断在整体和局部之间进行双向沟通，持续在各平行单元之间进行多向沟通，项目单元越多就越需要更多沟通的线，如果发生不同步，则很容易出错，效率就成了黑洞。

　　还有另外一种可能，借助技术的进步，以任务流为中心，每个参与者将信息集中在任务上，让每一位参与者和新加入者可以独立快速地了解全局。以任务为中心而不是人，就可能基于任务的最新进展实时寻找需要参与且当前可用的人，将接力棒快速传递，而不是等待某个特定的人。将任务和固定的环节参与人解绑，因为不再依赖特定的人，将信息从分散的人移动到中心化的任务上，从而减少项目等待时间，减少沟通成本。任务成为持续演化的智能体，不断有不同的人更容易地参与进来为其加速。或者，可以将任务比喻为一个加速滚动的大雪球，每个项目的人员都是散落各处的雪花。这样就可以让任务不再局限于特定的人（这不等于项目没有固定负责人），而成为自进化的数据流，提升效率。我们可以称之为以任务为中心的反馈流（Activity-Focused Feedback Flow，AFFF），Slack、钉钉、飞书等都有服务这种目标的理想。

　　③每个成员都是可调用的数字化能力

　　人才能力的数字化和任务流的数字化是组织可以变散、变小、灵活组织高效反馈的技术基础。每一位项目成员的价值都是一种独特的能力，特别是作为对团队多样性能力结构的支持存在，而不是因为占有特别的信息和权限而存在。也许我们会担心，让成员像API一样快速切换太不现实。其实，成员需要稳定才能保障项目顺利进行，这是落后生产力条件下的妥协。如果任务的完整背景信息被高效地整合在一起，而不是分散地存储在某些个人身上，这种切换就没有那么麻烦。

　　我组建过的战略团队多数都会承担两个任务，一个是基于环境背景为业务提供战略框架，另一个是面向未来的发展需求，提前为业务储备多元能力结构的高潜人才。所以，对于团队的人才会高频地从外部引进，并在合适的时候快速向业务输出。在这个过程中，战略团队的任务并没有受到影响，因为知识和任务都存储在云端的知识管理工具里。新人花半天时间阅读就可以了解来龙去脉，并从自己的角度提出不同的观点。甚至在遇到有挑战性的项目的时候，我们会快速轮换，让最有能力的人迅速成为主角。任务是持续演进的，人应适应项目需求。同时，成员的可替代性也是在不确定时代提升韧性的关键。

　　④组织以人为中心，团队以任务为中心

　　这样，任务就像加速向前滚动的大雪球，雪球也不知道自己应该向哪个方向滚，因为眼前的地形并不像之前预期的一样，总会有意外。同时，雪球也不能预知下一刻的自己是什么样的形状，只是大概知道自己总会滚向低处，只有这个目标是明确的。那么，任务是变化的，为什么完成任务的人一定是固定的呢？合适的人应该在合适的时间和地点给这个雪球加速，而不是让雪球去等待特定的人。以人集成信息不如以任务集成信息，这和人才是组织最重要的资产并不冲突，正因为如此，我们才需要更好的任务组织方式释放人的价值。

　　⑤数字化任务流的移动速度最快，可能性最多

　　以任务为中心而不是以人为中心，以数字化的方式高效组织信息，就可以从根本上避免以上这些问题。回顾工业领

域经典案例，最具代表意义的汽车制造任务流被福特和丰田不断升级，任务始终处于中心位置，人的效率也被最大化地挖掘出来。有一家超零售企业，为了提升拣货速度，把速度最快的员工安排在最后一个环节，按速度快慢从后向前排列，这个小小的改变让整个流程速度提升30%，这同样是人围绕任务流来组织工作带来的改变。

在蚁群寻找运输食物的最短路径的过程中，信息素是真正的统筹机制。不同的蚂蚁用自己的信息素强化最短路径，最终使其浮现并被蚁群共同采纳。在这个过程中，蚂蚁的分工同样是围绕任务展开的。

以数字化的信息素统筹和优化任务流的演进，以往的生产线可以用工单来有效牵引和实现对生产要素的组织，但很多行业面对的现实是，有一个相对明确的任务目标，但是其业务路径是需要探索的。与其称之为数字化的"任务流"不如称之为数字化的"演进流"，这需要不断更新知识假设，不断寻找新的反馈源，任务的运行效率也在实时地循环升级。以一个新消费品牌的全流程、全渠道运营为例，用户行为在不同场景下的识别，商品的不同推荐策略，货品从哪个仓发出，不同区域的售后服务如何有计划地跟进用户的消费周期，商品和服务如何基于反馈升级，任务是一个自学习和持续升级的"流"，不断有新的化学反应生成新想法，这不再只是物理过程。

⑥集中、开放，数字化反馈流

除了在这个过程中要实现全要素的数字化和自动化，在任务流动中遇到的个体要及时对任务反馈，更重要的是要同时共享与任务相关的上下文背景信息（Context），让人和信息围绕任务聚合，产生开放连接、交换、碰撞，形成融合了内外部感知的反馈流，让任务流可以基于此实现修正和拓展假设的自学习。同时，每一个成功任务沉淀下来的SOP都可以被集中起来，将零散的实践反馈片段汇集为完整的知识，向其他部门和后来的参与者共享，形成持续加速的组织学习正反馈。

反馈效率的放大器是更开放的反馈机制和智能算法，会持续形成新知识，并大规模复制知识，进而在更大规模的实践反馈中持续优化假设，实现反馈流驱动的任务流。在有效集中信息的同时，让人与信息的结合与流转智能化、去中心化。这里提到的去中心化指的是分散自主的个体，这种去中心化也能够通过自组织实现新的自发集中，从而提升效率。Slack的工作效率核心被称为"频道"的整理空间，我们可以为从事的每个事项设置专属空间。当所有人员、消息和主题相关文件都集中在同一处时，我们的工作效率就能成倍提升。我们无须特意召开会议，也能为下一个创意点子集思广益，只需创建频道并添加合适人员，再为每个人腾出能在灵感涌现时可以把点子记录下来的空间。Slack同时支持灵活工作，并且同时连接内部和外部人员的反馈，随时发现偏差和问题反馈。这就是一个高速进化的数字任务流。

在这里，由反馈驱动，去中心化、多线并行的任务在持续生成新假设，并在反馈中修正和循环。所有的参与者对同一个任务会在合适的节点给出反馈且了解任务的进展，并根据任务的进展决定下一个最合适的关联方，及时传递接力棒。在这个过程中，任务通过充分反馈被集体共同定义，且以更少的时间和沟通成本实现。

⑦组织生物也是在处理能量和信息

1961年，兰道尔在《IBM研究通讯》上发表了论文《不可逆性与计算过程中的热量产生问题》，在继香农提出"信息熵"理论之后，在信息熵与热力学熵之间出现了新的重要探索。其中的基本思想是，经典计算机擦除信息伴随着能量转换和熵增，信息熵与热力学熵本质上是等价的。好的组织生物通常能够通过最低的能量消耗实现反馈信息的传递，通过反馈得到的信息，我们能够更好地感知和引导能量、秩序，实现组织的熵减。就像大脑组织，人脑1秒可以进行10万种不同的化学反应，每天可以处理8600万条信息，每秒最高计算量为43万亿次，却只需要20瓦的能量消耗。大脑有独特的分布式结构和建立连接的方式，通过自下而上自组织的工作模式形成不同尺度的协作涌现，在解决问题的同时能够很好地平衡各单元工作成本和信息传递成本、平衡效率与灵活性，这些方式都是人类社会组织形态可以学习的灵感来源。最小自主反馈单元、短链反馈、自相似的分形结构、自组织的涌现，都是在这方面的探索。

3.3.2　无边界的反馈型组织

组织的价值在于使个体的潜能最大化，以及使其他要素的使用效率最大化。这也代表着内外部整合效率的相对优势，如果规模上升伴随着相对效率下降，这就是在接近组织的边界。同时，组织的规模需要在效率和创新之间平衡，但这二者在基于反馈流数据智能化运转的组织内并不矛盾。

临界混沌是复杂的反馈状态之一，在有序与无序之间保持最大可能性的状态，为应对环境持续变化的适应性进化保留空间。这也是一个群体在效率和创新之间取得平衡的最佳状态，这取决于对外开放性和对内自主性带来自组织创新性和基于反馈流数据的智能化协同效率，后者可以抵消组织去中心化创新带来的反馈信息处理和协调成本。

结构决定反馈效率

①最小自主反馈单元和递归层次

在解决了效率问题和风险问题之后，组织通常会自发地扩大规模。然而，复杂的组织也可以有非常高的效率，这源自复杂现象背后的简单本质，复杂正是由这些"简单"有序构造的，这种秩序最直接体现在层次性上。生物系统一直是我们了解世界的优先样本，现在我们先选择从植物的结构和层次中寻找灵感。生命的最小单元基于开放性和一致性组成层层向上的分形升维结构，植物是复杂的多细胞生物，通过各种植物器官系统之间的协作，完成光合作用和蒸发等复杂行动。植物的各部分组成了一种层次结构，层次结构中的每一层都有不同的复杂性。同一层中的所有部分之间，以某种良好的方式进行交互。这些结构又由一些细胞构成，在每个细胞内部还可以发现另一层的复杂度，包括叶绿体、细胞核等更加微观的结构层次。

在研究植物的形态时，我们找不到某一个独立的部分可以负责一个大的过程的一小步，例如光合作用虽然发生在叶绿体，但作用过程中需要水，而水的获得就需要更多植物器官来实现。虽然生物组织内部需要紧密协作，但实际上，没有集中的部分可直接协调较低层各部分的活动。我们看到的是一些独立的部分，它们互不相关，每一部分都展示出相当复杂的行为，每一部分都对许多更高层次的功能做出贡献。只有通过这些部分之间的共同协作，我们才能看到植物较高层次的功能。复杂性科学把这称为"涌现行为/突现行为"，即整体的行为大于部分行为之和。

层次	复制/繁殖的时间尺度	涌现特性
细胞	小时（哺乳动物约16小时）	染色体复制：减数分裂、有丝分裂 大分子合成：DNA、RNA蛋白质、脂质、多糖
器官	单细胞：几小时到几天 多细胞：几天到几年	组织、器官和器官系统的结构、功能和协调 血压、体温、知觉、进食
种群	数千年	种群结构、交配系统、生物体的年龄分布、变异程度、自然选择的作用
物种	数千年至数百万年	生殖方式、生殖隔离

高效的反馈系统一方面可以由同质化的"最小自主反馈单元"建立独立、完整的闭环功能模块，向上以明确的层次构造来形成，通过分形结构升级成更加宏大的系统。在很多领域都重复出现类似的层次结构，就像高效的软件架构中的递归结构，将简单的要素和机制组合，在整体上提升更高的效率，这来自于不同层次和不同组成部分之间的复杂交互与协作。这基

于反馈作用的生长和演化规则，不能还原为基本部分和组件的属性及规律的累积效应，不能人为地设计扩大组织，从类似小团队到IPD，再到矩阵和集群的常规路线。同时，层次之间的相互作用是无法被跨越的，例如，微观层面被其他东西取代，只要中间层面保持不变，宏观层面仍然是不变的。

　　另一方面也可以通过非同类单元的迁移、组合实现，就像藻类被吞噬后形成与植物共生的叶绿体、线粒体。20世纪60年代，加州大学伯克利分校研究生Lynn Margulis和美国科学院院士、加州大学生物学教授Neil Shubin提出的"内共生理论"，在20世纪80年代得到逐渐成熟的基因分析技术的支持，被更多人认可。该理论认为，叶绿体最初是一种独立生存的蓝藻细菌（又称蓝绿藻），它们被另一种细胞所吸收，作为新陈代谢的免费"劳工"为其提供能量。同样，线粒体最初也是独立生存的细菌，与另一种细胞合并后，被用来为其提供能量。人体组织内也有大量基因来自外部，这大大加速了自我演化的缓慢进程。对于一个产品、一个业务、一家公司，复杂结构的来源通常也是这两种。

　　就像叶绿体的引进重新定义了生命形态，Acqui-hire（以人才为目标的收购）是大型科技公司引进关键人才、寻找新空间适应新环境的主要手段之一。自1998年由Sergey Brin和Larry Page创立以来，谷歌已经进行了200次收购，其中绝大多数人都是被收购雇用的。Facebook已经收购了80多家公司。在2018年接受CNBC采访时，苹果首席执行官蒂姆·库克提到，苹果每2~3周就会收购一家公司，无论是为了人才还是为了知识产权。亚马逊已经收购了100多家公司，而微软收购是其好几倍。

随着收购的完成和人才的输入，会带来新的想法和流程，为已经变得官僚化的团队注入新的血液，带来创新。对于生物世界，每一次藻类相互吞噬和内共生的完成都是进化的一个飞跃。生物体的直接进入使得需要无数突变积累而成的性状在瞬间形成，并从此改变了演化的方向。假如内共生始终没有发生，如今的地球可能依然是古菌、细菌和病毒三足鼎立的状态。如果没有内共生，地球上的生物可能无法演化到现在的程度。对于过度依赖内部发展的公司，应该对人才并购（Acqui-hire）和并购（M&A）有更高的重视。这种非连续性的变化和突发意外事件会带来"隧穿效应"，可以帮助演化快速跨越适应性鸿沟，产生加速的适应性。

②产业价值网络涌现

有自我演化能力的组织层次不仅出现在生物界，以大的供需经济网络为生存背景，每一个产业都在基于适应性自我演化为层次分明的系统。如果把全球产业分工浓缩为一张有层次的网络，从边缘的基础原材料到中心区域的复杂工业品制造。我们会发现，在由外而内的不同层次，复杂程度越来越高，附加值也越来越高。从外层基础要素开始连接和组合，在同一层次内可以交互影响、互相学习，例如相似的原料和工艺技术。而且，下一个层次需要依赖上一个层次实现的能力。例如矿石资源和金属冶炼加工，以及进一步的工业制造；再例如农业、纺织业和服务业之间的递进依赖关系。能力上的相关性、领域上的邻近性，还有层次上的递进性，共同塑造了这个网络结构。

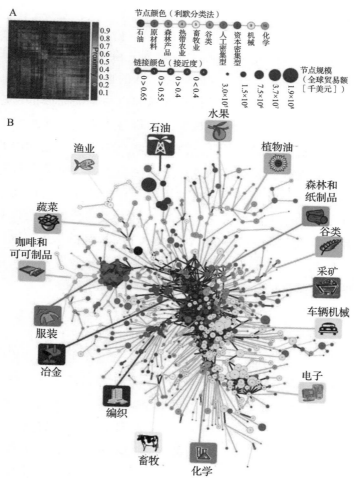

注释：

①每个产业间的连接表示两种产品间在生产过程中的联系，外围产品是内侧产品的原材料，内侧产品可以给外围产品提供服务；②空间的距离对应两种产品的相似度，主要体现为生产它们时需要的生产要素的相似性（如劳动、技术、资本⋯⋯）；③节点的大小代表年交易量。

在开放自由的市场里，根据获利动机、供需定律和交易信用这些简单原则，商品会不断寻找最优价格，生产要素会自发组合，演化依靠的是其参与者和贡献者的多样性。所以平台市场的多样性不应该被限制和被商业化门槛破坏。规则通常只是制约了局部的、低层次的、规律的行为，而不是全局的、高层次的行为。

反馈效率决定边界

①有了目标就有了边界

混沌处于临界边缘状态，充满可能性。一旦有了自上而下的目标，人们就会追求确定性和效率，就会形成聚焦，自然就有了边界，目标就会成为一种局限。

一旦系统有了个人化的、局部的，而非来自系统原生规则的目标，就会形成边界。在商业世界也是如此。谷歌和Bing的医疗搜索流量没有用于商业化，而是尽可能引导到患者社区等对用户更有帮助的网络节点，因为这更符合建立系统的初衷，使有用信息可便捷获取，并由信息可获取性建立平衡和开放世界。医疗系统线下复杂度高，市场化规范程度低，很多环节尚未被精确数字化。如果线上商业化流量的简单反馈机制直接对接这个灰色市场，我们就无法确保搜索引擎是在最优地分配高风险且重要的医疗资源，并形成生态正向激励。如果在一个常规市场机制可能失效的领域仍推动商业化（特别是民生领域），这就是超出了搜索引擎能力范围的商业化目标。这个目标会让我们脱离了建立系统的初衷，而有了边界，就失去了进一步成长的空间。

与其说目标没有意义，不如说如何定义目标更加重要。为了建立相对优势缓解当下的压力，人们追求这些有形的具体的东西，而忽略了其背后的意义，同时也抑制了创造力，这才是局限所在。

②有了开放、"无目标"的演化，新事物就能不断诞生

事物的发展总是出乎我们的意料，恐龙会突然消亡，习惯于每天被主人投喂的火鸡在某个充满期待的早晨迎来提刀的主人。适度保持"无目标"状态，对结果和反馈保持开放，冗余和演化就能不断提升系统的鲁棒性、适应性，形成繁荣、生生不息的生态。

③无形的效率边界

有专家在统计了人类历史上的创新产生和传播的效率之后，将参与其中的主体分为四类：小企业主、小企业主群体、独立个人、共享环境。规模大小为横轴，竞争与协作程度为纵轴，以四个象限区分不同创新组织形态的效率。最终发现协作性较强，规模比较小的共享环境是创新效率最高的组织形态，这种形态更好地平衡了连接性和独立性。

开放和创新是公司发展无法回避的，通过开放开源的分享和交换，反馈效率优势会帮助我实现自我最大化增强，并将生态的发展引向有利于自己的方向，这看起来是最明智的选择。而脱离市场的低效反馈最终让业务越做越小。谷歌的开源机器学习生态体系Tensor Projects（开源工具和资源），曾经因此得到广泛普及。

开放反而让企业的效率边界更广。一方面可以借助外部生态反馈增强内部创新，另一方面可以提升基础设施的市场反馈效率，接入和转化更多的外部创新。这两类做法分别着力于"变"（创新速度）与"不变"（基础能力），都可以建立强大的非平衡性优势。

那么，开放的边界到底在哪里呢？创新和协作的内部效率大于外部效率就可以保持边界的扩张，如果达到了平衡，那里就是边界。这取决于两个主要因素，一方面，公司要有足够在技术和文化上打破市场均衡的创新主张能力，以吸引资源、奖励和人才；另一方面，要有实施这个主张的高效反馈系统、创新执行系统。

持续的发展需要在组织复杂度和反馈效率之间不断平衡。公司就像整个生命周期都在伴随演化的恒星，依据恒星的质量，它的寿命在几百万年（最大质量）到万亿年（最小质量）之间。恒星在演变过程中始终在寻求流体静力学平衡，即向外释放能量和向内产生的压力的平衡，能量不足就会发生坍缩。究其根本，组织存续是熵增与组织效率之间的平衡，组织规模边界取决于内外部的反馈效率，真正的边界是反馈效率边界。

④接近动态均衡，基于反馈效率的组织稳态

事实上，并不存在静态的绝对均衡，只有不断趋向适应性平衡和优化。混沌系统中存在吸引子，引导系统状态向某个特定方向演变，公司和市场的动态也会倾向于某些特定的模式。没有包容性的增长会快速走向毁灭。最终，基于多方利益的平衡，也就是技术、劳动者、用户、平台、社会总福利最大化，以及内外部的反馈效率对比，共同决定了公司和业务的边界，形成相对稳态的组织结构。

⑤两个不断趋近的理想均衡假设模型

- **自闭环反馈模型**——追求效率的闭合式反馈。

模式特点：效率导向、中心化、紧耦合，适合行业早期。

创造价值的方式：通过强文化认同驱动的公司、用产品架构思维高效设计公司结构的公司、算法形态实时优化的新组织等不同的模式。

实践案例：亚马逊自建物流发展在线自营零售、早期的IBM几乎独立生产组装整个电脑。

- **自组织反馈模型**——追求创新的开放式反馈，"大平台机制+最小自主反馈单元个体"。

模式特点：多样性导向、去中心化、松耦合，适合创新导向，适合行业成熟期。

创造价值的方式：开源、开放输出的生态公司，以共生、多样和创造为特点的平台模式，自发分工均衡的第三方开发者群体。

实践案例：阿里巴巴的淘宝、服务智件厂商的安卓生态。

很显然，世界上越来越多公司更偏向第二种模型，基于更多的开放性建立业务。

⑥在反馈校验中提升自我演化效率的两种机制

组织为了保持内部效率相对于外部的优势，维持目标的一致性，有两种通过反馈实现自我校验的机制。一种是时间维度的，或者叫"历时性"的方式，随着业务在时间线上的纵向延伸发展，业务策略的"假设"和"反馈"的周期性循环就可以实现自我校验；另一种是空间维度的，或者叫"共时性"的机制，GANs对抗生成算法也是异曲同工。在组织内部常见到这种横向平行职能之间的反馈制衡，例如业务团队和战略、商业分析、人力、财务等不同职能线之间的微妙关系。

更高的反馈效率：跨边界的再组织

强大的创新公司不但可以突破传统意义上的边界划分，还能突破行业结构的原有边界，以新生产力对上一个周期结束后的分散市场格局重新实现高度的集中化。但这种边界需要建立在多个相关方诉求均衡之上，不能以让度某一方利益为基础。

①反馈从企业内部转移到小组织之间

更合理的分工会使大家只做越来越少的事，得到越来越多的回报，产业互联网是更大的组织形态，在允许我们实现更精细分工的情况下，同时形成组织之间比组织内部更高的连接和反馈效率。将来会出现越来越多内部职能外部化的情况，因为技术和数据的反馈效率已经重新定义了边界。

产业互联网来自对需求的高效反馈和供给的柔性整合，有的以渠道效率为导向，有的以B端的智慧生产为导向。我们看到很多消费互联网公司从特定人群切入，从交互习惯、商品组合到供给侧定制、上游商品研发，尝试由C端到B端的整体拓展，这背后是对于产业互联网的实质推进。相对于C端，B端可改造的空间更大，特别是松散的小型公司而不是大公司。这反过来也会巩固其在消费互联网侧的竞争优势，特别是在C端市场进入存量和分化的阶段，正处在新旧动能切换的转折点。

产业互联网将网红和夫妻工厂等小组织连接起来组成平台，给网络带来规模和确定性的同时可以实现任意点对点连接的灵活性。基于快速发现、连接和反馈的能力，产业互联网正在以更先进的生产力实现生产关系的再组织，兼顾最小自主反馈单元的灵活性和网络的高效协同，实现对大公司内部效率的超越。

②更小的组织更强的连接

因为重点对Web3.0下注而被大家熟知的a16z（一家投资公司），是个知识密集但只有100多人的小公司。传统VC找到好的项目，都会自己投资，但a16z的40%的项目都是跟生态合作伙伴共投的早期项目。a16z通过与很多早期基金、天使投资人以及各种孵化器/加速器合作，能按"剧本"找到很多潜在的标的项目。先用一点小投资占位，之后一旦发现项目有产品到市场的匹配，市场增长有拐点的信号，它就会用B轮的钱进行A轮投资，再配以强大的投后管理和咨询团队，用重度的"投后辅导+重仓的资本"一起来加速企业的非常规成长。

在这个模式下，首先要具备开放性，在与生态合作伙伴共同参与早期高不确定性共投的初始阶段，获得更多机会。

其次，a16z的合伙人里大概2/3的人都是做过企业CEO的资深专家。a16z与其说是一个投资机构，更像是一个系统化的、结构化的CEO经营网络和咨询公司，具备强大的全程创业辅导能力，这就是它打破市场平衡的核心能量。它们的投资节奏也是非线性的，迅速验证模式后，在A轮通过资金和辅导迅速提高被投企业成长速度，助其成功地跨越A轮鸿沟。

无边界、高创造力的小公司，更多依靠的是连接的能力和反馈的效率。a16z多元化的人才结构使其具有多样性的外部资源网络连接能力，跨越既有边界的重组价值方式更有创造性。

3.3.3　组织是在反馈中塑造的

组织边界是由反馈效率决定的，组织的形成也是在反馈中进行。一方面是应对外部的反馈，具备自主性的组织内一线个体，在组织的弹性网络中不断主动调整自己的适应性，来自外部环境的变化就可以更好地传递到相应的单元，从而形成敏捷反馈。特别是对处于快速变化、无法预测也难以改变的市场，提供客户导向的个性化服务的公司，需要采用适应性战略不断快速尝试，更需要反馈型组织策略。由掌握关键反馈信息的角色组成整合全面信息的自然分布结构（不同角色、不同来源、不同视角），以最低时效和信息损耗的连接结构建立反馈网络和基于此的实时反馈流，只有这样才能加速业务策略的HFL，从而推动组织快速取得进展。另一方面是通过内部反馈主动引导，组织可能通过反馈来主动引导组织内个体的自发行为，改变环境和反馈而非控制和灌输，这样能够更好地引导和塑造群体内在共识。正面反馈可以激发

个体内在好的一面，而非通过负面反馈激发坏的一面。反馈
不是对过去的评价，是对未来的激发。而且，这种反馈需要
及时且具体，明确而持续，这样就会自然形成自发的认同。
组织对内部个体的每一个反馈都是有导向性的，特别是对一
些标志性事件的反馈，隐性地传递着组织的观念，这些事件
连点成线就塑造了组织。

　　最终的焦点都集中在如何提升组织内外部的反馈效率，
由此才能谈到敏捷捕捉机会和快速创新、高效执行。反馈效
率除了体现在前面提到的主题上，还体现在技术方面，可以
采用自动化的流程机器人等提速；在组织的连接结构方面，
可以更多采用项目中心的自发组织和虚拟、临时、软连接的
组织方式；在策略方面，可以采用基于群体学习的演化逻
辑。每个组织里都有很多提升反馈效率的方法等待探索，也
有更多降低反馈效率的问题等待解决，就藏在我们熟视无睹
的细节里。

3.4　科技——混合进化优势

碳基形态诞生了生物智能，但基于随机变异假设和自然选择反馈的进化机制正在成为智能的局限。人类智能以碳基生物形态为起点，如何以更高的反馈效率打破这种缓慢进化的束缚？原生数字化的技术系统正在更深入地结合和增强碳基系统，带来更高的与外部世界的反馈交互效率和基于数字的自我进化效率。从医药研发到健康管理，从基因到蛋白质，不同的生物领域正在通过数字化实现更快的HFL。有一种假设表明，我们可能会经历四个阶段：基于HFL的认知能力持续加速（速度变化），迎来自主智能的起点（范式变化），进而形成碳基与硅基智能的共生阶段（主体变化），最后形成超级智能（宇宙变化）。在这个过程中，我们的认知方式、科学体系都会发生相应的持续变化。

3.4.1　智能的形态并不单一，只是我们认识它的方式比较单一

一直以来，人们都习惯性认为人类是拥有与众不同智慧形态的高等生物，和其他生物有本质的差别。但越来越多的研究正在打破这一认知，例如海獭和椰子章鱼也会制造工具为自己所用，鹦鹉能将语言和想法连接，灵长类动物能理解

人类的语言，大鼠也有不错的记忆力。研究结果表明，动物也能够制订计划，能够完成复杂的社会活动。这说明，智能和认知能力也同样是演化的产物，是对环境适应的结果。因为演化的连续性，动物也同样具有能适应环境的智能，这些智能和人类的智能并不是截然不同的。

不同生物的智能现状只是演化程度上的差异，它们同样高效而且有用。这也意味着我们过去对动物的假设出了错，美国国家科学院院士弗兰斯·德·瓦尔的研究可以在这方面给我们更多启发。

智能的演化也不一定只在生物界存在，这只是智能源于生物这一演化路径的起点束缚。生命是基因的自复制和演进，电脑病毒也可以自复制，虽然它还不能自进化。如果存在一种算法，能够用开放式的方法处理信息，能够源源不断产生复杂性，并形成适应性演进，这种算法就在某种意义上形成了"智能"。至于在人类的认知范围之外，是否存在其他形态的智能，我们就不得而知了。

从一般物质到生命，在众多的生物进化路线中，人类以更高的HFL效率优势形成智能演化的正反馈，在"生命大滤波"中脱颖而出。现在，算法智能正在开始以更高的HFL效率超越人类。但是，从初级形态来看，智能和意识是相互分离的，我们还不知道智能的进化与意识的产生是否存在关系。

算法的意志

人类也只是更大的系统算法中的一部分，从大自然的算法到出自人类之手的智能算法。外卖骑手每天有很长的时间是活在由智能配送系统的调度算法精确计算出的世界里，这套系统本质上是求解大规模复杂约束优化问题的在线实时决策算法。为了提升系统的学习效率，模型会在仿真环境中加速反馈和学习。平台由三个部分构成，首先，对各种环境进行仿真，如天气、交通、供需情况等；其次，对骑手行为仿真，比如骑行工具、熟悉程度、配送习惯等；最后，订单分布仿真，考虑不同时间、用户类型、下单意愿等。仿真误差精度可以控制在几个点内。

算法的优化目标是不断缩短时间，2016年，3公里送餐距离的最长时限是1小时，2017年这一标准变为45分钟，2018年这一标准变为38分钟，预计2023年，外卖30分钟内送达率将达到约70%。在时间被限定的情况下，被优化的目标就是骑士的工作负载量，一位骑手最多可同时背着26单，一个配送站的30多位骑手，曾在3小时内消化了1000份订单。还有一位骑手在50万人口的县城跑单，高峰期被分配了16单。为了让系统的运转更加稳定和准确，就产生了严格的奖惩规则，骑手准时率低于98%时一单扣一毛钱；骑手准时率低于97%时，一单扣两毛钱。

同样是在算法的效率优化之下，在沃尔玛高度自动化的仓库里，人也是系统的一部分。每个动作的时间都被SOP精确计算和限定了，自动化系统已经将人和算法结合来优化。一旦算法突破了自我演进的临界点，智能就会从碳基形态切换到硅基形态，以实现更高效率的演化。

人成为API接口，个体化调用

API（Application Programming Interface，应用程序编程界面），即给一项（可以很复杂）服务定义好标准呼叫界面，任何人都可以按此标准呼叫界面来获得稳定可靠的服务，并且无须了解服务的原理。

如果每个人都有自己的API，当我们想和他打交道时，先读取他的API接口说明书，就可以简单、清晰、准确无误地和他做特定的交流和交易。

每个人和这个世界对接、交流和交易，都可以抽象为某种API。如果每件物品都有类似的API，任何人都可以征用使用权，并且还不会侵害物品的产权。在公司架构里，贝索斯顶着反对几乎全体技术开发员工的压力强行在亚马逊内部推广API，他要求全公司严格按照API的标准来访问公司内部的软硬件和数据资源。在Defi的设计（甚至是整个以太坊的底层设计思维）里，严格地遵守了API的设计思维，具有可组合性，可以灵活地相互调用。DAO社区和公司不一样的是，DAO社区基本上没有常驻和正式的员工，即你很难将一个人认定为他可以稳定地为这个DAO社区提供工作服务，API的机制也许可以帮助社区更好地彼此连接和共同运转。

第七物种

凯文·凯利一直在表达的一个核心主张是："技术亦是生命！""现在人类已定义的生命形态仅包括植物、动物、原生生物、真菌、原细菌、真细菌六种，但技术的演化和这六种生命体的演化惊人相似。技术应该是生命的第七种存在方式。"凯文·凯利写道。

这种多领域的突破使人类的演进走出常规意义的自然选择约束，就像人类的身体大量平移了其他生物的有用基因，现在正在成为先进技术演化成果的复合体，来自自身的"人力"和来自外界的"物力"中间的边界，越来越模糊和缺少必要性。吸收和融合外部创新，可以不断增强人类作为一个物种的反馈进化系统。同时，以基因传递为目标、种间竞争、自然选择反馈的机制已经面临失效的挑战，因为技术的升级比自然选择的反馈更快。只要反馈效率不断加速，实现更小、更快的升级周期，就会更接近反馈效率的奇点。

个体诉求和技术增强带来的个体能力的飞跃，尤其是这种能力的不平均获得，将会挑战旧有的秩序，催生新的游戏规则。

3.4.2　第一个转折点：共生

人类从为自己设计"软件"（思想）到为自己设计"软件+硬件"（人机混合），技术可以增强人类与自然和外部生存环境的交互、反馈能力，弥补进化不足。这种共生还体现在人设计算法，算法反过来影响人，人再来调节算法。

从碳基到硅基，被增强的反馈进化系统

如果身体是可以通过组织蛋白质等材料完成自复制，形成有计算能力的硬件，而DNA编码信息就是软件，那么人与技术的混合进化体会加速生命进化吗？

①人机结合增强，赢得进化竞赛的胜利

生态学中有一个"红皇后假说"，即每一种生物都必须以自己最快的速度进化，才能不被淘汰，如果它的进化速度不够快，那么其他生物就有可能找到这种生物的弱点并把它击败。所以在生态之中，一时的强盛算不了什么，只有维持更快的进化速度，才有可能保持优势地位。人体有很强的免疫系统，有各种器官、组织来对抗病菌。对抗的难度在于，病菌的进化速度远远大于人体的进化速度，人类也拿病菌没有办法。在这里，病菌的进化速度大于其他生物，因此即使其他生物都灭绝了，病菌仍然长存。近代以后，人类之所以不怕病菌，是因为人类可以通过更迭科技系统，不断地抗衡病菌的进化速度。但是这也是一个互相竞争的过程，病菌不断进化出新抗药性，而科技也在持续进化。

作为生物学研究与高性能计算的结合成果，2019年，有史以来第一次，科学家们对人体免疫系统进行了全面测序，人体免疫系统比人类基因组大数十亿倍。通过将基因组学、免疫监测技术与机器学习、人工智能融合在一起，这为开发下一代的健康产品奠定了基础。

作为在这一方向上的重要尝试，澳大利亚弗林德斯大学（Flinders University）的科学家们开发出了一种他们称之为"涡轮增压"的流感疫苗。这种疫苗含有一种额外成分，可以刺激人体免疫系统产生比普通疫苗更多的流感病毒抗体，从而使其更有效。该疫苗的首席研究员、澳大利亚弗林德斯大学医学教授尼古拉·彼得罗夫斯基表示，据他所知，这是利用人工智能开发的流感疫苗在2019年首次进入人体试验阶段。

②变革从信息反馈的通道开始

人类大脑与外部世界的反馈一直是提升效率的瓶颈，Neuralink希望可以突破这一点。它的技术建立在学术实验室数十年的BMI（Brain-Machine Interface）研究基础之上，其中包括几项正在进行的临床研究。这些研究中使用的BMI系统只有几百个电极，现在的挑战是扩大它们的数量，同时建立一个安全有效的临床系统，用户可以将其带回家并自行操作。

在将每个电极记录的微小电信号转化为实时神经信息的过程中，由于大脑中的神经信号很小（微伏），Link必须有高性能的信号放大器和数字化仪。此外，随着电极数量的增加，这些原始数字信号变得过多，无法通过低功率设备上传。因此，扩展我们的设备时，需要在芯片上实时识别和表征神经尖峰。Neuralink在Link上的定制芯片满足了这些需求，同时与当前技术相比，从根本上减少了每通道芯片的尺寸和功耗。

神经尖峰包含大量信息，但必须对这些信息进行解码才能使用它来控制计算机。学术实验室设计了计算机算法，通过数百个神经元的活动控制虚拟计算机鼠标，Neuralink的设备将能够连接到一个数量级以上的神经元，并希望使用额外的信息来进行更精确和自然的控制，包括额外的虚拟设备，如键盘和游戏控制器。为了实现这一点，Neuralink正在利用统计和算法设计的最新进展。有一项挑战是设计自适应算法，以保持可靠和稳健的性能，同时随着时间的推移不断改进，包括添加新功能。最终，Neuralink希望这些算法能够在低功耗设备上实时运行。

然而，Neuralink并不一定是最终的方案，因为现在的模式更像是从地表观察地震数据来推测地球内部活动，从外部观察模式推测内部活动，这种模式的效率损失和误差是显而易见的。所以，我们应该有新的更高效的方案。此外，神经系统与外部智能系统的连接需要在人类的主导下才是安全的。总体上，我们还处在探索的初期。

③技术增强，更高的生物反馈效率

根据世界卫生组织的说法，30%的疾病是可以预防的，在预测之前我们需要充足的信号源，让我们来看看这方面的进展。从脉搏血压到肌电、皮肤抵抗力、肌肉张力（EMG）、皮温、血容量、脑电振幅频率等更丰富的生理信号都已经被数字化，我们还可以通过面部阅读器、眼动追踪数据开展情绪分析，甚至进行神经元活动（EEG）分析。借助技术的进步，至少已经有300种生理信号可以被我们有效测量，测量设备包括普通的穿戴设备和智能服装，通过肌电感应控制的义肢等。这将大幅度增强人体和外界的交互和反馈能力，为更多的外部硬件产生提供了基础，为混合生物进化提供了信息接口，在心理、生理健康和教育等领域已经开始加速应用。由可穿戴或可嵌入设备组成的身体感测网络（Body Area Network，BAN）结合无线技术正在医疗、保健、消费类电子等多个领域展开应用。

对于生活中常见的小烦恼，现在也有很多有效的解决方案。例如，容易晕车的朋友可以试试CinvStop，这款可穿戴的止吐仪为解决运动性呕吐、药物（化疗等）性呕吐、妊娠性呕吐以及伴随VR（虚拟现实）等技术出现的VR眩晕呕吐提供了便捷、安全的解决方案。它的工作机制是，首先检测佩戴者的身体信息，如体温、脉搏、皮肤电阻等。然后根据实际情况，电极发出电脉冲。一方面阻断神经传导，从而干扰呕吐反射；另一方面延缓胃蠕动，从而有效降低呕吐频率。在我们可能遇到的很多场景里，现在都有类似的信息采集和针对性的软硬件方案，越来越多地出现在生活的方方面面。

④混合进化的反馈系统

在生物和计算机的跨领域联合研究中，已经有通过人类诱导多能干细胞或采用小鼠初级脑皮层细胞的方式，成功将生物脑细胞神经元移植到特制的硅芯片上，构成简单的体外大脑的案例。

在重新设计碳基反馈系统的时候，很多领域都在取得进展。

- **延展身体**：外骨骼力量、数字生物技术、人造器官、基因工程等；
- **信息反馈**：脑机接口、大数据和深度学习、感应器、多模态交互等。

......

在不同的生物个体之间，最有效的演化模式和最公平的规则就是无法回避的最终消亡。如果技术能帮助人们打破这个平衡，可能会造成极大的不公平，只有少数人能够获得新技术的人将获得生存权的保障。

在数据和技术的快速发展下，无论是碳基还是硅基的智慧文明形态都越来越趋于同质和融合，越是以数据和算法模拟的形式越是能快速进化。如果我们的意识可以被数字化，那么哪一个是我们？生命以在时间中持续变化的状态存在，通过将我们的大脑上传到计算机会不会使我们获得永生？也许复制自己是一个岔路口，而不是生命的延伸，原来的自己和被复制的自己会以不同的演化路径变成两个主体。最终，代表智能的数据和算法的自我演化，越是脱离自然物质依赖，越会更加自主可控。如果出现极点，这是否是智能本身的意志呢？

新反馈机制：从自然选择到社会选择

①自然选择之外的反馈和演化机制

从依赖自然界的生存方式到社会化生存、数字化生存，就像从荒野走向家园和城市文明，生存的意义正在突破原有的空间局限。在新的世界里，"社交资产"等财富新形态的意义也变得可以被量化，粉丝众多的头部达人可以轻松获得财富。来自这些新生存空间的演化和反馈也像人类早期面临的自然选择，同样具有决定性意义，数字化的"我"也会面临新的选择和反馈机制来驱动演化之路。

②社会选择的影响

豆瓣上有一个成员超55万人的"社会性死亡"小组里数以万计人分享了"社会性死亡"事件，成功将"社会性死亡"捧为2020年下半年热门词。大概的意思是，在网络化的数字生存空间里，网络暴力可以产生极大的公众人格迫害性。该词最早出自托马斯·林奇的书《殡葬人手记》，书中有一段对死亡种类的描写：死亡有多重意义。听诊器和脑电波仪测出的，叫"肌体死亡"；以神经末端和分子的活动为基准确定的，叫"代谢死亡"；亲友和邻居所公知的死亡，即"社会性死亡"。

群体性的社会选择对于个体的不对称压力将会挑战个体在"社会空间"里的生存，就像物种在自然界面临的"进化压"，要么灭亡，要么进化。但是，一旦这种社会选择力量被滥用，将会导致非常严重的社会问题。这种力量来自于社会中的个体，也在塑造社会和社会中的个体。

③其他形式"人为选择"的影响

1932年的一篇研究文章指出，非裔美国人（African American，以下简称美国黑人）高血压发病率是白人的两倍，威尔逊和格里姆在1983年提出了"奴隶贸易假说"（Slavery Hypertension Hypothesis），并通过1991年的一篇论文进行了系统表述。数百年前的黑奴贸易提高了高血压的致病基因出现在美国黑人中的概率：三角贸易的中段航程（Middle Passage）环境极端恶劣，美国黑人在被运输的过程中只能获得很少的淡水，在遇到风浪时还会呕吐、腹泻，很多美国黑人因此死亡。活下来的那些美国黑人则往往具有较强的水和盐分的留存能力。

因此，黑奴贸易可能形成了一种对控制盐分留存的基因的极端人工选择，而这些美国黑人的后代则继承了这些基因。体内的盐分常常会引发高血压，在现代的高盐饮食环境下，这些盐分留存能力更强的美国黑人具有更高的引发高血压风险。

密歇根州立大学的卢汉和迪卡罗等人从生理科学视角对此提出质疑。抛开关于这个话题的争论，在大陆之间的大规模迁徙中以特定方式淘汰掉一大批不符合条件的人，这在某种意义上构成了人为选择对生存与演化机制的反馈。不同于自然选择，类似的事件在人类的历史上并不少见，社会反馈共同塑造了今天的人类结构和未来不断进入虚拟世界的人类。

3.4.3   第二个转折点：奇点

从分子到细胞，当系统的复杂度达到一定的临界值，就形成了自我复制能力，那么智能体是否也会有类似的历程？这和人类将自己数字化并以新的机制演化是同理的。当机器和人类的自我改造设计发挥出比自然进化更大的影响力，AI能够设计新的AI算法，那将是质变的临界点。

超越个体的意义

在原始部落时代，知识在社群中靠非正式社交聊天传播和延续，这是超个体的一种存在和生产形式。就像遗传算法发明人约翰·H.霍兰描述的模拟和算法，以高于形式本身的有生命的隐秩序形态存在。真社会性动物的分工和复杂的自发协作模式，就像一种特别的智能形态，一种由简单个体构成的复杂群体智能。从生物和社会的视角来看，在某种超个体的目标、信仰或机制的驱动之下，智能最终脱离碳基形态，成为一个独立的系统。

目前，多数科学家们预言在2045年左右（但我个人认为还需要更长时间），会有两种途径达到技术奇点（Technology

Singularity）。一种途径是通过硬件性能的不断提升，类似于摩尔定律。以简单规则演化复杂系统，这需要极大的算力支撑。以算力驱动智能的想法是基于一种对于计算速度带来变革的假设。而我更倾向于算力可能会驱动另一种智能变革，即无论是人脑还是预训练大模型的节点和连接数量，网络结构的规模增长可以在简单的机制下涌现更加复杂的智能。在这种情况下，算力就成为主要推动力，但是这也需要和其他方法结合才能发挥作用，例如智能体主动交互与学习的机制；这里就谈到了另一种途径——软件途径，即智能爆炸，比较典型的例子是"哥德尔机"。哥德尔机包括两个部分，一个是通用搜索器（相当于内嵌的模拟机器），另一个是求解器（相当于执行系统）。在这样的装置下，哥德尔机可以通过在模拟器上搜索来寻找让自己不断优化的方案。我们只需要将搜索到的虚拟代码装载到实际的执行系统上，那么哥德尔机就可以不断地修改自己的代码并自我提升。由于哥德尔机具备不断通过外部搜索改善代码的能力，因此有人认为一旦它被制造出来就会引发所谓的"智能爆炸"。智能爆炸就是指，这个智能系统可以通过不断地提高自己的能力而提高，这个过程会越来越快地循环，从而很快超过人类的智能。一旦达到了这样的智能，哥德尔机可以自主提出创造性的假设，自己就可以设计新的哥德尔机，从而让整个智能过程加速，这就导致了智能爆炸。

由于软件设计上的革命性进展更加不可预期，也无法被人类控制，因此更多人认为智能爆炸会更有可能突破技术奇点，但类脑智能的模式突破同样有很多人期待。理论上，哥德尔机可以通过搜索外部可能性优化模型假设和代码，并基于反馈不断地重复这一过程，实现加速进化并突破奇点。不过，到目前为止还没有真正实现。计算、计算机、智能，这三个概念并不完全重合，有生命的大脑也不等同于智能，也许只是更高级的表达形式。总之，我们对智能的认知目前还比较有限。

很多人也在畅想智能最终会发展为星际文明。人是否可以进入平行宇宙的问题，也许有另外一个解法，就是模拟各种平行宇宙，之后将自己喜欢的平行宇宙中模拟的个人主体数据接入现实世界中的主体大脑。其实算法也可以这么做，算法也许可以从客观世界学习一套软件，模拟世界的运行，并变成自己想要的状态。

人们通常对AI和外星文明心怀恐惧，也许这是合理的。但从另一个角度来看，只要已经到达超越人类现状的高度文明阶段，我更加相信这种文明应该懂得使用"爱"的力量。

超越可解释性的新智能

算法理解和优化世界的方式和人类只有25瓦功率的大脑不同，这会导致未来会有越来越多算法生成的知识对于人类是不可解释的，却能够在技术的世界高效运行。这种趋势可能是不可逆转的，剩下的原则可能是实用性，我们可能需要习惯于有用但不可解释的机器智能。这需要新的有效性校验机制，而不是用人类的可解释性来校验。就像科学家也没办法向坐在高铁上的小朋友解释清楚电机工作的原理。这时候我们需要的是一套科学的新校验系统确认它的可靠性，而不是非要人类理解。

第4章
反馈效应和可持续商业

在需求和资源的复杂动态中，商业追求最高效的要素组织。以往，我们通过竞争和试错完成这一过程。未来，我们将通过高度数字化的反馈流，令算法快速、自主地学习和进化，实现时间和空间上的更优配置，以及更高效的创新。

4.1 不确定性的化解之道

降低不确定性是人类创造熵减、维持生命与群体秩序的基础，也是创造价值最基本的规律。虽然每个人都喜欢确定性，但确定性之下没有创造价值的空间。

4.1.1 更加不确定的商业

信息领域等近代科学的进展，使世界正在从不同层面越来越紧密地、不可逆地连结在一起，在人和人群的复杂交互和反馈作用下，商业世界会趋向更加复杂多变。这来自于越来越充分的连接使可能性的交叉点呈指数级上升，这来自在信息更加充分的市场里，面对被快速满足和更快变化的需求，规模效应、差异化战略都在更短的时间窗口下快速失效，持续创新成为生存和获得商业溢价的主要方式。每个人都在追求创新指数级加速，并且通过交互传递和强化。

我们不能再用静态的、确定性的逻辑推理和演绎去理解这个世界。因为，不同参与者的预期都会对动态信息进行处理和应变，参与者会调整策略并做出新的反馈，就像测不准原理，让确定性的理性规则失效。

4.1.2　被低估的不确定性

我们知道认知的固有局限，例如，人的认知模式更习惯于钟形平均概率分布的统计。我们知道认知的过程充分噪声，例如，叙述性、证实性偏差和幸存者偏差会加剧问题。然而，不确定性总是给我们带来新麻烦，这就说明我们还没有充分认识问题。我们也知道，在与不确定性持续抗争的当代社会，人们也积累了新的经验，例如，冗余的储备和去中心化的结构可以提升抗打击的能力，采用塔勒布推荐的杠铃策略可以在不确定性中增强获利能力。但是，这一切并未从根本上解决问题，因为我们还没有从根本上认同不确定性并以此为基础来建构我们的世界。我们需要基于HFL机制而非固化的规则，使用模拟的方法而非单纯预测，基于不确定性的客观存在，来重新确立我们处理问题的方法。

4.1.3　打破平衡就会产生新秩序

事实上，世界上没有孤立的系统，也没有系统处于完美的有序状态，系统可以很接近有序——只要等得够久，要多接近就有多接近——但永远达不到所谓完美的有序。这就像生物系统在开放中形成短暂秩序，却很难以确定性预测。

失衡是建立新秩序的起点，来自具有额外能量来源和非互易相互作用的非平衡系统。例如，细胞有ATP、汽车有汽油。芝加哥大学的凝聚态物理理论家文森佐·维泰利说："想象两个粒子A与B，其中A对B的作用方式和B对A的作用方式不同。"这种非互易关系（Nonreciprocal Relationships）表现在神经元网络、流体粒子等系统中，甚至在更大范围内表现在社会群体中，如捕猎者吃猎物，但猎物不吃它的捕猎者。

放大失衡，形成新秩序的是正反馈作用。在开放的环境中，外部的热传递、化学能等形式都可以打破平衡态，非对称性触发演变，分岔在正反馈的作用下产生相变，秩序产生。远离平衡态的系统，其中最直接的例子就是生命。我们的新陈代谢把物质转化为能量，使生命远离平衡态，而处于平衡态的人体就是一具尸体。我们是宇宙中有秩序的生物，而有太多的证据显示，宇宙起始于一个没有秩序可言的状态。

这背后是，通过与外界交换物质和能量，系统可以从外界获取负熵用来抵消自身熵的增加，并在外界的作用下离开平衡态，突破简单的线性叠加，随机涨落被无限放大，新的性质和秩序就会涌现出来，确定性就会出现。

回到商业世界开放交换的生态系统，不确定性中的"失衡"是发展的原动力。这经常体现为需求和供给之间的不匹配，以及新技术与落后产能的差距，所有的商业努力都可以理解为发现和放大这种"差"带来的势能，并基于此演化出新的市场结构，形成新的市场秩序，这种动态的秩序就是确定性。只是这种开放交换如今体现为数字化的反馈流，从中学习的效率成为商业战略的核心。而且，越是高价值的机会越是出现在高度不确定性的商业环境中。

基于反馈运转

对于从根本上化解不确定性的问题，我们可以基于内生能力主动建立内外部新平衡，推动可预测的新秩序，抵消不确定性的干扰。例如，新电商平台的强大网络效应创新地解决了供需两侧的不平衡，这种支撑秩序的势能就可以抵消假货、快递丢失等诸多不确定性问题，使其保持加速成长。再例如，大脑利用反馈来帮助我们把注意力集中在某些感知上，而不是排斥其他感知，这和深度学习里极其重要的注意力机制如出一辙。本质上，我们是在强化确定性，而不是从根本上消除不确定性。

4.1.4　认知层面的不确定性

不确定性一方面是世界的运行状态，另一方面是我们对世界的认知状态。对于后一类不确定性，可以基于被动建立可靠的主动性，最重要的是要基于反馈系统工作，基于HFL工作。基于同步现实世界的数字化仿真能力，在反馈系统中以模拟和仿真测试代替预测，以强大的模拟演化代替规划，从而测试假设，加速学习，就是在数字化时代化解不确定性，应对复杂系统的根本方式。当然，这一前提是要有基于反馈流数据不断进化的数字化反馈系统，基于反馈的进化可能是唯一可靠的方式。

4.2   反馈流和新商业

我们在高不确定性的商业环境里想要持续抓住增长的机会，就需要克制自己对"控制和设计"的冲动，让想法止于假设，把战略交还给反馈机制。缺少反馈数据，看不清未来，在低速增长的存量市场里竞争和博弈会成为主流，旧商业模式要么追求规模领先，要么追求差异。然而，在今天，凡是静态的东西都不能被称为壁垒，动态世界里也不存在真正意义的差异化。追求差异是存量和特定条件下的权宜之计，快速的趋同进化使创新带来的差异变成了基于时间差的优势，在反馈数据中持续学习和创新的能力是数字化时代的动态差异化能力。在快速变化的环境里，规模效应的有效期也在变短。从存量与博弈，到反馈与创新，新的生产力条件和基础矛盾，正在重新定义创造价值的方式。

如果说旧的商业模式是缺少数字化反馈的不全量、不准确、不精细、不及时、不连续的商业模式，那么，数字化时代的数据反馈流将改变这一切。

4.2.1   反馈流，创造价值的新引擎

数据本身没有意义，以基于假设的反馈和修正推动自进化才有价值，数字化反馈流是这个时代最慷慨的红利。智能

商业已经从连接和匹配，发展到了通过数字化反馈来优化价值网络和价值创造的阶段，这些数据可能来自我们的用户、合作伙伴、机器等分布在世界各处的相关信息来源。以往的策略升级需要等到测试结束，策略完全失败后，才能找到新的启示，而数字化变革会带来大规模、全样本、全场景、全过程实时连续的反馈流，以越来越接近无限小的预测周期循环，并具备更加强的预测性信号识别能力。再结合与现实世界同步演化的模拟引擎，以及能够处理海量数据的自学习算法，业务策略就能够保持时刻在自学习和进化。传统的商业只有完成数字化，建立由反馈流数据驱动的业务架构，才能实现高效的自我复制和在反馈中的高速自我进化。

例如，特斯拉并没有把自动驾驶的未来完全寄托于内部研发中心，而是通过百万辆跑在不同驾驶环境、不同道路上的特斯拉车载传感器自学习，在利用车主的驾驶行为反馈修正偏差，实时进化。反馈流的连续性和极大的长尾场景覆盖能力，可能是AI战胜开放性挑战的最好方式。

例如，奈飞基于用户行为数据在线反馈的分析效率超越了用户评价反馈效率，实现从个性化内容分发到数据驱动品位和情感量化评估、内容创作的完整反馈循环，而不是依靠某个聪明的工程师预先写好的推荐列表和某位编剧的纯粹个人灵感。还有TikTok、SHEIN、Stichftx，它们只是把不同的东西装进了类似的反馈数据驱动系统，再加入有自学习能力的算法。

例如，谷歌、DeepMind、OpenAI等研究机构在AI算法反馈机制上的创新在不断推动智能发展。从反向传播反馈到强化学习的反馈奖励机制、对抗生成的反馈机制和前馈机制。本质上，这是反馈机制的不断创新增强了算法的自学习能力，再加上并行计算模式，使反馈流数据的处理效率有了质的飞跃，从而带来诸如ChatGPT、LaMDA、Diffusion Model的发展。

例如，阿里巴巴特别强调的客户服务体系。如果没有高效的反馈就无法支撑复杂的网络生态秩序，阿里巴巴作为平台电商的早期推动者，从支付宝建立的信用反馈，到阿里巴巴的CCO建立了用户服务满意度反馈，这都是在合适的时间建立了合适的反馈体系。

反馈流是基于"假设"有目的地获取实践反馈数据的过程，本质上是"PairWise"的结构化数据，更重要的是，它可以持续地更新和循环。相对于传统的静态抽样数据样本，实时、全样本的反馈流序列的完整性可以提升系统发现问题的能力，连续变化性的上下文关系含有丰富的信息量（包括因果推理），使自监督等自学习算法具备了应用条件。跳出大型公司的成功个例，反馈的价值在更广泛的领域表现出更多共性。

- **反馈关系是创新的来源**。持续关注并借助种子用户以及社区的力量，从而成功找到创新机会，并获得核心用户狂热拥戴的品牌已经有很多。例如Lululemon、小红书、超级猩猩，它们都把获取高质量的反馈作为起点，与用户共同定义和拥有产品（就像蚁群的味道由蚂蚁们共同定义），从中找到业务成长方向的关键启示。
- **反馈数据让世界以更合理的方式运转**。还有基于Apple

Watch等穿戴设备的个人健康管理应用，持续采集用户的丰富数据来优化并实现更健康的生活方式。如果能够定义最合理的个人健康模式，那么就可以重新整合围绕健康生活的消费，不同的品类和场景都可以被数据反馈更好地组织在一起，服务目标。这同样适用于任何可以被数字化的事物。

- **反馈效率是进化优势。**内容社区的用户反馈使好内容被更多人看到，Reddit的反馈效率优势体现在产品反馈功能的独特创新上，当时，一般的社区产品只有正面评价功能，而Reddit不但有正向反馈的互动按钮，还有负向反馈的互动按钮，双重反馈实现了对排序优化策略的加速。此外，如果我们引入自学习算法，就可以对反馈信息进行自动化分类，可以更高效地获得结构化洞察。

- **反馈数据定义算法。**从某种角度而言，数据是知识的载体，学习的全部意义来源于此。数据的信息质量是关键，数据结构和特征同时决定了算法以什么样的机制去建立假设和反馈的高效循环。

借助海量反馈数据和算法的自学习能力让规则快速自我完善，谁能创造更高的反馈效率谁就是创新的领先者。即时应用、即时反馈、即时更新，业务价值将持续在实时的反馈流中自发生长。

做什么事情不重要，有没有反馈更重要：反馈流数据的建立

即使我们从来没在网络上写过文章，只要文章后面有了反馈评论，我们就有了发展的方向。对于一项新业务，起点

在哪里不重要，重要的是有强大的反馈系统帮助我们在最有希望的方向上投入优化的力量。我们经常听到"大公司数据多，开展AI更有优势"这类观点。事实上，真正有意义的数据不是已经存储好的数据，是有了假设之后，进行了针对性的测试之后的反馈数据，需要快速、大规模、精确、连续的针对性反馈。

反馈通常是我们用"量"的方式去推测世界"质"的过程，前者是我们确定可以控制的方法，后者是不确定但可以不断逼近的真相。只有精确量化才能形成共识和关系：表征、分类、分解、因果等。我们的起点是，先基于已知信息做关系假设，再用反馈验证，再走向新的假设起点，事实上这是一条没有终点的路。越是精确的预测越需要更多数据和更复杂的推理，例如，因果关系通常只能用于社会学做群体概率推测，很难在个体的层面上做确定性的判断。

简单、低门槛、放大规模：从评分到点赞，到点击播放

对于"To C"类业务，数据的生成过程就是用户的使用过程。产品和交互设计要用对于用户决策和行为尽可能低能耗的自然行为方式来收集尽可能多的反馈数据。就像在草堆中找到一根针，这些数据指标应该穿透含混的无序数据，意义单纯而明确。

到2017年，奈飞收集了超过50亿的星级评分。但在过去的10年里，奈飞推广了一种不同的评分系统：用"拇指向上和向下"的形式代替了"五星打分制"。第一个好处是去掉了用户评价的模糊区，让算法学习更高效。

到2017年，奈飞已经向全球超过20亿用户推广了这个简单的手势。找到哪种方法可以激发用户提供更多的数据的方法很简单：针对"竖起大拇指的系统"和"五星级系统"的A/B测试。反馈是：更简单的拇指系统收集了两倍的评分。当我们要求用户在三、四或五颗星之间选择时，这会强迫用户想太多。和五颗星的选择相比，二选一更容易，点击大拇指向上或向下要容易得多。在这里，简单就是王牌。还有一个好处是，这样一来，不仅用户更喜欢反馈，反馈的人也增加了，反馈数据量的增长使机器学习的结果更准确。

其次，奈飞还关闭了基于复杂文本交互模式的用户评论区，用户不能在奈飞上写影评。用户便捷的在线视频消费和交互行为和实时的算法推荐反馈，优于基于长文本阅读和书写的传统反馈方式。简化的终点是终极个性化，想象一下，当我们打开电视时，奈飞会神奇地自动播放自己喜爱的电影。

低门槛的意义体现在很多案例中，五笔输入法本来有更严谨的文字表征体系，但过于复杂难学。简单但编码低效且不精确的拼音输入法更易学，大规模的应用和使用行为数据反馈，使这种输入法很快成为主流的中文输入法，因为有强大的反馈数据在加速优化。而曾经强大的五笔输入法，已经很少有更新服务。

产、销、用闭环数据，实时反馈，多环节同步调整

"To B"的业务场景生产要素复杂度要高很多，除了与之伴随的高维数据，几乎每台机器都有自己的特异性，且对安全性要求更高。所以，短期内还无法完全以数据驱动的方

式来解决问题，更多需要结合包含了行业领域知识的机理数据，才能有效解决问题，尝试"数据+知识+执行"的初步闭环优化。从长期来看，则需要以仿真和模拟的方式从根本上解决问题。工业场景对于数据的要求，需要全工况、高频、多维，才能让算法尽可能地拟合业务运行的内在机制。对于工业AI来说，大数据并非需要绝对得"大"，重点在于包含特殊情况时的全工况数据才是有效数据，只有这种数据可用来学习低频但会导致关键问题的数据。因此，工业界应用的大数据常被称为"Big Small Data"，完整性是其中的关键。

在生产一件产品的全生命周期引入大规模的数据应用，首先要看数据还原现实业务关键环节的充分程度。在华为的陶景文先生看来，数据要从一个产品的设计态、制造态、运行态三个维度出发才能完成全量、全要素、实时地采集和连接。针对手机业务，会先采集手机的设计态数据，包括手机器件的尺寸，手机物料是由哪些供应商提供的，手机的设计功率和性能数据等。设计态之后是制造态，比如手机是在哪条产线上生产的，产线的管理员是谁，组装时具体用了哪些物料等。最后是运行态数据，包括手机在使用过程中的稳定性怎么样，开机时间是多久，手机的发热情况和卡顿情况等。

其实，我们也许还可以增加第四个维度——应用态。应用才是反馈最重要的来源，用户会经常使用哪些应用程序，以什么样的行为模式和习惯去使用手机，比如充电、连续使用时间等，以便指导设计和定义产品。更进一步，我们也许可以增加第五态，加入与上下游协作方的人和机器的实时连接、自动反馈。这个反馈驱动的业务网络是全员可参与的，不但能够预测故障指引维修，支持机器对机器的自动连接与反馈，还能在上下游共享数据，以全局视角优化生产计划。

提前预测、过程监测、优化和决策，是数据在业务全周期提供的完整职能支持。预测可以为各环节提供一致的确定性资源配置指导，并以统一的步调根据实时反馈将动态调整的预测再次传递到各个环节，包括产业链的上下游协作方。自动化感知技术可以实时在过程中发现意外问题以及与预测的偏差，并及时通知相关方调整方案。基于预测和过程反馈，算法会自动给出优化方案，支持决策。

建立了实时反馈系统后，最终会实现什么样的效果？华为的陶景文先生以华为手机的制造过程为例做了生动的描述。一旦华为手机的任何一个元器件有问题，都能定位到这个元器件有多少，装在手机的哪个位置，装了这个元器件的手机被送到了哪些用户手里，都有哪些员工经手过，甚至可以反向追溯元器件的问题，出问题的元器件来自哪个供应商，是哪个批次的产品，之前有没有出现过类似的情况等。

在成为数据反馈驱动的"智能体"之前，除了生产环节的数据采集，还可以包含用户反馈、订单反馈、内部管理反馈等来自不同"神经系统"，涉及人、财、物的多重反馈，不断被整合的数据可以帮助我们从更全面的角度获得洞察和优化方案。

仿真/模拟，终极的反馈数据来源

探索新的可能性和未知条件下的情况，就需要模拟得到反馈数据。我们可以想象，真实使用手机时难免出现的意外掉落情况。也许是掉在水泥地面上了，也可能是掉在木质地板上了，手机屏幕先着地还是边缘先着地，掉落高度是多少，场景非常多。综合一下，华为手机团队将这些情况拆分为11个维度和3000多个测试用例，如果用机械臂测试，效率很低，成本也高。仿真模拟工具已经可以很好地仿真跌落行为，从做第一次跌落试验，到拿到所有的跌落仿真结果，只需要8个小时，在节省成本的同时极大地加快了手机研发速度。

贯穿不同的环节，丰富的数据可以抽象整个世界。但是，数据还并不能替代人类的感受和同理心，算法还不能用数据完全还原真实的人，我们需要在处理数据的时候，灵活地使用人类的洞察力和感受力。

反馈流数据的基本原则

面向"To C"类业务的反馈数据要遵循以下两点：

单纯性原则，复合信号会导致算法理解效率下降。

简化应用参与门槛，刺激使用量，追求少数关键指标的规模化反馈。

来自人的定性反馈要特别注意有效性，这可能对计算的质量产生根本性影响。

面向"To B"类业务的反馈数据需要具备以下特点：

连续性的数据才包含例如机器故障发生时段的高价值

数据。

全面收集数据才能获得导致风险的长尾场景数据，这往往需要规模化、分布式的数据反馈生态。

开源开放，成为行业标准，这可以最大化反馈规模。

生成方法可以利用组合推理、Mask等方式拓展数据规模。

模拟的方式可以在复杂问题优化与预测方面发挥重要作用。

无论是哪种业务类型，在建设有效的反馈流之前，都要提前注意：

开放性：追求实时、双向的内外部全连接的数据交换和反馈能力，追求最大程度的业务数字化和充分流通。

应用性：实践是反馈数据有意义的基础，业务实践就是数据，数据就是业务实践。数据和业务应该深度一体化融合，而不是前者描述后者。

基于反馈数据，通过反馈机制，最大化对现实世界的深入表征能力是一切的基础。例如，Transformer的反馈机制是基于全连接和Mask反事实技巧的，全局连接的前馈网络实现远距离丰富特征的强大抽取能力和并行计算效率，相对其他算法能够最大化对数据中潜在关系的捕获和表征能力，并能够以更快的速度探索更大的空间，这也是GPT-4等大模型在规模化应用中表现惊艳的内核。再例如，越是开放，越是规则约束少的网络，越是具备创造性的高层次发现能力。

数据的标准化先行，避免产生不可用、不兼容的数据。开始行动之前就要以容易建立数字化反馈的方式开展工作，不同业务、不同时期、不同系统可能会产生不同标准的数据，这需要前瞻规划。

主动获取反馈，基于业务假设有目标地收集反馈，否则极易被淹没。就像在电商大规模促销期间，如果我们不能以用户视角建立全链路体验关注目标，并基于此主动采集反馈，就不能及时发现问题。

自动化处理技术应用，加速反馈效率。自动化的RPA等工具可以在某些环节高效地取代人，提升速度的同时降低人为失误的风险。

知识化工程，可以通过知识图谱形成领域内的积累。机理数据等领域知识是反馈数据转化为智能必不可少的环节，并可以迁移复用。

共享原则，最大化发挥数据的可复用性，可以加速应用、加速反馈、加速学习。这需要在合规和解决收益分配机制的前提下进行才能够持续。

基于贡献衡量价值，设计激励机制，是数据价值充分流通的基础。形成市场化驱动的数据生产要素价值流通，才能将数据这个关键生产要素的潜力释放。

人的洞察还无法被数据替代，越是不明确的需求越是蕴藏着关于创新的洞察，越需要人的同理心。

安全与隐私、合规是数据可获取的前提，需要在业务设计之初被充分评估，优先考虑。

在正确地使用数据之前，需要建立合理的数据观

①速度决定价值

如果反馈的速度不够快，就不能反映当下的现实。例

如，反馈数据传递需求的速度如果不够快，当供给进入市场的时候需求就已经变化了。而数字化反馈变革的价值正在于此，通过改变HFL速度来改变世界。

②完整的代表性

互联网时代强调低成本快速迭代，是服务于以"测"为核心的模式。而智能的数字化时代以"学"（智能的自学习）为核心，更加强调算法学习数据的完整性、连续性。限制AI广泛普及的一个关键障碍，就是长尾应用场景的数据获取能力极其有限，这正是AI在应用中失效的主要来源。完整性还体现在全时段的业务数据，这样才能包含关键的、少量的出现问题的环节数据。只有全场景的、完整的数据才能客观、全面地形成准确的知识系统。从时间的角度来看，反馈驱动的智能学习能力也需要全周期的贯穿业务的运转，以获得完整性和自洽。

③客户不代表一切

能够重塑市场格局，正在快速成长的新机会一定不来自现有客户，因为他们的要求更多是延伸自之前的服务。客户第一，但现有客户并不唯一。需求固然重要，但长期而言，改变世界的依然是供给和技术带来的变革。

④负向反馈的重要性

抖音对商家推出CCR指标来度量其订单中消费者负面反馈的比例，这对生态的稳定性起到了重要作用。很多产品没有负面体验反馈的便捷方式，这样的产品通常在App Store会得到比较低的用户评价分数。每个面向用户的业务都需要给用户一个便捷的、充分表达不满的渠道，这对业务的优化非常重要。如果用户积累的不满只能通过外部渠道表达，那么用户很有可能会弃用这个产品。

微信团队为了提升推荐系统的准确率，综合使用用户的隐式正反馈（点击行为）、隐式负反馈（曝光但未点击的行为）以及显式负反馈（点击不感兴趣按钮行为）等信息，模型性能与Baseline相比取得显著提升。例如，除了周转率大幅下降、大量用户投诉等显而易见的负向反馈，还有很多微小的负向反馈信号值得挖掘。

⑤比数据更重要的是数据之间的关系

就现状而言，通常大数据是关于机器的，而小数据是关于人的，因为人类行为的80%是无意识的，这需要更好的小数据洞察。小数据往往缺乏概括性、数据不平衡、优化难度大，但可以使用集成技术，即选择假设的集合（集成）并将它们的预测组合成最终预测，进行数据增强，例如Bagging和Boosting。小数据分析的更多潜力在于更高的样本精确性，可以从中挖掘尽可能多的潜在关系和信息，而不是分散使用。

⑥大数据与小数据

在同一个领域，我们可以积累大规模的共性大数据，从中发现规律和知识。而将知识应用在具体的个体上时，对个体小数据的充分理解才是共性大数据可以发挥价值的前提。应用好小数据才能精确地、个性化地解决问题，就像在医疗领域，医生代表的是大数据和共性知识，患者则代表个体小数据，因为患者最了解自己的身体。但是，小数据的问题在于个体的偏见性，就像我们在做医疗决策的时候，需要对抗自己的医疗偏好，有的人保守，有的人可能会极端地追求过度治疗。我们可以基于现有数据和反馈，即刻着手优化。

⑦概率与现实

回顾过去发生的事情，人们通常会计算精确的概率，并确信一些事情的发生是必然的，但是向前看的时候却又充满偶然性。在宏观尺度上，我们可以统计出比较精确的概率，而在个体和微观的真实场景里只有发生与不发生，即便是极低概率的事件发生了，那么一切的假设也是等于零。所以，我们要对每种情况有所准备，合理分配预期。黑天鹅事件本质上也没有什么特别，只是我们过于相信大概率事件，而低估了现实的运行方式。

反馈流的机制优化

除了针对数据本身的工作，数据运转的机制同样是反馈流的关键，这可以帮助HFL的循环效率加速。

更短的反馈链条、更快的反馈速度、更简单的反馈结构是效率的基础。

各环节统一设计的反馈机制可为整体效率充分加速。

阻力和成本最小化，在组织、人、流程等方面降低消耗。

积累可重复的知识，才能让每一次新的循环真正实现持续加速。

通过前反馈的预见性提升效率。

我们对以上原则都进行过展开讨论，在这里只是做简单总结。

除了前面的介绍，建立完整的数据反馈循环来实现智能体的自学习进化，还需要考虑更多的具体应用环节。例如，使用什么样的端到端算法提升数据流转化为知识的效率，如何通过大模型和小模型的云与端侧配合来提升数据处理的质量，这些环节都在从大规模反馈流数据到算法训练、推理，再到新的反馈流数据的完整循环中起到决定性作用。

4.2.2　基于反馈流的时代创新者

特斯拉的"影子模式"如何通过反馈循环加速进化

特斯拉在2019年4月23日的自动驾驶日展示了一项测试技术，是它之前曾暗示但未明确描述的算法自学习技术，即"影子模式"。成千上万的客户正在付费驾驶它们的汽车，并在不知不觉中进行了这项测试。而这种应用和测试结合的模式是常态而非短期的测试行为，会伴随使用的全周期。

特斯拉的"影子模式"是在其全自动驾驶硬件的第二个芯片组上运行的软件副本，会在特定的场景以特定的方式在后台完成学习和更新。副本从传感器接收数据，并做出驾驶决定。虽然这些决定不会以任何方式控制汽车，但会与驾驶员或旧版软件的决定进行比较。如果有一个决定——新软件决定在旧软件正常转弯的地方急转，或者当驾驶员踩刹车时新软件会保持前进，这些偏差的反馈就是算法进步的来源。

这种方法可以使特斯拉进行真实世界的模拟测试，以便收集数据并将其反馈给自动驾驶控制策略的训练系统。特斯拉能够从超过100万辆汽车中收集数据，以便更快地改进系统。"影子模式"只是特斯拉使用反馈循环的一部分。

但这个优势仅适用于少数公司，运营拥有自动驾驶传感器的大型车队的公司，目前可能只有特斯拉。另外，Uber和Lyft可以要求司机在他们的汽车上添加传感器包，以进行影子驾驶。这两家公司正在积累大量的测试里程。英特尔的Mobileye也在数百万辆汽车中安装了它的设备。

人工智能驾驶策略需要海量样本，特别是在开放世界里驾驶需要覆盖的长尾场景样本更难获得。而特斯拉的数据反馈模式可以在这方面为自己建立独特的优势。在新的版本里，模型训练中一切可以共享的数据都共享了，以减少不必要的计算开销，更重要的是加速学习。大数据反馈为智能化提供了条件，这也是竞争的焦点。

迪士尼到奈飞的变化

2005年，奈飞新任产品副总裁加入公司的时候询问CEO里德·哈斯廷斯，公司希望自己去努力实现的方向是什么，他的回答是："消费科学。"他解释说："像史蒂夫·乔布斯这样的领导者对风格和用户需求有一种感觉，但我没有。我们需要消费科学来实现这一目标。"

里德的愿望是让奈飞团队通过科学流程发现令用户满意的东西。我们将通过现有的定量数据、定性和调查形成假设，然后对这些想法进行A/B测试，看看什么是有效的。他的愿景是，奈飞的产品领导者将通过从数千个实验中学习来发展非凡的用户洞察力。

聚焦于用户	痴迷于用户
倾听用户的需求	通过消费科学测试和学习
理解用户当前的渴望和需求	激发和满足超越用户预期的需求
以用户的满意度为先	持续地愉悦用户
提供比竞争对手更好的产品	探索前沿，超越竞争
在满意度和利润之间顾此失彼	愉悦的用户支付更多的利润

互联网最终会出现在媒体业务的各个领域，没有企业有护城河。奈飞占据了全球原创流媒体内容消费一半的份额，并试图通过垂直化，模仿迪士尼擅长的IP能力沉淀。娱乐业就是在不断陷入模仿和复制的周期性漩涡。但是被永远改变的就是数字化的反馈能力。

和手握众人熟知的大IP的迪士尼不同，奈飞大多投资的是还未成型的IP内容，与早期风险投资一样，具有很大的不确定性，但是比起风险投资，奈飞的投资回报更高，而且在大数据指引下，奈飞的每一次投资都会比上一次成功率更高。这家流媒体巨头的原创内容成功率高达93%。一般的电视节目只有35%的成功率，对于反馈数据的使用带来了不同的成功率。

迪士尼创造了基于人类伟大灵感的IP创作产业模式，而奈飞基于数据反馈的生产线正在改变游戏规则。奈飞雇用了一群设计师、数据科学家和产品专家来创建一个引擎，该引擎可以精确分析订阅者如何点击、观看、搜索、播放和暂停，然后使用这些数据来微调推荐并创造极致的个性化体验。奈飞已经确定了2000多个"品味社区"，即拥有相同内容偏好的人群。正是这些配置文件产生了我们在奈飞上看到的内容。同时，也正是这种对个性化的承诺让用户保持参与感、满意度并持续获得更多个人化体验，覆盖从内容设计开发到个性化的展示和推广的每一个细节。

用户开放的兴趣和国内长视频平台狭窄第一方供给的矛盾，以及缺少想象力的个性化界面，导致国内长视频内容模式没有在最关键的内容创作环节做出创新，在内容生态中的位置存在很多问题。相信它们认真考虑过学习奈飞，但从结果来看，它们并没有成功找到有自身特点的反馈系统，以此更高效地了解用户的兴趣，进一步组织内容和生产内容。而且，这个反馈系统要和业务系统充分结合，不能全部依靠数据来解决所有问题。

没有测量就不可优化，本质是没有反馈就不可优化

在数据反馈中探索可能性的假设，再通过测试和反馈得到高概率的答案，我们只要有充足的数据反馈度量偏差，无论是使用偏微分方程还是启发式搜索、贝叶斯模型，都可以为不同的问题收敛到高概率的选项。前提是业务系统的数字化、特征化、非标准化服务的标准化，这个过程也是由算法自动定义的过程，由算法建立更精确的业务体系抽象表征和测量能力，使之可以通过数字化的方式形成大规模的实时反馈。

2011年，我离开淘宝无线业务的时候，有一件事让我印象

深刻：搜索对于用户成交的引导比例极高。同时我也发现了一个问题，即有限的搜索关键词表达能力和个性化需求的无尽可能性之间的矛盾。所以我写了一个算法解决这个问题，后来也获得了发明专利授权。简单的思路是，用户的兴趣点基本在评论或社交媒体的相关讨论中，只要积累条数超过百条，基于简单的统计算法就可以有效挖掘用户兴趣，形成知识图谱。同时，这些兴趣点和不同产品之间的关联性也可以通过用户的反馈逐步被学习。这就使机械的产品型号由筛选式的搜索变成了极其个性化的体验，用户可以搜静音的加湿器、穿墙效果好的路由器，将非标准化的需求结构化为标准化的需求匹配框架。而在这个个性化学习过程中，用户的每一次反馈都在修正这个模型，算法是在用户的反馈中学习到用户的兴趣，从而完成了这项优化工作。

反馈流驱动新商业，从机会到能力的重新定义

在工业经济及更早的时期，战略思想更加倾向于存量条件下的博弈，通常会在两个层面展开，面向外部市场空间的竞争有五力模型等，面向用户心智空间有定位理论等。当然，博弈也会包含合作关系。而在互联网世界，创新和捕捉机遇时间窗口的速度是竞争焦点，市场的边界也变得模糊。精益创业、快速迭代、最小可用产品MVP是这个时期的战略思想，强调共生的生态关系。今天的数字化和智能化条件下的战略应该是基于开源和共享精神的实时学习策略，后面我们会对此展开讨论。

在机会的定义方面，新旧公司主要的区别在于，是通过开放性、动态性、反馈驱动创新和增长，还是由计划性驱动

面向存量的竞争。例如，EV Connect捕捉了新能源的增量需求，Calm面向正在上升的冥想新生活方式。抛开这些面向全新机会的公司，成熟的大型公司保持着成长思维和学习新机会的动态适应性，在长周期发展中也将受益。例如，英伟达从显卡到AI的转型，在同一领域，AMD也重新焕发生机。更不用说始于线上零售的亚马逊，在云计算领域同样延续了以高固定成本投入建立成本/价格优势的先入者模型，微软也从游戏行业获得自己最大的那部分收入来源。相对而言，在整体平缓甚至下滑的存量市场通过竞争获得份额，将更有可能陷入价格竞争的泥潭。在变化的环境中，以创新速度捕捉增量的战略并不总能成功，就像市场经济也没有出现完美的均衡态，但这个机制总是能无限地、动态地趋近那个点，那个对我们有利的点，在市场格局中使我们处于优势位置的点。

还有一个重要的区别是在能力方面，对数据的使用深度。有一些公司正在试图通过基于数据反馈的创新能力改变行业。全球知名建设设计公司HOK的设计技术总监Greg Schleusner说："我们真正想要的是一个反馈循环，而我们如今根本做不到。"他表示："我们的世界正在发生的事情是它变得令人难以置信的高度相关，随着项目的进展，一切都在层层非线性递归的结果里高度相关，每个部门都需要阶段性地对设计进行更改。"他觉得在高速的项目运转过程中，线性的工具无法支持灵活的调整，特别是这个调整会涉及非常多的关联方，"变化有很多尺度。它可能是一种材料选择，也可能与重新设计整个屋顶结构或立面系统一样复杂。"

基于数据流的工作方式需要几个重要部分：分布式决

策、链接数据集、信息分发、变更控制和版本控制。如果我们不能在数据的互操作中保持高度标准化，就需要由人工来解释和重新创建，出错的概率与项目的复杂性将迅速增加。

虽然建筑行业急于将其端到端流程数字化，但BIM（Building Information Modeling）的数据孤岛已无法适应需求，CDE（Common Data Environment）是必需品。HOK正在发展新的内部概念，与许多提供开放式解决方案的开发者建立联系，寻找解决这个基本问题的方案。例如，虚拟引擎中逐对象细化的数据方法是来自Epic Games的。

Schleusner说："我们的目标是与有兴趣进一步发展的公司展开讨论。"他想实现的是，在复杂的诸多设计流程节点中，任意一个节点上的需求和设计变化都能迅速地反馈到相关方，推动整体业务流同步升级。

4.2.3　全周期反馈循环的可持续演化

在物理学框架下，新状态的切换需要"开放的能量交换和打破平衡"，再由"正反馈强化新秩序"，然后"为了长期和整体的熵减重新进入短期和局部的熵增"，有序和无序会在不同阶段持续演变。在生物学的框架下，产生新物种会经历"开放而随机的基因变异和重组""自然选择和生殖隔离""边缘孵化"等不同阶段。虽然领域不同，但都是从重新建立对大环境的适应性假设开始，然后，通过反馈测试选择和非线性的强化作用形成新秩序。我相信有一些宇宙规则是高于领域差异性的。在不同的商业形态更迭之间延续的是资本、文化等高于形式的东西。从算盘到计算机，在不同的形态替代之间，延续的是信息和智能等更高维的东西。回到商业领域，我们可以从大环境中需求和技术等要素的组合关系中发现新变化和不均衡，以非线性的正反馈机制推动新秩序形成，发展为生态的中心，将每一个新周期的起点，迁移到更容易促进新事物形成的相对边缘化的新"域"。这包含了一个商业进化体的"全周期反馈循环"（NPM）。

- 适应，修复市场不连续性的负反馈。
- 增长，正反馈的非线性强化。
- 创新，跨周期迁移。

最先进的数字化生产力带来的反馈流和源于反馈效应的商业战略，在反馈机制的框架下实现了本质的统一。以商业世界的语言来表述，一家成功的公司就是一个基于反馈数据实时学习的商业进化体。在第一个阶段，作为小系统的公司要与更大社会系统达成一致，通过适应性反馈在多方组成的生态中找准自己的生态位，并通过修正市场的不连续性，建立外部机会与内部能力的匹配；在第二阶段，要找到正反馈组合并非线性放大，基于此形成快速增长；第三个阶段是长周期的自我进化，不断进入新的"域"，在增长周期结束之前开启新周期。能够持续成功的公司需要不断回答这三个问题。

4.3　适应——修复市场不连续性的负反馈

如果我们的体温升高到45摄氏度，酶中的蛋白质结构会遭到破坏，进而无法使细胞转换能量（ATP），将导致细胞坏死，最终造成个体死亡。如果体温降至34摄氏度以下，则会造成代谢迟缓与心脏功能异常（Arrhythmias）。根据美国运动医学会以及美国运动伤害防护协会的声明，成人可存活最低体温为13.7摄氏度，在19摄氏度时人的脑电波已无法被探测，24摄氏度时人会低血压、心跳减缓，26摄氏度时人对痛觉无反应。

人与许多动物的体温需维持在那些容许存活的温差内。因此，为了使生命得以延续，应对外部环境的突然变化，体温调节必须遵循合理的调控机制，人体的体温调节器在脑部下视丘（Hypothalamus）的区域。运动中体温高于正常值时，神经系统会刺激汗腺（Sweat glands）分泌汗液到皮肤表层，进而蒸发并将热能带出体外，于是皮肤温度下降。暴露在严寒环境中的身体，为了增强热效应，会出现"寒战"。处于严寒环境中的人体寒战产能是休息时的五倍甚至更多。此外，甲状腺释放甲状腺素也会增加代谢率，进而提高人体所有细胞的代谢率（产热）。而增加血液中的儿茶酚胺（肾上腺素与正肾上腺素）的量，同样也会造成细胞代谢率的提升。

同样是为了将特定的数值控制在一个理想的预期区间内，火炮的弹着点控制也需要类似的负反馈控制，只是没有人体那么复杂的反馈控制系统，用基本的微分方程组就可以解决。但是，正是在这个火炮着弹点控制优化的计算过程中，维纳确立了控制论的基本框架。

适应性负反馈除了可以像上海中心顶层重约1000吨的风阻尼器，帮助系统接近稳态之外，也强调对于机会的适时捕捉。《国语·越语》记载，精通商业的范蠡说过："时不至，不可强生。事不究，不可强成。"时机固然重要，但更要有适合的方式才能参与其中。

4.3.1　适应度

在关于战略学的理论流派中，最有影响力的可能要属机会学派和能力学派，它们强调的，分别是外部市场机会的捕捉和内部能力建设对战略成功的决定性作用。事实上，机会与能力也并不是各自独立于对方的存在，它们是相互强化的依存组合。随时重新定义机会—能力组合，就是刷新了市场的边界，这也体现了战略就是响应和利用内外部变化的反馈系统。

很多管理者忙于解决紧急问题，而忽略了真正带来业务增长的是识别市场里的机会，救火最多可以带来安定而不是增长。就像英特尔抓住了从存储芯片向计算芯片切换的市场机会，才得以生存并壮大。而最近几年，精于质量控制能力的日本企业正在因为没有能及时捕捉市场需求和机会的变化而没落。通过双向影响的、封闭的负反馈，修正反馈中的不连续性，在外部机会和内部能力之间建立适应性关系，是任何可持续稳态机制的根本。外部环境的决定性作用体现在很多方面，例如在商业领域，在政治、安全、竞争等环境因素的作用下，云计算往往是多极化的格局。我们需要及时认清这些来自环境的限制性因素，并基于此建立业务模式与业务环境的匹配关系，"适应度"（OCA，Opportunity-Competence Adaptation）就体现了这样的思想。我们可以通过明确的指标衡量OCA，即外部机会和内部能力之间的适应度。例如，40%以上的用户喜爱是业务达到适应度标准的基线；再如，如果是"To C"的产品，需要30%的用户次日留存率，如果是"To B"的产品，用户月流失率应低于2%。对于不同业务场景，会有不同的评估指标。

如今，强调OCA的原因在于不断分化、加速变化的商业环境，追求效率和竞争的存量市场和传统业务场景，与追求创新和速度的数字业务场景并存，只有采用适应性策略企业才能生存。适应性不仅体现在新产品进入市场的切入点，还体现在业务全生命周期内与地球环境、政策监管、整体社会福利目标相容的发展模式等，这些周期性的限制因素共同定义了O代表的机会空间范围，统一多目标的ESG（环境、社会和公司治理）框架和数字化技术将是下一代商业模式的起点（ESG还需要找到社会价值和商业价值的一致性，产生商业价值激励的新模式）。适应性不仅体现在产品和业务单元，还体现在"快速反馈"的组织、"在末端自主和顶层设计灵活切换"的战略机制、"适应大于规则"的文化。

OCA是一个新事物在市场中爆发的前提，OCA是一个业务的定义性转折点。百度成为独立搜索引擎前，曾为其他门户网站提供搜索技术支持，直到转型面向用户提供服务。

我们可以通过自下而上的方式演化OCA。产品达成OCA之前，最重要的任务是从一小部分早期用户那里获得反馈，并以最低成本持续改进产品；也可以通过算法来加速拟合需求。例如，电商平台的海量用户兴趣点可以帮助我们提升新产品设计的成功率，我们也可以在新模式推向市场前通过虚拟演练来优化策略。

基于OCA的适应性匹配关系，在市场周期并没完结的阶段，商业体和生命一样，基于合理性自洽的稳态与秩序是存在的形式，只有这样才能持续积累和提升效率。然而，世界是动态的，生存要解决的第一个问题就是，在外部动态和内部稳态之间不断地重新建立动态平衡。确定性来自适应性，而不是固执地坚持。

我们也可以自上而下建立OCA的假设。生物学给我们的启示是，生物进化的方式本身也在不断进化，生物会进化出"可进化的进化"能力，形成当下"最有利的策略"。例如，在环境变差的时候追求种群内差异，分离进化，以保持整体的存活概率。当环境变好的时候，为了提升适应度，退化为杂交进化。这使得生物可以在不同的状态下分别采用最优策略，保证稳定持续地演进。

商业战略也需要根据环境的变化切换不同的模式，即在不同条件下"选择不同战略的战略"，实现OCA的目标并不局限于某种特别的做法。例如，波士顿咨询公司的战略专家将大家的探索总结为战略调色板方法。对于商业环境可以按照三个简单的维度进行分类：可预测性（企业能否预测商业环境未来的发展变化）、可塑性（企业是否能够独立或者以合作的方式重塑商业环境）、环境严苛性（企业能否在商业环境中生存）。将这三个维度整合起来，便形成了五类典型的商业环境，每一类环境都要求企业制定并实施与之相对应的战略方案。

- **追求做大规模的经典型**：能够预测，但无法改变。
- **求快的适应型**：无法预测，也无法改变。
- **抢先者胜的愿景型**：能够预测，也能够改变。
- **多方协调的塑造型**：不能预测，但能够改变。
- **追求生存的重塑型**：企业资源严重受限。

赢在切换时刻，寻找分水岭式的关键反馈点

不连续性在商业战略上是指未被充分利用的重要转折点，很多反馈信号可以帮助我们发现这些转折点。例如，结构性比例变化突然越过了临界点，带来了失衡和剧变、矛盾与偏差，以及无法归类的信号，这些信号往往可能预示着系统性的机遇或者风险，而外部大系统和自身小系统的一致性决定了公司是否可存续。

在2010年前后，整个移动互联网行业面临着一个重要的选择，在H5生态和App生态之间，未来的走向是什么？这关系到基于开放生态的搜索引擎还有没有生态基础，这关系到每个移动互联网业务将面临什么样的生态规则。大家都看到

了，后来App成为体验的标准，移动互联网服务被封装在App里，应用商店成为"新世界"的中心。曾经是开放网页时代的中心，但大公司不得不为新的环境变化做准备，尝试做ROM，投资应用商店，为了应对内容的封闭化开发轻应用和创作号。在一个时代走向的切换点上，很多创业公司在这个时间点上获得了足够高的溢价。

从时代的更替到平台分化，切换时刻会发生在从人群和需求场景，到行业垂直化、内容形态分化等各个层面。例如，在移动互联网流量见顶之前，我们就需要及时从超级独立应用切换到App矩阵，从新用户增长驱动切换到私域留存，发现关键的不连续性可以让自己在变化中赢得先机。

发现不连续性，以创造性的新假设重建OCA

全面和长期的激烈价格战，往往是渠道深层变革的信号，只要最终的稳态没有形成，就不会停止。诸如此类的信号，就是不连续性的表现。

光从生态的裂痕中照进来，在苏宁和京东的竞争里，主动选择双线作战的苏宁不得不推出线上线下同价的策略，虽然线上线下作战有不同成本、不同需求，这种强制统一就是苏宁可以利用的裂痕，这也是更纯粹的新事物先天的优势。

面对不连续性，我们需要提出新假设，建立业务模式与市场环境的新匹配关系。在上述案例里，线上的优势是价格，而线下的优势是服务，我们可以假设在短期内两个渠道形态能够并存，且各展所长。如果苏宁能够在线上与线下中选一个场景做针对性优化（比如线下销售人员的推荐和组套服务等），实现特定时空范围的唯一性聚焦，也许就可以先让自己先立于不败之地，而后谋胜。特别是，苏宁在线下市场还有足够的供应链等能力优势和发展空间。

总体而言，通过新的假设建立新的稳态，一种方式是发现和放大用户和员工自发涌现出的业务新形态，另一种方式是快速低成本的测试。面对开放市场环境的OCA，我们还很难通过数学建模来实现算法的自学习。

以"可用"打败"完美"：OCA来自持续的演化测试和反馈

更重要的是测试，基于此，我们就可以建立和目标及预测相关的数据体系，从中寻找目标与实践之间的偏差，完成对"假设"直接的证明或证伪，以及探索更有效的偏差度量方式。再基于新的洞察，不断建立小而简的新假设，快速以建立低成本产品原型的方式去做新一轮核心概念测试，并逐步接近目标。用测试的思想探索新模式并不是什么秘密，重要的是充分地简化这种反馈循环，其好处在于尽可能减少干扰因素和更快地验证。

具体的做法包括但不限于：把大的测试拆成小的并行测试、对"假设"分级排序、维持最低标准的可用性（放弃完美设计，用户的测试反馈会让它更快完美）、选择最显著的可度量指标、实时评估与预测的偏差、没有终点的持续循环等。最终，算法可以将这些步骤自动化，从提升假设到完成反馈循环，并在模拟引擎中完成。当前，我们已经可以在一些环节得到技术的有限辅助，如果说第一代互联网公司是技术周期的趋势性受益者，那新一代公司则在数据与资本驱动上更胜一筹。

从小的可行正反馈循环开始测试，亚马逊首先选择卖书的部分原因是价格便宜、标准化，更容易被早期的小规模用户所接受。同时，相对于书店的成本结构，电商模式有巨大效率优势，这就是与机会匹配的内部能力。那么，在这个小的正反馈循环中建立信任并强化之后，对于用户的其他品类测试就会依次展开。在电商业务取得成功之后，积累的IT能力就可以向第三方销售。更重要的是，在线化和数字化带来的外部需求也在上升，这些变量之间也会形成正反馈。连接平台上的第三方卖家和云平台上的开发者，由点到链再到网的反馈循环推动从简单到复杂的演化过程。当然，很多同期的公司并没有成功，要么是因为它们并没有建立有效的反馈循环，要么是因为它们选错了起点，要么是因为它们没有正确地理解反馈中的含义，并有效转化为高概率的假设和进一步的与机会匹配的服务能力。

快速从试验失败中获得反馈

只要反馈速度足够快，犯错的成本就无限接近于零。适应性战略所面对的市场环境难以预测，最好的办法就是保持外部导向，特别是保持对客户变化的敏感，并通过自下而上的灵活组织结构向内传递反馈。与此同时，保持一定规模的试验组合，这种试验并没有确定的目标，因为它们需要在不断验证新假设的反馈过程中建立更加确定性的市场洞察。快速、低成本、风险可控开展试验的能力是组织必须具备的基本能力，特别是要多使用跨组织的临时小团队。给予充分的授权，结合宽容的创新文化，这样才能建立反馈驱动的创新业务系统。

　　我曾经在前一家公司负责医疗行业改革的战略分析小组，当时的医疗行业事件可能会导致新的监管政策出台，经测算，这会影响百亿元级的公司收入。我们邀请了公司内外部几乎所有的重要相关角色参与项目，从尽可能多的角度获得市场的真实反馈，并快速建立了由多种方案组成的试验组合，同步上线测试。最高管理者和COO陆奇会直接听取项目汇报，同时陆奇会在高管会上现场完成高效的资源调配支持，更短的反馈链条和更快速的决策对这个临时的项目小组能够快速、顺利推进起到了重要作用。

　　在这个非常时期，有两个做法令我印象深刻。一个是定期更新对问题的认知假设列表，力争在没有任何预设偏见的情况下看清整件事。并且，当时负责整体项目的VP会和我用"对抗"的方式讨论来加速挖掘问题。另一个方案的制订由我一个人负责，陆奇全程不干预、不过问（事实上，在我设计方案之前已经和他达成了认知共识，这可能是一种更开放也更有效的管理方式）。让我惊讶的是，这是我用最短的时间完成的一版方案。在第一次方案汇报会上，我讲了新的产品和搜索机制，陆奇认真地看过演示方案之后对我们的看法表示认同，之后他便开始协调另一位高管给予我们确定性的支持，其高效至今让我难忘。这也让我想到奈飞创始人里德·哈斯廷斯的一句话："最好的管理者知道如何通过设定合适的环境获得最大收益，而非控制员工。"自主、扁平、授权激励的临时小组设置，多元的内外部参与者之间开放而充分的信息反馈，使我们可以迅速找到问题的内部机制根源。在完成有针对性的策略整改之后，监管者并没有出台监管新规，公司也避免了一次重大的外部冲击。

4.3.2　战略就是每一步都要在"相对确定性"上有收敛

创新对于旧系统是创造新的不连续性，对于新系统是修复过去的不连续性。以新的OCA假设修复大环境中的不连续性，并不断缩小新假设与实践反馈的偏差，既是机会的切入点，又是确定性的由来。

一种适应方式是同化。简单说，就是用我们头脑中已有的东西，去理解新发生的事情，把新发生的事情加以修改，以符合我们原有的认知模式。另一种适应方式是顺应。我们不改变新事物，而是改变我们的认知模式，来适应这些新事物。

开放性的负反馈和偏差分析

最近对知名产品经理的一项调查表明，50%以上的新产品和新功能都是由客户反馈推动的。没有人比客户更了解产品或服务，因此，重要的是倾听他们的意见，并通过让他们知道我们已经更改或考虑过他们的意见，这有助于直接针对目标受众的需求构建产品和服务，从而改善整体客户体验并提高客户保留率。

挑战在于，开放性的外部反馈来自调查、社交媒体、电子邮件、聊天机器人、CRM系统数据、在线评论等渠道，如何从中建立结构化的洞察是对反馈分析能力的考验。Anstice最近与SurveyGizmo进行了一项调查，在结果分析过程中，第一个文本分类模型分析了14000个反馈并返回了12000个成功标记的反馈，然而，这留下了大约2000个模型无法分类的反馈。因此，Anstice的团队使用剩余的"未标记"响应训练了第二个模型，直到分析系统可以消化所有的反馈。即便是你标注并对这些反馈进行反馈，那准确性如何？这需要不断更新分析模型的假设。同时，用户进一步的反馈变化可以为我们提供答案。

任何有可衡量信息和改进空间的东西都可以包含反馈循环。红牛车队的技师可以在不到两秒的时间内更换一级方程式赛车的四个轮胎。他们是如何变得如此快速和高效的？答案是实践和不断重复及微小改进的持续积累。团队成员如何知道他们需要改进什么？反馈回路。他们做事，衡量他们是如何做的，他们做的方式等。然后他们找出更快的方法。不断重复这个过程，就可以达到最高效率水平。

任何组织都可以通过反馈循环来改进，但并非所有组织都在熟练地使用这个基本工具。例如，人们会在还没有设计好衡量新产品效用的反馈系统的情况下发布新产品。如果没有这样的测量，我们如何知道新产品在关键指标上是否需要进行针对性的改进？大到一家公司，如果没有衡量业务运行效率的反馈回路，就无法知道公司实际的表现如何。这和BI的管控职能不同，这需要业务的主导者在从0到1做业务的过程中就先考虑这一点。

也许中心化的分析只是一种选择，每个一线人员都是最好的反馈触点，这需要组织形态在外部导向和自下而上的反馈机制上做出完善，让每个人都有表达和发挥的渠道，并让高价值的声音可以被强化。同时，一线人员需要具备"在场分析"能力，就像可以做出快速响应的边缘计算能力。从而能够传递洞察，而非单纯信息，因为信息是无法脱离这个具体的场景而被准确理解的，只有获得直接反馈的当事人最了解信息的本质。总之，我们有很多不同的方法可以帮助我们通过吸收外部反馈建立基于负反馈的适应性战略。

实时基于适应性反馈才有OCA稳态

在一个业务周期尚未完成的阶段，我们需要通过负反馈，建立外部市场机会与内部能力相匹配的适应性稳态关系，并持续优化以挖掘最大潜力。我们可以参考下面这个基本的步骤。

①机会（Opportunity）

第一，开放、自动化的收集反馈信息。人们曾经觉得，让所有一线的高价值原声，都可以跨越组织的层级触达应该被触达的人是一种奢望，但现在的反馈数据管理技术已经可以帮助我们更智能地统计和分析这些数据。同时，根据麦肯锡的统计，能够利用客户行为洞察力的公司，在销售增长上要比同行高出85%，在毛利润上要高出25%。例如，Salesforce提供的Feedback Management功能可以实现实时收集反馈。

该系统可以创建调查，自动化跨渠道收集反馈并进行分析，进而制订行动计划。首先，自动从Salesforce平台中提取可用的数据（例如服务代表名称、购买的商品和服务日期），并将其插入客户调查问题中，以便向调查者提供更多个性化问题和背景信息。其次，系统可以在企业与客户、员工之间交互的各个点自动收集反馈，包括机器人、服务中心、门户等渠道，从而创建可定制的生命周期图和旅程分析，以帮助定义对其业务至关重要的交互功能。最后，Feedback Management使企业能够根据调查反馈制订后续行动计划，并追踪客户生命周期中的净推荐值和客户满意度得分。例如，一家保险公司可以在互动过程中追踪投保人的满意度得分，并深入研究在递交理赔申请后得分升高或降低的原因，从而帮助解决客户体验方面的不足，保持服务与需求的高适应性。

除了来自客户反馈的信息外，开放的数据可以借助自动化的算法连续进行收集、统计、分析，以发现新的规律和趋势变化，并沉淀结构化的洞见。

在数据处理方面，也有很多第三方服务。其中，Palantir的Dynamic Ontology运用了知识图谱技术，将不同来源的数据集成并转换为统一的数据本体。同时，它还将机器的计算能力与人的逻辑思维能力相结合，形成了一种全新的数据处理与分析方式。基于此，Palantir还提供智能决策支持，决策者可以根据平台提供的方案，从多维度模拟结果，快速评估决策事项。

在分析数据的过程中，面临着一个重要的挑战，即80%的数据以非结构化形式出现，如央行公告、地缘政治事件、天气现象以及科技产品发布等。如果不能快速分析这些事件，将很难形成全面的智能决策。Kensho在公开媒体数据收集和处理方面也在尝试一些新方案，希望在识别媒体共同报道和建立因果关系方面有所突破。目前，可以帮助我们在分散海量数据中发现重要商业信号的工具还有很多，它们正深入聚焦在不同的行业领域，积累专业知识。

第二，问题导向和洞察。战略的意义在于如何定义关键问题。

- 你可以做些什么来改善你的体验？
- 你会如何改进这个产品？
- 你希望这项服务有何不同？
- 你会做些什么来改善你的工作环境？
- 你认为这个问题的根源是什么？

如此等等，将反馈转化为洞察，将帮助我们提出高质量的假设。

第三，关键假设列表和负反馈关键变量清单。提出正确的关键问题非常重要，只有明确了关键假设和关键变量才能有针对性地持续跟踪。很多公司都有数据指标框架，但并不是每个公司都有完善的关键假设列表。这个列表的价值在于能沉淀知识和形成业务判断的连续性基础框架，这体现了我们对环境和业务的基本判断。例如，公司对全球供应链格局的预判、对消费需求的趋势判断等。这可以帮助我们在全面而充分的信息框架下，提升决策的准确率和一致性。更重要的是，这些关键变量正是建立OCA关系的外部机会来源。

②能力（Competence）

第四，归因和新假设。事实本身并不能告诉我们什么是正确的，而错误的解释可能带来无穷的后患。持续地收集和研究外部反馈之后，我们还需要从洞察现象到洞察本质，对每一个重要变化做出不同层次的归因。谷歌Analytics和Meta都有用户多触点的归因算法，可以通过智能技术帮助我们根据用户和市场的动态自动优化策略，找到真正的瓶颈，提出更有洞见的新假设。

接收反馈并仔细审查，可以帮助我们确定问题是偶发的还是有其他深层的原因，从而更新基础的原假设。例如，阿里巴巴早期的周报制度和集体复盘会议，其在不同的周期，面向不同的项目，针对得与失做深入的总结讨论，这一点让我印象深刻。复盘的意义在于，首先，它是由最了解情况的第一当事人以及有不同视角的观察者共同完成的；其次，复盘是深入和系统的，超越了对具体问题的研究过程。

除了营销领域和复盘机制，联想研究院通过"多层级细粒度神经网络架构搜索"模型对生产各环节仿真建模，再利用增强型信息熵的归因分析模型对生产过程中的质量检验误判问题做精确归因。将数字化反馈和智能分析技术结合，便可以对各环节业务做出完整的闭环归因分析。这些通过算法对各关键变量之间内在关系的探索，与OCA对适应性关系的探索是同理，只是在不同的层次处理不同的问题。

从算法对相关性关系的强大挖掘，到因果关系推理和仿真模拟，探索关键变量之间的影响关系权重，发现关键变量趋势并建立与其适应的业务模式是OCA的重点。这个计算过程可以简单地理解为，从所有相关因素中移除不重要、不相关的因素，再通过排序过滤掉影响较小和无法被有效控制的系统性因素，最后针对最重要的因素展开优化。同时，任何环节的问题都是系统的问题，只是聚焦关键因素可以帮助我们快速地理解系统的问题，但最终我们要以系统的视角审视全局优化效果。但是很显然，算法在相当长的时间里还只能为人的创造性思考提供高效的数据支持。

③动态适应（Adaptation）

第五，通过测试和模拟来学习。我们需要收集更多的反馈来完善认知假设、商业概念和初步方案，关于产品Demo测试、大规模仿真模拟引擎、抽象策略推演，以及其他形式的测试和模拟工具，市场上已经有很多第三方服务提供商。总体上，更接近最终形态的具体应用测试，要比概念和策略推演测试更直接、更有用。并且概念测试要在单纯、独立的环境下进行，因为复合的、间接的变量关系很难得出正确的结论。测试还需要强调假设的优先级划分，以及测试的衡量指标体系。就像同期群分组一样，合适的分类、分层保障了科学的可对比性，只有这样我们才能快速发现与目标显著相关的、有明确因果关系的测试假设。埃里克·莱斯认为，"可执行""可使用""可审查"是这套测试衡量指标需要具备的特点。

基于第三方的仿真模仿引擎，算法可以通过模拟"降低价格""增加广告"等不同的策略变化对销售变化的影响，帮助我们提升预测准确率。模拟还可以评估情景，例如消费人口结构及特征变化，新的竞争对手可能会推出的产品，新的监管政策。模拟工具可以推演这些新情况可能对销售和盈利能力产生哪些影响，例如GoldSim将和高度图形化的概率模拟框架与财务建模结合。此外，我们还可以通过对业务流程进行模拟和培训人员来增加专业知识，让员工为复杂的业务环境做好准备。在为了适应外部变化而优化内部流程、主动管理风险等方面，模拟技术也可以发挥重要作用。当然，实践仍然是最好的模拟器，数字化的模拟可以提供更快的速度、更低的成本和风险。

一件商品应该将可测试、可定制、可参与贯穿全生命周期，成为终生进化的"可参与产品"，才能使反馈和应用中的创造力最大化，在应用中持续优化，而非仅是上市前测试。就像特斯拉在Optimus机器人概念上所讲述的，人们可以为其添加配件，设计新功能。

第六，新的适应性关系。新业务通过对不同内外部关键变量的收集、分析、测试，使新的OCA假设逐步清晰。就像开市客在新中产的品质需求与买手精选之间建立了适应性关系；新消费品牌在追求身材健美的年轻人与倡导低热量食物概念之间建立了适应性关系……看似简单的关系，其实这是我们的努力变得有意义的基本前提。

商业创新的本质，就是不断重新组合原有市场要素与市场中的动态机会背后的新需求，并建立新的适应性关系。例如，瑞幸使咖啡更方便外带也更便宜，从而更好地满足了白领日常饮用咖啡的新习惯。例如，在新的经济阶段，折扣类超市先锚定低价格，再以此倒逼低成本运营结构变革。

有很多困局是缺乏机会与能力的适应与匹配关系造成的。例如，很多电商执着于内容，而忽略了自身能力与内容平台的差异。真正的匹配应该是以商品为内容，经营类似"商业街、海外猎奇、潮流出新"等基于商品和用户预期的内容类型，同样具有内容价值。

第七，逆周期和顺周期的调节机制。建立了OCA的适应性关系后，还需要在一个完整的周期内维持稳态。当外部环境发生变化时，例如短期需求激增导致的"越缺越买"的正反馈，逆周期的调节应该是采用加强预测、平抑需求、降低波动的策略，否则最终可能会出现过度备货导致存货积压、需求透支、体验变差等问题。顺周期的调节策略是对来自基本面的长期变化的响应，例如政策变化、技术升级等。这两种策略的共同作用是通过负反馈提升对于市场的适应能力，缩小内外部系统的运行偏差。

第八，确定响应操作。接下来，我们应该决定如何使用新策略，基于反馈来改进整个流程、产品、服务和行动方案。迅速发现新假设并在付诸行动后快速取得进展，是专注于持续改进的开始，即便微小，这也会形成正向循环的动力。在这个过程中，我们需要不断地制订可行的短期计划打破僵局，不断地制订长期计划来实现全局优化，而且要在一开始就明确反馈评价的标准，从而更彻底地实施新策略。任何的实践操作都可以视为一种测试，通过反馈来实时优化、修正。

第九，向相关人员同步进展：客户、员工和伙伴等。最后一个环节是确保我们的客户和员工了解更改以及更改的原因，因为认同是高效执行的基础。我们可以在商店中张贴标志、发送新闻稿，在产品包装上添加说明或给全公司员工发送电子邮件。通知很重要，说明我们正在采取的改进措施可能会鼓励客户再次购买我们的产品，激发员工忠诚度并告知员工为什么他们的行为或工作流程应有所不同。

不断收敛调整幅度和频率，保持稳定，实现目标

为了适度地追求效率，我们必须建立一定的确定性秩序，否则供应链等实体业务系统就无法高效地进行整体的结构性优化。但是，通过不断适应外部环境的负反馈过程而增加确定性的过程是渐进的，是基于反馈调整的。这个过程不断减少随机误差、不可控因素和系统性因素带来的影响，结合正向调节和负向调节使系统的波动率不断降低，就像六西格玛管理在质量控制领域所追求的。

如果我们已经成功建立了有效的负反馈循环，那么我们就可以考虑一下节奏了。在追求确定性的不断收敛过程中，频率和幅度应该逐渐减弱而不是加强，否则就会出现"过拟合"，陷入过度局部优化。例如，过于强调投诉客户的感受，未投诉客户的需求就会被忽略。从风控到内控层层加码来寻求确定性，看起来是在做深入反馈优化，但是"管""控""规"这种缺少适应性和弹性的思维在广泛连

接、高速变化、追求创新的新环境中已经不合时宜。

没有反馈就没有适应性，没有反馈就没有优化，但是在建立适应性的过程中，对反馈信号的理解应该来自系统性的、前瞻的多元视角。首先，我们可以用模拟和预测技术主动调节，从而防范风险，而不是临事管控，因为硬性调节会产生更多衍生问题；其次，我们需要以建立更广泛连接、主动感知的方式调节系统而不是采取被动隔离的方式，这样才能通过获得更多反馈信号的方式不断减少波动带来的影响；最后，更高的OCA需要用去中心化的反脆弱架构优化抵御风险，发挥一线人员的自主性快速反馈，快速建立适应性，而不是统一指挥应对。

演进是过程，适应度是标尺，进化是结果

在万事万物的发展过程中，并不存在"进"的目标，虽然"进化"看起来是更高级的形态。真实的情况是基于适应性的"无目标""无方向"演化，进化只是获得生存所需OCA的副产品。OCA的核心在于，我们相信任何的外部环境变化都不是限制因素，而是可利用因素。

4.4　增长——正反馈的非线性强化

为了探索成功的规律，凯洛格商学院的一个专项分析中选取了绘画、电影和科学三个领域，对其中2000多名艺术家、4000多名导演和20000多名科学家的职业生涯以及他们创作的几百万件作品进行了研究。

他们从数据分析中发现，那些连续成功的创作者的职业生涯往往分为两个时期：一个时期是"探索"阶段，就是广泛尝试各种类型和各种风格的作品，不拘一格；另一个时期是"专注"阶段，认准某种类型和风格，扎进去深耕。而且"探索"和"专注"的顺序不能错，必须是先探索后专注。也就是说，在职业生涯的前期广泛地探索，在职业生涯的后期聚焦一个领域。研究人员发现，这个规律在绘画、电影和科学三个领域都有效，成功的概率能分别提高20.5%、13.8%、19.2%。通过适应性过程找到自己的方向，并聚焦获得突破，是这个案例给我们的启示。

聚焦正反馈，形成状态切换

关联的世界服从幂率分布，少数的点会不断强化，而多数的日常工作就像粒子的随机运动相互抵消，并不会改变整体的秩序。正反馈就是推动无意义的个体运动向塑造新秩序转变的力量。在互联网领域，通常无法用流量和相近的模式挑战一个在市场进入稳定增长期后形成份额优势的领先者，这就是正反馈的力量。大规模的应用反馈数据会带来更智能的应用体验，反之亦然。新加入者很难突破正反馈的临界点。一家公司应该优先集中资源强化核心的正反馈效应，而不是让资源分散在不同业务中，更不能用于只是为了限制竞争对手的领域。因为新的增长点总是在我们定义的竞争对手范围之外，最明智的选择是充分发挥自己的潜力，然后用最快的速度建立下一个自身成长新周期的正反馈。

商业领域的正反馈形成过程和麦克风进入啸叫状态一样，结构性聚焦并基于此建立纵向系统一致性，再经过不断重复就会形成反馈放大器。从局部放大到全局，自下而上产生新秩序。

当我们发现很多工作难以推进的时候应该考虑的是，如果做这件事是对的，那么就不应该只是因为对，所以才要求大家去执行，而是因为做这件事是对的，所以一定会有正收益，而正收益会驱动大家共同朝这个方向努力。就像线上零售企业如果希望通过集中模式来提升效率，那么就应该通过系统性设计保障该模式的显著收益来源，并在机制设计中体现这种正反馈。就像亚马逊用流量分配来引导更精简的供应商合作模式，反过来再通过集中性的收益刺激供应商参与。

发现和建立微小的差异，通过复利效应放大

麦克风的放大器效应在很多领域都存在。以生物进化为例，很小的选择优势就可以让黑色岩石环境里的黑色动物，在代代传承中迅速繁衍而具有压倒性的竞争力。

复利的另外一种形式是加速回归定律，它最主要的两个原则：一是进化总是用当前阶段的最好方法去创造下阶段；二是进化过程中的回报总是呈指数增长。指数增长刚开始只是极微小的增长，之后会以不可思议的速度呈爆炸式增长，应用在信息技术上的摩尔定律就是代表。所有的技术进步都遵循加速回归定律，所有技术发展和创新的速度都呈指数增长。双向强化的正反馈组合的作用机制也是如此。

建立正反馈效应的关键要素

也许你也认同，正反馈才是持续进步的动力来源。正反馈回路会使系统远离平衡，它通过放大产品或事件的影响来做到这一点。例如，为什么一棵树上所有的水果突然同时成熟，而没有任何可见的信号？例如，当人被轻微划伤时，为什么伤口会迅速愈合？这背后正是正反馈形成的关键要素和机制在发挥作用。

4.4.1 单一性

关于正反馈的贡献，我们可以参考发现镭元素的过程。其正反馈的目标就是使用各种手段，让沥青铀矿的放射性增强到最大值。放射线增强到最大值，就意味着这种未知元素的浓度达到了最大值。浓度越高，就越容易提纯。

如何识别逃犯的脸

目击者在向警方提供逃犯线索的时候并不像我们想象的，可以通过清晰的表达给出精确的画像。因为，人脑内的信息存储和回忆是主观混杂的，与其说是客观回忆，不如说是主观重新生成。这给画像师带来了难度，如何从语言转化成精确的画像，可以从零开始，画像师根据目击者的描述先随便画一张，然后目击者给出反馈。这是基于反馈一轮一轮地进行针对性调整和优化，最终接近目击者的描述，并帮助警方找到最终目标的过程。应用反馈机制，最终获得有意义信息的过程，可以从完全"无知"开始。

无论从哪个起点开始建立反馈循环，探索正反馈的驱动力，只要有唯一正确的终点，那么从不同的起点开始终会到达同一个终点，这就是可以不断更新假设并修正的反馈系统的价值。找到单一性的聚焦点并不够，有了反馈的持续迭代，有了足够快的反馈更新速度，这件事就变得简单了。

强化一个指标

发现镭元素的过程中，他们首先加入了强酸，期待那种未知元素可以溶解在酸中，然后又试了很多方法。最后，居里夫妇发现，往酸溶液里通入硫化氢气体后产生的沉淀放射性更高。于是他们就反复这样操作，用了几吨含有硫化氢的沥青，先得到了放射性是铀几百倍的钋，后来又发现了镭。

这时候，正反馈之所以是一种成功的案例，是因为让浓度达到极致得高本来就是它的设计初衷。镭元素在地球上的含量只有磷元素的十亿分之一，只有通过一种极端的方式，失控般的让它增长，才有可能测到它。这是在元素极端罕见时才用得上的手段。这种正反馈基本不会来自于多种力量来源的集合，因为它们有更高的概率会相互抵消。

为什么多数的聚焦没有效果

聚焦是人人都懂的道理，可是为什么没有效果？聚焦的意义在于快速突破临界点，并启动正反馈，很多聚焦并没有达到这个效果。就像在市场早期集中资源做用户增长和价格补贴迅速形成的网络效应，以触发自增长。被聚焦的对象应该是一个火种，一个临界点。否则，聚焦只是做好一件事本身，是在浪费资源和其他机会。

为了快速突破临界点形成正反馈，就需要将资源集中在明确的战略焦点上，就像韩国政府帮助三星整合电子信息产业资源，再配合充分甚至过饱和的投入，保持单点上的足够压强。事实上，多数领域都有规模效应和网络效应，这些不同形式的正反馈效应让市场趋向集中，最终演变成寡头格局。所以，我们必须要抓住时间窗口拿到最后的市场位置。也正是因为如此，很多公司并不看重利润，而去追求低利润的迅速增长，以突破建立正反馈的临界点。自由现金流似乎是更能体现公司价值，并且是驱动利润持续增长的财务指标。充沛的自由现金流更能形成正反馈，赢得长期的竞争，而非短期的利润。

初始驱动点最好只有一个

在业务战略方面，如果我们能够聚焦正确的单一目标，并保持执行各环节的一致性，至少有一半问题就被解决了。以最简组合形成正反馈，就能使自强化效应最大化。我们寻找的是基函数，达到同样的效果，需要的条件越少越好。

在搜索引擎竞价广告机制中，越多客户竞争就有越高竞价的机制促进了短期收入的增长，但价格升高会降低广告主的参与意愿，并且，用户满意度的下降会让可商业化流量的基数变小。这似乎不是一个理想化的正反馈组合，直到人们发现了优化CTR（点击通过率）和商业收入的正反馈关系，才找到了最佳组合。单一的广告客户付费意愿和单一的用户价值无法使商业收益最大化，CTR是消化了复杂性的高维指标，这让正反馈机制可以由两个纯粹的变量构成，所以单一性并不意味着简单，其中包含了复杂。

　　推荐分发作为一种可以被中台化的功能，更适合移动平台小尺寸屏幕的交互机制。然而在早期，推荐分发只是在更容易被大众接受，更容易实现冷启动的娱乐领域建立正反馈，因为娱乐领域的通用性可以解决数据规模问题。从娱乐到信息再到知识，单纯的聚焦点要在不同阶段做符合行业规律的迁移。新一代的技术应用，基本都是从娱乐突破，以此作为机会与能力的正反馈组合切入点。

　　我们能够聚焦在极少数重要的事情上，这是一个基于反馈渐进演化和选择的结果，不断做减法，不断通过反馈持续消除不确定性。就像内容生态的变化影响消费决策，零售渠道可以从消费环节前移到内容和决策环节建立竞争力。这也许是对的，但前提是做好本分的事情，对于零售商而言，最好的内容是商品，要使商品拥有不可替代性。此外，以平台的形式运营同一条价值链上相邻的分发节点，可能会造成更多问题。

　　数据是建立正反馈效应的关键，从边际使用成本几乎为零的互联网应用到越用越好的人工智能，都是正反馈效应的典型。无论是客厅里的亚马逊Echo智能音箱还是云端的Here地图，我和它交互得越多，它就越懂我们，它就有更多信息可以服务于我们，因为它们都是聚焦在学习更多数据反馈这一点上。

4.4.2　精简的正反馈组合

一些事情一旦突破某个临界点就会加速变得更好或者更坏。单边网络效应、金融市场的反身性、成瘾性、社会传播热点背后都有类似的正反馈效应，这让一个焦点可以不断自我强化。对于单边网络，新参与者的加入本身就是价值放大器，微信新用户加入时，网络的价值也会随用户量增加而上升。其实，这背后是一个重叠的效应组合，即新加入用户数量的增长帮助网络提升用户规模的同时，用户自身也获得了更高的价值回报，只不过这两个作用恰好重合于一体，又相互促进。而更多的时候，正反馈由两个独立但相互促进的因素组成"正反馈组合"（Positive Feedback via Pairwise，PFP），比如"品牌和规模""更多的云计算客户和更大的云基础设施升级投资"。虽然这里提到两个点，但代表外部机会的点是假，代表内部能力的点是真，在战略执行上这是一个点。

形成正反馈组合的要素列表

- **群体的信息和认知类**：社交口碑、群体情绪、认知效应……

- **规模和成本、效率类**：规模效应、网络效应……

- **应用和实践驱动类**：数据效应、开源生态、开发者生态、自学习效应……

PFP正反馈强化组合会在OCA负反馈适应性关系的基础上更进一步，变得更具体、更微观、更灵活。而且，强调的不再是适应，而是相互强化的组合。还有很多杠杆可以加速这些进程，例如在互联网行业缩短循环周期的反馈效应实现快速创新，提升兼容的标准效应帮助个人计算机和应用软件业务快速增长。

盖茨认为，他在计算机行业学到的最重要的教训之一，是计算机对其用户的价值取决于质量和可供计算机使用的各种应用软件。最初的IBM计算机实际上有三个操作系统可供选择：PC-DOS、CP/M-86、UCSD Pascal P-System。而这三个系统只有一个能够成为标准。为了成为标准，微软采用了三个方法。首先是让MS-DOS成为最好的商品，其次是帮助别的公司编写基于MS-DOS的软件，最后要确保MS-DOS价格最便宜。我们已经看到微软借助IBM迅速建立了规模优势，并吸引更多的开发者加入其阵营，建立了正反馈效应。

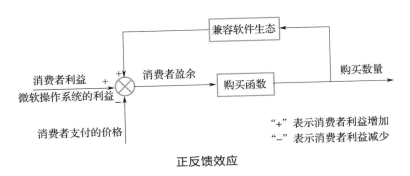

正反馈效应

建立正反馈组合的过程

- **聚焦高质量信号**：若想发现少数高价值的机会点，就需要关注高质量的反馈信号，我们的反馈收集系统应该像可以自动优化声音采集来源权重的麦克风阵列，应该像早期提升传统机器学习算法效率的Boosting（提升法）和Attention（注意力），这些例子都很好地体现了关注高质量信号的潜在收益。回归需求的基本矛盾，一些显而易见的问题也许就是信号引发的。例如进口商品的"生""贵""慢"问题。"生"指的是海外市场虽然有优质供给，但国内的消费者并不认同，这种陌生感就是海外品牌打开中国市场共同面临的第一个问题。"贵"，则是指早期聚焦高端旅游购物品类，高价格限制了进口消费的普及。"慢"，意味着要在跨境物流上做投入和持续优化。谁能做得更好，谁就有机会在进口消费市场里成为领先者。

- **十倍门槛—启动**：针对目标人群提供最好的商品和体验，同时以最低的成本降低门槛，通常就可以迅速扩张规模，然而这并未进入正反馈状态。只有当优势达到竞争对手的十倍，越过这个门槛，市场就会被迅速启动。可迁移外部用户进来的绝对净优势=价值优势−转换成本，十倍优势的体验是一种说法，重要的是在参与者精打细算之后，发现加入我们的阵营是明显有利可图的选择，这样才能破坏原有市场结构的均衡，形成具有外部卷入性的势能，形成更大规模的正反馈循环。理想的局面，应该是以十倍速度迭代策略打破行业节奏，以十倍体验优化确立新标准，这种不对称优势的持续累加就会启动正反馈效应。例如，通过改进交互设计、提升网络的价值拉动用户增长，但这显然是单向推动，未产生正反馈效应，没有明显的双向促进。

- **周期加倍—放大**：一个简单的非线性系统在通向混沌的

分叉级联，每个周期都会强度加倍，这就会迅速从平衡态进入混沌状态。每个周期都将速度加倍、强度加倍，系统整体的运转才会进入持续放大的过程。2011年，谷歌退出了与Meta在社交产品领域的竞争，因为当时谷歌社交产品用户规模的年增长率为20%，而Facebook则为100%。此外，加速状态的切换也可以来自全要素共振：高用户迁移成本、更广泛的兼容性、边际成本趋近于零、规模效应和网络效应、第三方服务生态，借助这些放大器，更大规模的正反馈可以进一步放大整体规模。通常而言，越是知识含量高的业务模式，越能够产生正网络外部效应，"虚拟性"能够以更少的现实世界摩擦建立更大的规模。

然而，正反馈也有极限，新的平衡即是终点，无论在哪个领域都是如此。这一方面来自于万事万物皆有规模的限制，另一方面来自于新旧的替代永不停止。

聚焦的自我实现

正反馈有时候可以自我强化。例如，一家强调安全性的汽车品牌就会吸引注重安全性的用户，因为这个群体本身就具有较高的安全意识，事故率相对更低，就会更加强化这个品牌的安全形象。

如果我们不能利用好自己的优势，也就无法保持这个优势

聚焦的优势不是自己关起门来只做好一件事情，自我实现效应要求将优势转化为更多的优势来源，来强化原来的优势。例如，整合了商流就要考虑资金流、物流，并以此建立与核心业务的正反馈。

反馈效应驱动世界演化

除了创新对世界发展的推动，增长的秩序在本质上也是正反馈效应。回望历史，在距今1.45万年前开始有显著的温暖化倾向，小麦在土耳其东南一带的西亚被人类驯化。一般认为这就是人类农业文明的开端，以培育和收藏小麦为标志。粮食的供给使人口规模迅速增长，这就需要更多的农业，这是一个正反馈的启动。

到了工业时代，标准化的大规模生产集中和技术创新的正反馈成为主导力量。从微观来看，正反馈效应体现在用规模驱动更大的规模，用技术驱动更新的技术。例如，工业的突破口似乎是燃料背后的能源革命，即煤的大量应用。但是对煤矿的挖掘并不容易，需要大型高效的挖掘设备才能降低挖煤的成本。而只有用煤充当燃料才能提高炉温，炼出高品质的钢材，而只有冶金工艺成熟了，钢材才能被加工成诸如齿轮等高精度零件，才能做出蒸汽泵，抽干矿井里的积水，这样煤的价格才能进一步降低，工业革命的正反馈由此开启。标准化、精细分工、规模效应，以及铁路等交通方式的升级，使大规模的利润被迅速集中，再集中投资，快速转化。

在今天，网络和自动化的数据流，让信息、知识和智能的反馈不断加速循环。网络规模、数据、高级人才等新的关键要素正在形成新的公司增长正反馈组合。特别是算法自学习和优化的速度，与不断扩大应用规模所带来的数据反馈之间的正反馈效应。从某种意义来说，每个新的增长周期都是基于新一代生产力而进入"新事物激发新事物"的正反馈爆发期。

4.5　创新——跨周期迁移

如果我们已经通过前反馈和负反馈找到了合适的生态位，又通过正反馈实现了加速增长模式的突破。但是，聚焦于单一往往是强大的也是脆弱的，因为它总会越过临界点，以更快的速度消亡。所以，在下一个阶段就需要通过双向协同的互反馈（Mutualistic Feedback）主动创造变化，适时地探索新可能性并迁移，切换到更大的外部环境，用整体视角考虑创新和新的周期性问题。

所有可数的系统都等价于自然数系统，由哥德尔不完备性定理可以知道，在一个封闭系统中，总有一些语句是这个系统本身无法判断对错的。对于可数的计算机算法中的各种规则，无法在内部对算法做出判断，必须跳到算法之外去看算法。

在一个封闭的系统里，我们最终会发现，对这个系统我们能想明白的东西都已经想明白了，剩下的都是永远不可能想明白的。所以，我们需要不断地跳出旧系统，探索新知识，发明新语言，建立新系统。科学家永远可以琢磨新的物理定律，艺术家永远可以创造新的意境，工程师永远可以发明新的模型。

无论是从持续创新的角度，还是从打破僵化的角度，通过开放的方式与外部世界保持实时连接，都是基本的条件。小到个人生活空间，大到人类活动对地球环境、资源与生态影响问题，这是"聪明"的人类在通过破坏外部环境秩序向外部大系统传递负熵，虽然弄乱了外部，但内部却是更加有序的（某种层面的），交换是维持系统演化的必要条件。

内部世界和外部世界是同一个整体，除了通过内外交换保持有序。如果我们要实现在更大的系统中保持最佳共生关系，就要根据反馈信号的引导不断迁移自己的生态位，从而超越生命周期的局限。

对于经营公司也是同样的道理，很多的问题都可以通过开放性来化解。例如，培训和改变人才不如开放的吸引和选择人才更有效，否则单纯的封闭性激励和竞争只会导致内卷。

从外部着眼，通常是解决问题的起点。

4.5.1　发现新的"低效反馈市场"

如何在外部系统中不断找到充满生命力的新周期起点？新的变革红利不会被均匀、充分地利用，而这些通常处于局部最优解状态的低效反馈市场就是商业机会。近相关的次级机会对于新加入者而言是很少的，在领先者的规模、网络效应和同质化服务下，用户迁移成本的巨大劣势使新加入者必须转向空白市场空间，或者采取创新策略才能生存。低效反馈市场，甚至零服务市场，就是这个方向背后的含义。

低价值市场

9.9元包邮的大众生活用品的线上消费，以及刚刚完成线上化迁移的下沉市场新人群，标志着移动互联网电商增量人群红利的最终释放。这将开启存量和分化的新阶段，人群、需求、行为、服务都更加具象在某一个解决方案的场景之中。

这可能是从用户规模上影响电商市场内部格局的最后机会，但是却没有被市场的原有领先者注意到，甚至因为其低盈利性被平台清除，让平台失去了兼容性。而拼多多正是找到了这个被抛弃的消费市场、无人服务的缝隙市场，提供简单、快速满足需求的方式，实现了高速成长。低商业价值是因为对低当下周期的ARPU（每用户平均收入）值的偏见，对短期利润的过度追求和对行业周期的短视，使其他电商平台缺少面向这一人群的针对性需求挖掘和对应方案，需求并未被精确反馈。重要且被忽略的点是，这类极致性价比消费，也是高消费人群的需求之一，高消费人群也会存在分级消费。同时，功能明确的均质化标品越来越多地超越渠道和人群的区分，使供给侧的规模效应有更多的挖掘空间。最终，低成本的社交流量和需求集中配合C2M模式打开了这个市场。

常见的低效反馈市场

①被误解的"低价值市场"

亚马孙雨林是最贫瘠的土地之一，因为高温多雨的气候，地表径流和淋溶作用强，有机质分解和养分再循环旺盛，土壤缺少养分的积累和补充。如果我们换个角度重新看待这个问题就会发现养分几乎全部储存在地上的植物体内，一点都没浪费，能量转化效率高。而且，那里拥有最丰富的生态，生物的适应性强，彼此依赖关系复杂。所以，亚马孙雨林看似贫瘠，实则是高效而复杂的"精密机器"。

据《中国再生资源回收行业发展报告（2018年）》显示，我国再生资源回收企业已达9万多家，其中不少从事资源回收的企业早已挂牌上市。但因缺少充分的数据反馈，使很多类似的结构性市场机会被低估，例如银发市场、下沉市场等。美团的数据显示，在2021年，"适老化改造"热度上升698%，"老人助浴"订单同比增长12倍。

显而易见的大规模价值浪费更容易被人们视为机会，虽然这种浪费可能很难被解决，就像说不清楚的广告费用。通常，在产业链的末端，分散、小规模的隐形利润池就像液岩油一样，需要很长时间才能被人们注意到它的价值。在ESG越来越被强调的时代，预计到2025年，仅全球太阳能电池板回收市场的复合年增长率就将达到28.2%。

②新边缘市场

完全成长在新时期的"95后"将成为代际特征的分水岭，他们不受过去时代的影响。民族的自信心、飞速发展的大环境、丰富的物质生活、以孩子为中心的小家庭结构，自然产生了对人生和消费的新理解。无论是让前几代人大跌眼镜的玩偶经济、盲盒消费，还是为爱发电的饭圈经济。新消费在以"大人"看不懂的方式快速发展，也许是因为缺少历史反馈数据积累，有些新需求常被视作存量的同质化需求。这需要聚焦增量样本，形成市场假设和判断的新反馈来源，就像同样是买球鞋，对此不同的人群有完全不同的概念。这种难于理解的边缘市场并不是突然冒出来的，只是我们一直没有注意到，或者被某种偏见遮眼。

③存量的落后市场

需求在实时变化，然而供给侧的反馈却在钝化，对外部新技术的应用反馈同样迟滞。反过来，落后的生产力也让行业增速难以提升，缺少吸引力，进一步限制了先进技术的引进。很多传统的细分市场因为跟不上需求的变化和技术的升级，成为低门槛的红海市场。充分利用线上媒体和渠道的快速反馈能力来加速进化的新消费品商家，特别是健康食品、智能家居等，正在利用新技术重塑行业。即使是在古老的酿酒行业，獭祭也号称用98%的数据和2%的智慧来酿酒，在米粒研磨和温度控制等方面实现了比以往的酿酒方式更为精确地把握。

④过度服务的市场

按照经济学的规则，每个顾客对同样的商品或服务支付相当的价格，但是面向个别消费者的过度服务成本，根据公平原则，不应该被分摊到不需要这些服务的顾客身上，这会导致低需求用户被分摊的成本过高。而缺少创新和对业务增长的过度渴望，会导致过度服务成为传统行业想突出重围的优先选择，它们会优先关注能提供高利润的头部客户。

在思维惯性的驱动之下，市场领先企业的快速发展会伴随组织的快速扩张，以及成本迅速上升。同时，资本市场也要求企业更多聚焦于有高商业价值的业务和用户，不断提升复杂服务的能力，看起来这是一条不归路。这种过度服务就会让相对低需求的市场空间成为新进入者的乐园，因为这部分市场用户正在不合理地被分摊过度服务带来的高成本。具备完善市场反馈系统的企业，需要面向不同细分市场的需求建立分层反馈能力，而不应该存在反馈的盲区。

⑤低效的市场结构

多级、多环节、水平分散的市场结构，在行业的早期或后期发展阶段会经常出现，市场无法形成对需求、价格与成本、新技术应用的有效反馈机制。

创新技术的应用会让先进生产力产生整合效应，提升行业效率，并进一步强化技术投入能力，进入正反馈循环。AI在钢铁行业的应用已经开始，对炉温和钢材质控等多生产环节的感知和控制技术显著提升效率，同时也在减少浪费和污染，在提升良品率方面做出成果。

低效反馈市场的共性

看起来是微薄的利润和低速的增长在限制这些容易被忽略的市场，事实上，是低效的反馈效率和认知的惯性与局限让这些原本可以更有价值的市场陷入负循环。而新消费品牌借助微信的互动效率和电商的渠道效率，挖掘、聚合需求并传递到供给环节，提升了这些市场的反馈效率，使其走出低效循环。

对未知有觉知（Unknown Aware）

低效的市场经常伴随着低效的反馈机制，改变低效反馈的市场，需要从基础的反馈信息获取环节入手增强反馈能力。更重要的是，颠覆市场的新机会总是在我们感知不到的角落出现，最终将领先者拉下马。

①延伸连接

从内部来看，多样化的人才结构和一线团队的充分参与是影响反馈效率的关键因素；从外部来看，对于核心种子用户的连接往往是用两成资源投入获得八成洞察的连接方式，有创造力的品牌社区关系、电商平台的商家大会、开发者社区和小米粉丝、众筹众测都是常见的重度用户互动方式。此外，那些占两成的不容易感知的长尾信号则可能蕴藏着更大的破坏性变量。有想象力的投资基金、头部企业通过流量和资本做局的能力和跨领域的广泛关注，特别是行业关系网络，以及无直接目的的试验，都是面向未来，扩大感知和连接能力的重要方式。

②感知盲区

要想拥抱未知的不确定性，就要去不熟悉的盲区探索。满意度悄然下降的老业务和未满足的新需求，缺少变化的供给侧和新技术等市场信号将以各种复杂的现象和变化的方式出现，为了能够更加主动地收集和发现这些信息。我们需要特别关注以下几点。

失去的客户或者潜在的客户、非客户。问问他们是什么阻止了其拿走我们的产品或服务，是否出现了一种趋势，看看这是否值得探索。我们对于新兴需求更加要保持敏锐。

替代方案。间接竞争分析可以通过数据方式发现，比如在搜索引擎里，用户对我们的搜索和哪些关键词在同一个请求周期里关联出现。通过分析替代行业也可以找到机会。例如，由于机票价格下降，航空公司可能会在目前体验其他交通方式提供服务的消费者市场中寻找机会。航空承运人应研究有多少人乘坐长途汽车和火车？哪些路线最受欢迎？旅客愿意为机票支付多少费用？长途汽车和火车的占用率是多少？怎么说服当前乘坐长途汽车或火车的乘客选择搭乘飞机旅行？这些分析有助于建立针对间接竞争对手的竞争比较，并提供有关其他增长机会的洞察力。

互补方案。公司应该监控其他公司产品的表现，那些产品与它们自己的产品相辅相成。例如，包装公司应监控其可能包装的产品的销售情况，而生产咖啡机的公司应收集有关不同类型咖啡销售变化的信息。在做出投资决策时，应考虑互补市场。

跨行业视野。公司的目标不是继续在现有行业内运营，而是扩展某种商业模式。例如，一家英国控股公司Easy Group开始通过Easy Jet航空公司最大限度地提高航班的上座率。Easy Group明白，最好以更低的价格出售机票，而不是根本不出售机票。Easy Jet选择了一种费率管理模式，该模式取决于航班的占用率和当天的剩余时间。通过这种商业模式，它设法提高了飞机座位的使用率。Easy Group在创建Easy Cinema时将相同的模型应用于电影院，然后将Easy Bus应用于公交行业。

一个用户和一群用户。当平台的规模越来越大，用户的结构就会变得更加复杂，而大平台依然习惯于以用户公约数和共性需求来洞察和管理业务，这就给了新的垂直平台机会。尊重个体的个性化需求，并且组织有垂直深度的完整服务解决方案将成为新的行业标准。用户需要被当作个体来服务，而不是当作一群人来对待。

③对抗偏见

这需要来自外部多类角色的多样性反馈，纯粹从数理的角度来解释的话，便是同一个信号如果有三个源相互佐证才是可信的，需要内部对抗和挑战假设的决策机制。

④发现增量

关注不完美的新事物，因为这就是新主流，是它们于某一天以我们意想不到的方式成长起来之前的样子。新事物往往有一万个缺点，但我们要关注的是万分之一的细小而有用的新变化，这可能蕴藏着未来趋势。

克洛克发现一家位于加利福尼亚的汉堡店购买了超出正常需要的大量的奶昔制造机，而后用270万美元买下了麦当劳兄弟的汉堡连锁店，将其打造成了全球最大的快餐王国。星巴克诞生的背后也有类似的故事。在移动互联网与本地服务全面结合的过程中，不断有新的服务形式涌现出来。美团的数据挖掘小组真正把数据分析这件普通的工具充分利用起来，使得它们在观察到其他市场参与者已经验证了新市场和新商业模式的有效性之后可以及时跟进，以更多的投入争抢份额，它们经常能够以资源和执行力后发先至。在其业务发展过程中，以数据带来的资源使用和执行效率，也起到了关键作用。

⑤重新审视

光一直伴随着我们，而爱因斯坦正是对身边这些极其平常的现象进行观察和思考，才发现了相对论。我们缺少的是一套有效的观察、假设、反馈系统，自动检视海量信息中的不自洽，算法的统计和推理将会帮助我们在平常中发现不平常。

开源是外部反馈最大化的形式之一

和低效反馈的市场相反，开源是最大的"垄断"。开源技术开发者通过开放授权的方式让技术成为行业底层标准，并形成反馈数据规模和频率优势，持续加速升级，进而转变为几乎不可被追上的进化优势。我为人人，人人为我，思想领先的公司总是能率先开源，以最低门槛获得最大规模的使用和创新反馈数据，并且建立标准，引导生态向有利于自己的方向发展。开源的安卓（Android）养活了闭源的谷歌移动服务（GMS），以及通过增值服务、定制化能力收费的红帽都是典型的案例。

大模型开源走在了前面，从论文开放、API开放、模型权重开放、训练数据开放，再到计算能力开放，开源和可参与度正在不断加深。这也使大模型进化得更快，成为行业的风向标。

4.5.2 创造性连接：远关系中的强相关，相异中的相似

当彼得·蒂尔在创办了 PayPal 之后再次创建 Palantir，这看起来是一次全新的尝试，但实际上后者的灵感和优势来自于前者的积累，以人机结合的方式通过数据识别异常风险。很多事情都在隐秘的维度上存在强相关性，世界本来就是有内在关联的。

渐进的自我优化创新是不会从根本上改变原有范式的，强大的系统内部出现创新的可能很低，因为这和已经很强大的系统可能存在冲突，否则也不会被称为创新。正是这种系统内的冲突会导致新想法被扼杀。例如，轻模式的公司不太可能通过内部渐进式优化和探索开发出重模式的新业务，这需要外部驱动，并保持相对的独立性。否则，原有的生态会产生排异反应，消灭掉还没有形成生命力的新事物。

如何在适度的跳跃性中发现重大创新，而不是邻近优化，近距离的周边事物已经相互缺少有启发的异质化因素，已经充分相互同化融合了。在表象层面，直接的空间距离不必然决定内在相关性，却可以增加人们的认知难度，就像苍耳和粘扣好像不是同类事物，但相似的倒勾使前者意外地启发了后者的发明。我们如何建立更好的发现机制？AI 强大的统计学习和数据处理能力也许可以帮助我们。

世界是多维度、多层次的，在不同的层次上存在不同的相关性。例如一个个体在家庭、学校、公司或政府机构、国家的不同层面、不同维度同时扮演角色，每个层次的组织有

不同的秩序，并且这些组织层次相互交织和影响。

同样地，这一波AI进展的典型算法，深度卷积网络的感知工作机制也基于这个模式工作。从像素、线条、文字、句子，到文章，再到思想的层层涌现，在不同尺度上对世界分层（熵变速度不同）。各层分布呈现不同的规律，自然也有不同的相关性存在。在低层次上是远关系，在高层次上观察可能就是近关系。

当我们分层抽象世界，就可以在不同颗粒度上解构问题，在宏观与微观的不同尺度上切换，通过大空间开放搜索的机制和邻近寻优的策略相结合，就可以发现远关系中的强相关问题，类似于人类的高级洞察力能力。例如美酒和诗歌都可以使人愉悦，在某个高层次的意义维度上这两个点就是强相关的。

横向共性

分布在不同领域的简单、原始的共性线索，趋同而求变，构造了这个世界。硅基和碳基的计算架构都能支持数学运算，双螺旋结构是生物结构中常见的基本单元，不同的生物具有普遍且稳定的双螺旋DNA结构，李飞飞团队尝试的进化算法从生物界的进化机制获得启发，就连抖音和线下商场也存在同质化竞争，因为它们都是先满足杀时间的需求，再满足购物的需求。

知识的发展需要不断分类，否则有限的人类大脑认知资源就会在面对无限的世界的时候出现"超载"，学科之间本身并没有界限，而且分割学科会让我们错过不同分支之间隐藏的普遍性。分类之后需要再超越分类。智能也要融合多学科共进，升维成大一统认知学科。对智能进化的影响可能来自数学、哲学、神经和认知科学、材料、物理、生物，在开放的演化中相互启发。

自然界一直是我们跨领域获得灵感的主要来源，甚至细菌都是我们解决重大问题的老师。CRISPR（Clustered Regularly Interspaced Short Palindromic Repeats）是原核生物基因组内的一段重复序列，是生命进化历史上细菌和病毒进行斗争产生的免疫武器。简单说就是病毒能把自己的基因整合到细菌中，利用细菌的细胞工具为自己的基因复制服务，细菌为了将病毒的外来入侵基因清除，进化出CRISPR-Cas9系统，利用这个系统，细菌可以不动声色地把病毒基因从自己的基因组上切除，这是细菌特有的免疫系统。

超越不同层次不同视角，再连接

提出假设的能力决定了我们所做的尝试到底有多大的意义，提出创造性假设的能力可以大大地提升我们从反馈中学习的效率和质量，就像机器学习里的"步长"，合适的跨越性可以提升学习速度。而创造性的假设，简单来说就是在事物之间建立全新的连接假设。例如，Lululemon的创造人认为自己的品牌成功的原因之一是，将"西海岸功能性"与"意大利休闲风格"这两个从来没有整合在一起过的风格成功结合起来。

开放地与外部世界建立创造性连接的第二个关键词是"外部"。这里有三个目标。

跳出局部优化。放到更大的系统里，从全局反观。

创造性连接和学习。实现对单一领域的跨越。

迁移并进入新生态周期。跨领域的大变化，会在更高层面存在一致性和关联。

①自我变异不如交叉组合

交叉组合带来创造性的最直接体现是有性繁殖，即经过两性生殖细胞结合，而无性繁殖不经过两性生殖细胞的结合，由母体直接发育成新个体。前者的繁殖速度较慢，后者的繁殖速度较快。但前者通过高效的基因交流使后代适应性更强，后者的适应性较弱。前者增加子代遗传物质的多样性，在环境不适的时期，尤其是营养或食物不足，导致无性繁殖更替速度明显变慢的时候，增加更适应不良环境个体的可能性。因此，衣藻在食物不足时进行有性生殖，在食物充足时进行分裂生殖。

开放、交叉、创造连接，生物对此同样有好办法。有翅有性的蜜蜂、蚂蚁等昆虫，会在特定的时间段离开亲巢后进行大规模飞行和交配，这可以帮助昆虫后代的基因具备更多可能性，通常这是形成新群落的前奏。"婚飞"可以让基因的组合可能性在群落内外实现有节奏变化的松耦合和紧耦合。"婚飞"带来跨越性的基因交叉，不断为种群创造想象空间，这对于广义上的组合与创新都是同样适用的法则。

人类社会也遵守同样的规律。河平三年（公元前26年），光禄大夫刘向受命整理校对宫廷藏书，并为每本书撰写简明提要，汇编为《别录》，刘向将《别录》中的603种图书分为6大类，38小类，这是对当时的学科知识系统整理。美国劳工部发布的《职业名称词典》1991年版，定义了12700种不同的职业名称，据综合统计全球有2万~3万种不同的职业种类。知识和学科职能分工正在变得越来越细，使每个当代人可以把精力集中在越来越小的领域，服务越来越大的市场。在效率和福利大幅提升时，在这种窄化趋势之下，学科的横向连接会变得越来越有价值，就像物理和数学的相互启发。

特别是在创新不断的商业领域，有更多交叉创新的例子。"得物"是在体育社区用户反馈中发现了运动鞋交易商机，而这里说的运动鞋集合了金融、社交、商品等多重特征，这让小小的运动鞋生意爆发出了强大的生命力，逐步演化成了年轻潮流和内容社区相结合的新形态。真正的创新往往是传统分类方式无法精确定义的复合物。因为创新不遵循来自主流的认知、设计、发展的老套模式，更多是自由地发生、生长、交叉、演化。在开放的环境中，创新总是能够通过自发的组合，实现新的非线性发展的机会。

②关注跨域连接点的可能性

如果我们能不断地向更高的维度去探索，原本看起来毫不相干的事情就可能存在相关性。除了AI有这种基于海量数据的快速探索能力，少数的重度用户也能发明新的使用方式，他们从来不缺乏跨越性的创造力。例如，用户将CD转化为MP3格式才催生了一个行业；例如，一家互联网公司利用负载平衡器和商用计算机等计算硬件创建了第一个云基础设施；例如，单板滑雪板是滑雪爱好者将左右两个滑雪板绑在一起用，才发明出来的；例如，防水相机是潜水员早就发明了的。用户的汽车定制和时尚定制，更是在引领汽车品牌创新的灵感。乐高在这方面有非常多的成功案例。"最终用户"的优势在于，他们拥有最丰富和真实的应用场景反馈，而众多的用户联合起来就能形成更加全面的视角，成为一个社会性的模拟测试引擎。

交叉和连接的边缘地带通常更容易出现创新，例如跨云的机会、软硬件结合的机会、将植物光合作用的ATP机制应用在动物细胞中，这同时也伴随着对多领域能力的高要求。

③组合的增益

确定性可以提升效率，稳定、可预测的交付商品和服务是一种有秩序的价值系统，每一个环节都可以基于这个确定性做整体的优化。而创新则恰恰相反，交付创新的过程恰好是打破秩序的过程，是重新建立连接和新秩序的过程。连接的方式往往是决定性的，就连人类大脑的工作机制也可以印证这一点。相对于神经元的数量，连接数对大脑处理能力的影响更为重要。这就像我们在生活中的表现并不仅仅取决于自己拥有多少资源，关键是我们如何利用好身边的资源，以及我们熟悉哪些资源，这同样是一种网络连接。那么，连接究竟是如何创造新价值的呢？

④"+战略"是转变不是增加

● 红海+红海=蓝海

产品：伴随着不断深入的人类城市化进程，在城市规模推动文明向前发展的同时，人们依然在内心保持着对乡土的眷态。Crossover城市越野车可以部分满足用户的这种渴望，它既有城市道路通勤需要的舒适性，又有在旷野里撒点野的基本通过能力。两个红海市场的结合部，诞生了一个新的蓝海市场。如果我们觉得电动车充电还不够方便，燃油车使用成本高又面临淘汰，那么丰田用"燃料发动机+电动机"的增程技术解决了里程焦虑的问题，也是在特定行业发展阶段非常受欢迎的结合式创新。

组织： 20世纪末期，同质化供给开始过剩，中国的市场经济由一群擅长营销的人推动。奥美北京办公室的创意团队在那个时候保持着较高的水准，一部分原因是不同背景的专才团队结构。我们会发现大家来自不同的地区，说着不同的语言，擅长不同的专业技能。每个人单独工作可能都会缺少灵感，个人能力结构很窄。然而，当大家在一起深入碰撞时，总能产生火花。

● 蓝海+红海=蓝海

科学： 诺贝尔经济学奖一度被行为经济学家包揽，行为学为经济学打开了相对于传统理性人假设的新视角，还有其他更多先进的技术等方面的突破都给传统学科带来了新思路。

硬件： Wyze监测手表用丰富的传感器和交互技术重新定义了手表。智能声控音箱也是同样的例子，红海品类加上新的技术就重新定义了另一个新兴品类，打开全新的市场空间。

软件： 被称为元宇宙典型的Roblox，用社区开发的模式超越了经典的暴雪游戏，"社区+游戏"形成的新世界已经超出传统游戏的娱乐属性，带来了前所未有的参与热情，激励人们共同投入到开发去中心化新世界的创举之中。

网络：在互联网新应用中，"内容平台+电商"的模式改变了用户消费的模式，创造了巨大的增量消费市场。巨大的娱乐流量也为低成本的新品牌创建提供了机会，这对于用户也是全新的体验。把存量的电商生态放到全新的内容场景里去，一个新的供应链生态正在形成。

最后要强调一下，如果是在商业世界里，创造性的连接并不是随意、随机的连接，而是在非常清晰地找到了要聚焦的重心之后，围绕其创造力再次发散。

4.5.3　开放的反馈式创新

不同于以往基于丰富的专业知识来做高质量的设计和规划，更低成本、更加快速、更加精确的测试和模拟能力，带来的反馈数据可以迅速演化出有创造力的新假设。以此为驱动的创新，我们称之为反馈式创新。例如，TikTok即便对你一无所知，也能很快通过你的浏览行为猜出你的偏好，SHEIN也不需要特别专业的设计师，通过用户的互动行为反馈很快就能找到最符合用户需求的新款式。更不要说现在的网络流行新事物，基本都是基于用户的社交互动反馈和群体过滤产生的。

大规模的测试在以往是低效到不具备可行性的方式，但是在线化、虚拟化、数字化改变了反馈效率。这还需要对外部环境的开放性带来充分地内外交换，用户参与、共享资源、开源生态、协同创新，才能够基于充分的反馈流数据驱动创新。

反馈式创新更加重要的原因还在于，高度连接的复杂性、高速变化的不确定性都在迅速变化的新环境里，只能通过后验来提升成功率。构建强大的反馈系统可以帮助你发现使破坏式创新可以成立的潜在的、隐藏的细分市场机会，发现破坏式新技术正在哪些领域开始发挥作用。

反馈式创新比较典型的做法是信号发现、海量假设、反馈的规模与速度优先，以冗余的投入和快速的执行快速形成反馈流数据，并加速创新。例如，字节跳动和抖音就是在不断测试不同的"推荐+视频"产品形态。抖音更大的潜在价值也在于是否能成为综合的视频基础设施，成为承载下一代信息反馈主流内容介质的平台。大规模数字化反馈能力的不断普及，将推动反馈式创新成为主流。

反馈式创新：渐进式创新、涌现式创新。

这是一个以"假设和构想"进入市场为起点，基于持续的反馈，不断完善为有价值的新产品（或新服务）的自我学习过程。大量的技术创新"构想"，经过初步筛选、实验验证、技术开发、市场试销等阶段，最终成为技术成功和市场成功之新产品的，只占极少比例。美国学者斯蒂文等在《3000个构想=1个商业成功》（1997年）一文中指出，对所有产业而言，大约3000个产品构想中才有一个最终转变为成功的新产品。而在制药业，这一比例大约为6000至8000比1。

反馈式创新并没有严格的分类，也许创新本身就没办法被严格分类，只是观察的角度不同而已。反馈式创新可以具体体现在追求稳定性的负反馈驱动的渐进式创新，以及在正反馈驱动下才能完成新状态、新秩序切换的涌现式创新。我们分别看一下反馈效应在几种创新路径中的作用。

- **渐进式创新**

一种情况是新进入和创新问题，真正的新业务和新市场，几乎是不可预测的，我们只能以低成本快速测试的方法先下场，再通过反馈来指引方向。

另一种情况是渐进式创新是内在连续的过程。在一个成熟的业务模式下，每一个新项目都是这个模式的自我复制，并根据业务环境的不同适度变异，这就是这个业务模式生命的延续，业务的生命也是学习、复制、变异的过程。

你也可以认为这是基于负反馈的渐进微优化，立足自身小系统更好地适应外部大系统的变化需求，在实践中吸收因错误而产生的意外发现，最小化偏差并避免偏差的持续积累将会导致的系统崩溃，从而最大化稳定性，并谨慎地探索相邻领域的可能性和条件要求。特斯拉选择从辅助驾驶开始，在车主的真实驾驶应用中不断渐进式优化自动控制策略，不断向全面自动驾驶迈进，这就是渐进式创新的代表。

- **涌现式创新**

涌现式创新更多是单次跳跃的过程，有机会创造新的增长曲线。这需要冗余的能量和外部环境的交换与碰撞，促使自我复制产生大的变异。

涌现是内外部交换信息与能量，在失衡条件下共同演化的结果，诸多可能性中的某一个在正反馈效应的强化之下实现新秩序的切换。在社会性群体网络之中，开始的时候，创新尝试行为会在群体中的少数个体之间重复，例如微博、抖音里面的互动活动，因而总会有新的话题和玩法最终被放大出来形成广泛传播，这就是典型的反馈驱动的涌现式创新。

新事物会自下而上自发生长，与渐进式创新需要尤其关注如何发现外部变化信号不同，涌现式创新更需要关注内部的互动结构和互动机制。

从反馈驱动创新的两个层次——渐进式创新、涌现式创新——来看，并没有绝对的界限，渐进式创新相对更强调对小环境和基础逻辑的回归与拟合，涌现式创新更强调演化在正反馈作用下的状态切换。如果说前者是必然中的必然，后者则是必然中的偶然。涌现式创新一方面要通过群体和大规模试错带来新发现，另一方面要通过开放、失衡来触发正反馈效应，在多种可能性中形成新秩序。

如果更进一步创造新环境，推动更加根本的变革，实现领域的突破，就已经超出了创新的范畴。就像超出了360度的角度范围我们就不能再称之为"摆动"。例如，我们后面会讨论的"域的切换"。

4.5.4　域的切换

人们经常将破坏式创新看作创新的极致代表，其实，当我们以破坏者的身份在原有市场结构上做文章，就已经陷入原有的框架之中，我们的对手决定了我们是谁。更加彻底的创新是，从根本上切换了我们要讨论的对象所在的基础框架。就像在汽车行业，也许我们很难追赶发达国家在发动机技术上的深厚积累，但大规模的补贴迅速彻底地改变了游戏规则，我们在新能源车技术上迅速进入前沿梯队。价值的产生来自资源的优化配置，来自创新，更来自对基础条件的彻底更换，从而找到更大的价值空间。

　　有形式、能力、目标共性的技术集群被定义为技术领域的"域"，现在，我们把这个"域"的概念推广到技术以外。科学范式革命，一般始于"域"的迁移，终于范式确立。在"域"迁移的过程中，发现变多了，积累的反常反馈变多了，进化加速了。不同领域的发展史，都是从范式建立、统一认知、带来确定性收敛，再到域的切换、发散探索，在两个周期之间交替进行。一般而言，在一个特定的"域"内，创造性的连接在已经不能带来新的突破之后，只能升级到通过"域"的切换来持续创新。

　　新的"域"需要新的假设框架、新的假设，来引导试验和观察。观察会带来新的反馈和问题，从而进一步优化假设。例如，基于训练环境和行为主义的强化学习思路，有什么样的环境，就有什么样的AI。

　　人类发展的历史上也经历了十次重大的域切换，尼克·莱恩，英国著名生物化学家，伦敦大学学院遗传、演化与环境系教授，认为这十次最伟大的"发现"分别是：生命、DNA、光合作用、复杂细胞、有性繁殖、运动、视觉、热血、意识、死亡。正是这些重要的切换使生命不断进入全新的阶段。

　　对于未来如何发现新的"域"，物理学的突破寄希望于下一代加速器，天文学需要更强大的太空望远镜，从而在认知方面突破域的边界，获得新的外部反馈输入。然而，过去10年，美国国家科学基金能够支持的资金申请从33%降到了

23%。这个依靠政府做大规模资金投入来建设大设备的循环，已经陷入了困境，这也是科学界当前所处的尴尬境地。

● "域"的切换是创新的起点

环境转变，从中心到边缘，即"域"的切换对于创新和演化是决定性的。生存环境的中心区域往往伴随最激烈的生存竞争，这经常导致在巨大的生存压力之下不得不进入局部优化的陷阱，多携带一个多余的基因，生物体就要付出额外能量，从而失去了长期有利基因进化所需的冗余性。在竞争并不激烈，且更容易产生外部交流的边缘生存空间，新物种更容易诞生。商业领域也是一样的，下沉市场、年轻人群都是来自边缘的创新。在这方面，克里斯坦森教授已经做了大量的研究和阐述。

● 切换"域"可以诠释出全新的意义

学术界在关于进化论的大讨论中提到，由于测算得到生物进化所需的时间无比多，就有人做了一个生动的比喻，通过缓变的基因变异进化出高等级生物，就像龙卷风经过垃圾场，风停后一架波音飞机被组装制造出来，以此来表达单纯变异进化的低效，和对变异不可能独立完成生物进化的质疑。后来，在基异变异测试中人们发现了奇怪的现象，有些噬菌体的变异速度千倍快于突变速度，后来人们就发现，原来DNA上的突变不止依赖随机复制的错误，更多依赖于基因平移。假如一个真核生物发生好的变异并传递全族群需要100万年时间，可是假如是细菌的基因与宿主的基因发生重组，这个过程就会被缩短到几年。以此来计算进化的时间，进化论就更经得起推敲。

在基因平移的过程中，一段基因在原有的生物体和新的生物体上表型完全不同，"域"的切换让同一段基因诠释出新的意义，同时也在帮助世界加速进化。

- **切换"域"是最根本的创新**

在计算领域，据OpenAI统计，自2012年，每3.4个月人工智能的算力需求就翻倍，基于硅的摩尔定律带来的算力增长已无法完全满足需求，而光子彼此间的干扰少，可以提供相较于电子芯片高两个数量级的计算密度与低两个数量级的能耗。从硅到光，只有切换到新的"域"才能取得更大的进展。

- **切换"域"就是切换价值网络**

将任何一件事物看作中心，其周围都围绕着一个价值网络，同时，每件事物都是围绕其他事物的价值网络中的一个节点。相互交织的依赖关系是相对稳定的，这使价值网络对创新的束缚体现在相互利益交换诉求的捆绑和对能力的约束。域的成功切换，需要价值网络的切换，就像你要换新能源汽车，就要考虑是否有足够的充电设施分布在你的生活半径之内，是否有相应的维修保养体系。反过来看，新能源汽车和硅光芯片也是以全新价值网络实现"弯道超车"的。

跨领域地使用先进生产力会给自己带来优势，这是主动改变游戏规则的好处，而完整地切换价值网络则有巨大的成本，这是坏处。然而，有时候坏处无法避免。

4.5.5 生态位迁移：穿越周期

一味优化产品的人，一定会被淘汰，因为陷入局部陷阱会让你错过周期切换的最佳时机。所有正反馈驱动的高速增长都会面临极限，就像"土地价格"与"债务投资建设"驱动增长的正反馈组合最终会达到市场无法再承担的价格点。发现并借力新的趋势，重新加速增长是成功进入新周期的标志，当然，这还需要将外部的机会和内部的能力统一起来。生态位迁移不只是像风筝一样被动地借力起飞，还需要像鸟和飞机一样由内而外地放大外力，更好地借助周期性的趋势之力。

内部周期：穿越周期的难度在于，公司取得的现有成功是努力和运气共同作用下的OCA，而迅速成长的规模和与之伴随的做法会被认为是成功的原因而被不断强化，从而忽略新机会，更重要的是公司高管不认为成功是因为他们踩中了某个新机会。在越复杂的市场里，运气越是有重要作用，第一次成功的运气是无法被轻易复制的，所以无法穿越周期并不是新鲜事，而穿越周期的渴望本身就是自负的，因为新旧更迭是世界保持快速进化的规律。或者说，公司要先突破内部周期的惯性行为，才有机会利用新的外部周期。

外部周期：从更大的范围来看，霍华德·马克斯将周期分为经济周期、政府干预经济周期、企业盈利周期、投资人心理和情绪钟摆、信贷周期等多层次的多个周期，并认为人的参与、情绪波动放大作用和人的极端倾向是助推周期的本质力量。除了经济和金融周期，更加基础的影响力来自技术周期。综合而言，我更倾向于认为，公司发展所经历的每个周期都是一个又一个由外部变化驱动的、表现为正反馈循环组合更迭的内在周期。在每一个有特定主秩序的正反馈循环组合的更迭背后，都是外部机会和内部能力这两个点的组合在更新。就像一个新的潮流会引众人追随，从而变得越流行越被人追随。当众人皆知时就失去了其独特性，之后再开启新的流行周期。

很多企业的发展困于周期切换，通常基于上一个周期的组织关系和机制设计发展下一个周期的业务能力，新生产力和旧生产关系的矛盾就会导致内部冲突，但这是大企业在巅峰之后普遍存在的现象，这也是大企业无法完成穿越，陷入困境的重要原因之一。

周期迁移的模式

在不同要素之间跳跃性地再连接、再组织，是进入新周期的一般方式。

- **新机会+旧能力**：这需要组织有对市场变化的极高敏感性和提出创造性假设的能力。日本茑屋书店在书店和DVD出租的生意基础上，在老龄化的社会趋势下成为新的潮流生活空间，以生活方式提案整合了新的消费形态，并拓展了新体验和新的收入来源。

- **新机会+新能力**：这意味着全新的革命。例如，AI能力的创新使智能音箱这一全新的市场被催生。并且，多模态交互的发展可能会改变更多的硬件，形成智能化的场景整体解决方案。这背后的新机会是，互联网应用在不断渗透每一个生活场景的过程中，少数场景和少数人群并不适合以文字和按键为交互方式。

- **旧机会+新能力**：这往往是由技术创新推动的。例如，共享出行的旧机会和Robotaxi的新能力可能会打开新的万亿级市场，让人们的出行模式进入新的发展周期。这可能是最顺畅地进入新周期的模式，将新的能力装进原有的市场交付优势体系，相对会有更高的成功率。

穿越周期的节奏

惠普完成了至少七次成功转型，IBM至今领导量子计算，在这些成功穿越周期的公司实践案例中，存在着共性因素。在新周期重新建立与市场适应关系的过程中，主要考验的是公司能力，其灵活适应性。在不同的矛盾中间快速调试，不断保持适应就会忘记周期，因为周期只是人的某种认知模式，世界本身永远是连续的。

不同的周期被层层叠加，它们之间更多是挤压而非替代，我们可以从更多的角度来观察周期的内在规律。

- **变与不变**：穿越周期只有两种方式，一种是抓住不变的本质和人类的基础课题，另一种是快速发现变化并适应变化的能力。在不同的周期之间也会有连续性，例如，亚马逊在电商和物流、云计算、流媒体等不同的发展周期里，都有一个共同的模式：大规模的高固定成本投入，带来极低的边际成本优势。变化的是对不同外部机遇的反馈，从互联网到云计算的迁移方向非常清晰。更重要的是，立足于不变的客户需求，例如，亚马逊始终专注于用户对价格与时间的需求，再以变化的形式更好地满足用户。如果选择了"变"的模式，重点在于如何识别变化中的关键变量，并准确判断时机，这两点缺一不可。最终，分清楚变与不变，以需求场景、机会、能力等变化的东西更好地满足、实现和加强不变的东西。
- **分与合**：弹性的适应能力特别需要体现在组织上，这是一切的基础。在不同的市场条件下，组织形态需要在创新驱动的阶段通过去中心化获得"自下而上"的力量，

鼓励基层自主研发，发展出多个创新业务，并保持创新
业务充分的独立性。在成熟期或者追赶期为了集中突破
市场就需要集中力量，快速取得突破性进展。在遇到业
务互补和规模性问题的时候还需要灵活地重组、并购和
拆分。总体上，从下到上还是从上到下，聚还是散，分
还是合，都在动态之中。

- **远与近**：大公司应该非常清楚自己的历史包袱，如果无
  法像创业公司一样孤注一掷，那么就应该面向更远的未
  来和更宽的范围去做长期规划，以获得相对的确定性。
- **内与外**：外生的驱动力和内生的驱动力均不可或缺，一
  个决定了天花板有多高，一个决定了赢的为什么是你，
  分别是导入期和成熟期的重点。重点关注外部创新是为
  了内外对比，达到适时迁移和持续进化的目的。
- **慢与快**：以微小改进的持续积累完成内部优化与以
  "域"的快速切换完成创新迁移，这两种模式交替进行
  才能持续增长。两种节奏不同，但后者也包含前者的厚
  积薄发。此外，制造业里有很多从来不抢跑的"隐形冠
  军"奉行"慢即是快"的原则，同样能够行稳致远。

周期性迁移的风险和难度在于，每一个新选择都将面临长
周期反馈。很多国家都走过"先污染，再治理"的路，碳经济
的短期低效和长期高效对于任何短期决策的机制都是艰难的。
这需要个体的智慧和眼光，更需要一个科学的机制做保障。

结构性迁移

对于成熟业务，有一种周期性延伸是在市场结构上的变
化。可以是从头部细分市场的内部封闭经营模式，转化为面

向更长尾市场部分的平台模式，向外部输出，就像亚马逊。
这和寻找下一阶段模式创新的纵向演进模式一样可以为公司
提供下一个市场发展空间。

战略的另一面，不断创造不确定性

在业务的增长期和成熟期，战略追求确定性，追求多参
与方之间的动态平衡。这就像生物反馈机制形成多物种间的
多方动态均衡，商业体的成功标准是与来自需求方、合作
方、监管的反馈，达成三角形的平衡和整体收益最大化。从
更长的周期和更大的范围来看，业务边界的把握要和大环境
的变化与均衡的动态趋向一致。

在业务发展的成熟期，就需要主动创造不确定性，寻找
创新，才能从根本上消除"内卷"。创造不确定性首先要突
破现有的默认陈规，例如谈到竞争的时候，大家都会认为另
一个品牌的同价位车就是主要竞争对手，大众旗下的Polo会把
福特旗下同价位车型当成最直接的竞争者，这种思维通常无
可厚非。但我们通过搜索引擎的Co-mention数据就可以看到，
在用户的搜索集里，同时被高频考虑的品牌才是这个品牌最
直接的竞争对手。百度和麦肯锡的一项合作成功帮助一些汽
车品牌重新定义了竞争的概念。从用户需求出发重新定义竞
争的"域"，基于反馈数据而不是习惯的方法，这是面向下
一个周期的必要心态准备。

在破除惯性的同时，其挑战在于新旧业务进化方式在同
一个大组织内的平衡。进化总有很多相似之处，在商业和智
能算法中也可以相互印证。对于商业组织，既需要建立内部

驱动、面向增长、短期迅速提升效率的正反馈机制，又需要
面向外部、驱动长周期代际升级的负反馈。在智算法领域，
李飞飞团队参考生物进化框架创新的强化学习系统，在一个
对具身智能体的自我进化模拟中，算法的进化也表现出了这
个共性现象。一方面，算法通过内部强化学习循环优化了神
经控制器的参数；另一方面，智能体要对外反馈，通过变异
操作优化智能体的形态，优化自身功能体的物理结构，实现
代际升级。这和短期发展与穿越周期同时并存的现象类似，
进化会同时发生在不同时间、空间的尺度上。也正是因为如
此，发展新业务通常需要在独立的土壤上做冗余的投入，并
且通过更加侧重外部导向和反馈数据驱动来突破惯性的局
限，以牺牲效率为代价让可能性变多。

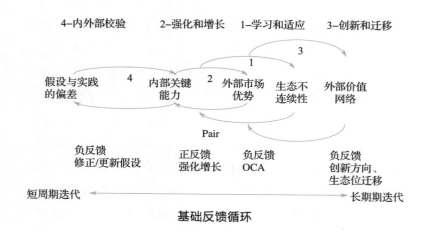

基础反馈循环

反馈是不断平衡和适应的过程，也是不断打破和切换的
过程。

反馈机制在封闭和开放之间切换，在控制性和稳定与不确
定性和创新，这两种状态之间追求平衡，从而可持续发展。

4.6　智能商业的定义性模式

　　基于简单反馈规则的算法，结合海量的反馈数据，正在解决复杂问题方面创造让人惊奇的表现。如果HFL可解决多数问题，那么我们只要开放且实时地加速数据反馈，提升反馈数据的知识转化就能解决问题。当我们关注特斯拉、亚马逊、Echo智能音箱、ChatGPT、TikTok、奈飞、SHEIN、Here地图、Stich Fix时，会想到什么？如果说iPhone定义了智能手机，那么数字化时代的商业模式样板应该是什么样的？

　　这些公司提供的产品和服务，都具备从用户的应用反馈数据中实时学习的能力。在化解隐私挑战的同时，分散在众多长尾场景中的用户在使用过程中产生的全样本数据反馈，能够帮助AI从根本上解决开放性问题，更客观而完整地展示产品和服务是如何发挥作用的，真实的世界是如何运转的。并且，端侧计算可以使反馈速度和学习循环的周期接近最理想的状态。最终，使世界变得可计算的同时，对于如此大规模的数据只能通过算法的自学习才能充分挖掘其中的价值。算法的目的也不再只是为了完成某个判断任务，而是要持续积累知识和实现学习能力的连续进化。这和以业务测试发起者为中心的试错和迭代有本质的不同。

　　实时的反馈数据意味着，用户的应用体验和产品及服务背后的算法策略学习在同步进行，以一体化的方式发生。在与用户的每一次交互中，产品和服务都在反馈中同步进化。在对话中越来越懂我们的智能音箱、在百万车主的驾驶行为反馈中快速学习驾驶策略的特斯拉影子模式、实时更新的短视频推荐流、实时自动学习用户出行路线的地图快速更新道路信息……在数字时代，我们称之为实时自学习系统（Real-time Self-Learning System，RSS），实时自学习反馈数据中变化的规律，以进化加速带来的优势取胜。将大规模的数字化反馈流通过自学习算法高效转化为知识，这需要符合数据分布和学习机制的新业务架构，不但要建立数据飞轮还要跨越长尾鸿沟。AI成功解决了端到端99%的问题，最后的1%如何突破？这正是RSS要讨论的。

4.6.1 学习效率的奇点

变化的世界中包含无限的知识，一切我们需要的答案都以某种数据分布形态存在。如何挖掘数据，突破学习效率的极限，RSS独特的从反馈中高效学习的机制，主要体现在拟合度、自主性、应用驱动、永续进化四个方面。

最大化拟合现实，最小化学习周期

数据对问题的拟合程度决定了求解的质量，在保护数据隐私之外，对于这一代AI算法更加重要的是长尾场景覆盖能力，所以我们才强调"端"的自然分布非常重要。只有这样才能客观合理地覆盖尽可能多且实用价值更高的，以及低频但可能让整个AI系统在应用中面临崩溃风险的"冷场景"。

我们还要强调实时的动态变化，这样才能充分地表示世界的运转状态，才能让算法从中准确地学习到客观的知识，并支持自监督学习对数据序列的要求。另外，越新的数据自然价值越高。

还有一个对数据的要求是，数据的实时获取和计算要结合场景，这样就能以在场的方式不断提升反馈速度，从而将HFL的学习周期无限缩短，进而加速进化。

自学习的智能体

面对海量数据，只有算法自学习才能让数据发挥价值，光靠人力是无法胜任的，更无法持续加速。基于智能技术构建业务模型，让业务成为自学习的智能体，算法自学习能力的特别之处体现在：

- **可以自学习表征方式，来更高效地理解和表达。** 比如，自动驾驶汽车的感知系统，可以主动定义最具识别性的感知对象特征，以极小数据量的局部特征高效区分对象。对于人脸识别，也许是识别鼻子和眼睛之间的三角区特征，也许是眉梢，也许是某些特征的组合，这些隐性高维特征识别可能难以被人理解，却能迅速而高效地把握问题本质。这种表征还需要从形式到意义的跨越，例如，ChatGPT可以通过统计表征文本中的规律，以此近似拟合内在的逻辑和意义，但这还只是一种基于外在形式系统对意义的模拟，而非直接表征。
- **能够自主发现和学习规律。** 在科学领域，DeepMind与顶级数学家合作研发的AI，希望解决对称群（Symmetric

Group）的组合不变性猜想问题，我们从中看到了数学研究的前沿，"AI指引人类直觉"的可能性。普通人难以从海量数据中发现隐藏的模式，算法会先通过监督学习来验证数学对象中的某一结构/模式的假设是存在的。然后，再使用归因技术来深入理解这些模式。在这个过程中，AI能够以人类无法比拟的规模输出数据。更重要的是，算法还能够从数据中挑选出人类无法检测到的模式，形成新的假设。这在风控中发现异常和风险之间的关联规律、在供应链预测等广泛领域，都有极高的可用性。此外，算法对模式的理解与人类不同。例如，在多模态感知工程中，人会惯性地将内容分成不同的模态分别处理，这更多是受人类认知模式所限，而算法就可以跨多模态融合学习。

- **自主优化策略。**一方面，随着新能源应用渗透率不断提高，电力供应系统的运行面临越来越高的复杂性；另一方面，电源结构地不断转变使系统惯量降低，对于电网调度优化的计算颗粒度需要变得越来越精细，计算效率越来越高。面对这些挑战，传统的机理分析已经出现瓶颈，结合数据驱动的思路可以打开新的优化空间。强化学习算法擅长在高不确定性场景下学习优化策略，例如，在航运路线规划领域，就已经有很多成功的优化案例。现在，对于电网的"最优潮流"优化问题，算法已经形成系统性的自学习策略。这包括"对变量的线性化处理"，以及"将累积收益最大化设为目标"，并结合"安全约束"，融合"数学建模方法"，使这类有不确定性的优化问题可以被强化学习算法更高效地解决。

如果没有自学习能力，大规模的反馈数据将无法被有效处理。从自学习感知特征到自学习语义特征、自学习推理和创造性能力，自学习的能力要求它具备自主提出假设的能力，这是下一步探索的关键。

①将业务抽象为函数，一切皆可计算

数字化是将复杂、离散多样的现实世界变成了一个抽象函数，基于假设框架，在反馈数据持续更新的过程中不断学习、优化、收敛，快速地自我进化。

以一个函数的形式经营一家公司，整体业务的运转会基于全面、精确的数据预测和模拟形成策略假设，并以此来预先分配和管理资源。同时，根据实时反馈的偏差和运筹学模型，经过精确的敏感性分析测算，生成应对业务环境变化的策略调整选项。例如，亚马逊会基于精确的需求预测，来配置上到流量分发，下到库存补充的全链条资源，从而实现效率最优化。当实际情况反馈与预测有偏差时，模型也会有针对性地计算出多目标优化下的最优选项供取舍。

这种分析能力，可以被称为"全尺度分析"。一方面，我们可以将成本和损益在时间和空间的角度分解到最小SKU微观单位；另一方面，我们也可以在整体收益的宏观视角模拟复杂系统交互影响、评估局部变化对整体收益的潜在影响，从而可以避免结构性的相互蚕食效应（在产品组合定价中常见），发现和放大增益效应，从而实现基于运筹学的多目标优化。

智能计算持续升级的频率越来越快。频率的意义可以通过一个例子生动体现，假设银行的利率是100%，例如我们存入100元。如果一年计算一次利息，连本带利息就是100+100=200（元）。如果是半年结算一次，前半年，连本带息可以返回100+50=150（元），然后马上再存入银行，150+75=225（元），如果把利息循环周期切得越来越小，半年为周期本息合计225元，更新周期缩短，频率加快，快速循环的复利效应将会为智能商业持续放大优势，快速突破正反馈的临界点，形成生态性的自强化效应。

这种变化将从"具备充足的实践数据""对于人类直觉可以秒级响应"的领域开始自动化，例如对于声音和视觉的感知，边界清晰且不需要复杂推理过程。再到通过自主感知、自学习和认知、自主控制解决更加开放的问题，这需要一个渐进的过程。

②用比特重组每一个原子

ChatGPT在最小的语言单位上学习关系并重新组织，具备强大自学习能力的算法，在追求经济效率和优化资源配置的时候，会以最符合业务内在特征的方式来理解业务。内容和商品、服务的特征维度会被数字技术拆解到最小基础颗粒度，而且这不是由人来贴标签的，而是基于数据和算法定义的强特征。这个系统可以在更加接近本质的层面，以更加精细的维度来刻画这个世界。这得益于海量丰富数据的精细刻画能力和强大的计算能力。反过来，软件定义世界的精细切分也会带来更丰富的反馈数据。这种最小单位重新组织的方式已经体现在很多地方，例如SHEIN的"小单快反"，一笔订单只有100~500件。就连用于视觉识别的AI算法也是这样工作的，从单个像素到特征，从局部到整体，从形式到语义，再用基础的常识层层向上组装出面向特定领域的专业知识。RSS既能贯穿全链条，实现端到端的全局优化，也能对无限细分的最小单位精准配置。

从最终价值交付的角度来看，数字化商业交付的将不只是常规意义上的商品或者服务，而是需求价值点基于最小单位的个性化、创新的重新组合。而服务和功能的最小单位标准化、通用化，为不同复杂场景的组合可能性、拟合适配能力提供了基础条件。这就像目前最先进的芯片也是由一粒粒"沙子"组成的，每件商品拆解到更基础的原材料都是同质化的，但算法可以将这些基础的元素组织成有效的功能，在商品和商品之间也可以再进一步组织成面向特定生活方式的一个个完整解决方案，同时匹配到具体的需求和场景。智能的组织和匹配方式在创造更大的价值，这比互联网通过连接实现优化更进一步。

生物领域也进入了数字驱动的精准编辑时代，例如针对特定疾病对T细胞进行精准基因编辑和扩增的CAR-T技术，以及在mRAN的编码序列中引入特定分泌信号，在胞内产生对应蛋白产物，刺激人体的免疫系统产生精准免疫反应的mRNA技术。新技术针对特定的疾病定向学习，并通过精准的重组提供有针对性的解决方案，在更直接的微观层面解决问题，这与RSS的架构异曲同工。

③自学习、自定义的标准化

在智能算法的重新组织之下，从生产前的设计与定义，到虚拟测试，到供应链，再到个性化的用户触达和信息展现方式，每个环节都基于动态数据精细化定制，以最精确的方式让每个部分成为其应该成为的样子。特别是对于非标类商品和服务来说，会迎来更彻底的变革。例如，服饰等非标准化的行业正在被数字化解构，并再由算法来定义新的标准，前端有抖音电商以内容数字化带来的货架形态变革，将兴趣解构为海量标签，后端有SHEIN代表的数字化供应链生产要素重构。例如，生鲜的品质标准可以通过算法从反馈数据中自学习来建立。例如，零食的口味创新和推荐引擎可以像短视频一样让用户上瘾。在更加精细的颗粒度上实现"个性化"的标准化，同时还保持着高度的动态性。这就像亚马逊和优步的动态定价，能够在匹配性和时间等多维度实现深度优化，同时优化"需求的个性化满足"和"资源的最大化使用效率"。

④基于开放共享的端到端完整循环

为了保障全面的一致性优化效果，单纯地在局部环节优化无法达到整体的最佳反馈效果，这需要全链条成为一个反馈的整体，更少的分割意味着更少的反馈效率损失，现在数字的反馈链可以帮我们做到。特别是在打通C端与B端之后，在结合部分的效率损失转化为内部问题后，就可以被更有效地优化。

AIGC设计的服装款式越来越接近人类设计师，已经很难被辨别，基于RSS的算法将自动生成设计和规划假设，并通过仿真完成模拟测试进化，数据丰富的电商平台可以将测试的新品订单直接发给合适的工厂生产，形成端到端最短链条的联合优化。

　　奈飞会员观看的80%以上的电视节目和电影都是通过个性化算法销售的，这里面的部分原因是，生产环节就是由这些数据在驱动的。奈飞的发展历程可以给我们的启发是，业务的内核应该是数据和以数据定义的产品框架，并以此贯穿所有环节形成一个数据反馈整体。

　　在新一代技术实用化之初，高度垂直整合总是主流，但这次是基于开源和非标准化定制来实现的。在智能时代，供给侧有越来越多开源、开放的第三方能力，就像ARM的开放授权，支持开发者定制高度差异化的独立纵向生态。数据、软件、硬件在整体的层面实现相互之间的优化，从而能够突破性能的极限。这就像在智能手机和智能汽车领域正在形成的，"一个开发者主导，多环节开放能力外部获取"的市场结构，这也体现出端到端优化的方式。

应用就是学习

　　更大规模的应用和反馈是演化的根本驱动力。有人悲观地认为，到2026年，样本数据将无法满足大规模预训练模型的增长需求。我个人的看法是，数据的产生和模型的应用应该是一体化的，这将是最高效的数据处理方式。每一位用户都是算法训练师，实时学习用户在应用过程中的反馈，通过用户的全量应用反馈数据培养服务能力，再实时反馈给用户，周而复始地循环学习。如果洞察只是抽象的描述，无论多么精确都非常有限，要持续将新洞察转化为新假设来进行测试，在用户的使用中不断测试和优化，才更有现实意义，才能够持续在我们提供给用户的功能/服务和用户在应用中表达出的需求之间，探索有用的连接形式。说到底，创新就是以"当下有用"为起点的演化历程。当下没有"用"，就没有反馈，"用"就是在进一步的优化。

①用真实世界的运行实时训练模型

没有应用就没有反馈，火箭工程师用的关键方法就是"即飞即测"原则，在火箭飞行的过程中进行测试。简单来说，就是在真实的应用场景中进行测试。在应用中测试、反馈、升级，相对于常规的测试验证方法，模拟的真实程度和反馈的速度都是最理想的。加上有先进技术为我们收集测试数据，为最小化观察者效应和认知偏差提供了更好的条件。

用户的完整体验就是最大的试错工程，在RSS里，数据的反馈和用户应用是一体的，算法的训练和用户应用是一体的，数据、算法和产品是在应用反馈中产生的。就像在军事领域，传统的侦察和打击是分开执行的，而现代战争中演化出来的新方式是"察打一体"的无人机战术。而商业模式的一个要点就是，如何为业务设计"用户应用中的反馈机制"，从而取得进化优势。其实，从反馈效率的角度来看，很多业务模式的优劣就很容易判断了。

所以，不断降低技术应用的门槛是必要的，软件开发要越来越容易、快速，AI应用要越来越简单、便宜。最终的技术变革应该来自行业里的人掌握了新技术，而不是技术人员进入不同行业。复杂和昂贵的事情交给共享的模式去解决，例如开源和云。这样才能扩大应用规模，加速反馈进化。

对于企业用户也是一样的，任何好的技术系统都不是靠设计做出来的，而是需求场景和应用规模相互打磨压测出来的。我们可以认为这是基于有效应用的反馈演化，所以微软的产品有"到了第三代才好用"的说法。而很多云计算公司的内部私有云迟迟不迁移到自己的云计算平台也是同理，因为私有云是在自己的应用过程中历经考验完善得出的。

在应用中学习和优化带来的另一个影响是，未来的商业模式也将转变为基于应用赚钱而非购买，这样才能够通过扩大应用和反馈数据规模加速学习，创造更大的价值。

②学习的次序，由小到大的适用范围

在医疗领域，我们相信复杂生命最终会被数字化，并使健康水平飞跃。2022年7月，美国食品药品监督管理局发布"数字健康创新行动计划"。数字疗法随之热度上升，具体是指由软件程序驱动，以循证医学为基础的干预方案，用以治疗、管理或预防疾病。数字疗法通过数字化手段将现有的医学原理、医学指南或者标准治疗方案转化成以应用软件为驱动的干预措施，可有效提高患者慢病管理的依从性和可及性，是突破传统药物治疗的局限性的创新方法。数字疗法的巨大想象空间在于其业务过程中沉淀的数据。迄今为止，医疗行业的数据共享成本极高，而数字疗法应用过程中重要副产品之一就是以患者为中心的实时、在线的临床数据。更快推进数据化的业务模式，才能更早应用RSS。

在开放性学习任务方面，低价格和成本、需求快速变化，以及可被自学习算法标准结构化的非标准化领域，会最早被算法突破。高创造性附加值、文化附加值的领域可能是最后被改变的。几年前，我曾经在一家公司尝试将算法的生成能力应用在更多的领域，虽然那时候还没有ChatGPT，但我认为当时的序列映射思路已经接近突破。结果发现，以自然语言生成（Natural Language Generation，NLG）为例，心灵鸡汤类的低质量网文可能是智能最接近的形态。因为有大量的可低成本获得的网络数据可供算法学习，而且这是一个创造性附加值较低的领域。当然，这类早期的成熟场景也可以在规模上取胜，从而创造广告的商业化价值。但是，我们应该看到的是更远更有价值的AIGC的未来，虽然我们有时候只能以某些看起来缺少吸引力的方式开始反馈和学习的循环。随着数据和知识的不断积累，很多行业都可以像今天的数字化制造领域，大幅度提升效率。我们通过数据生态快速学习，由小到大的扩大应用，再进一步扩大数据反馈的正向循环，从而推动行业发展。

③越用越好

RSS的特点不在于它开始的时候比人类制定规则的做法强大多少，重点在于它快速循环的进化机制是人类无法比拟的。基于海量实时数据反馈的自学习算法在进行高维数据学习的同时，能够将学习中升级的新知识以更快的速度再反馈给用户，在用户应用的同时再展开新一轮学习升级。RSS以算法将业务重构为进化智能体，并持续为其演化加速。

开始的阶段比较困难，通常会面临"鸡生蛋，蛋生鸡"的问题，模型需要大量数据才能越来越好，而不开始应用哪里有数据呢？一旦选对了边界清晰的业务场景，设计好人机分工的边界和预期，让算法启动自学习的循环，人类就无法追赶，因为它可以无限地共享知识，因为它有近乎无限的数据和算力，可持续地自学习升级。

有了数字化的反馈流，应用实践就可以快速驱动业务从0到1，从1到10再到100的自演化。大规模消费带来的反馈进化正在驱动民用科技快速超越传统的专业领域，例如，手机摄像头在接近专业相机和入门级天文望远镜。此外，原始创新也不一定来自实验室，工程化应用在以更快的反馈学习速度快速进入新领域。

对于AI，我们不能押注于一步达到通用智能，在算法不断成熟的过程中，不断会有新的场景和生态在应用反馈的驱动下成熟。而且，我们并不需要过于绝对地看待AI和它的边界，我们需要的是数据和计算不断驱动的变化中的新机会。

总有更好的算法

数据是不会枯竭的资源，将数据应用在新的场景会获得新的反馈，并推动使用数据的方式自身不断进化，这为永续学习提供了条件。

从网络效应到数据共享效应。快速精益迭代可以迅速创新，把握建立网络效应的关键时间窗口，这个游戏规则成就了当前的几家大型互联网公司。然而，供给者面向最终用户的直接连接能力越来越普遍，正在挑战互联网公司基于网络效应提供连接能力的平台价值。在供需直接连接模式下，数据的直接连接和内循环使"最简反馈循环"不断加速，就像很多行业的DTC。换个角度来讲，不能直接连接C端用户就无法实现最高效的反馈，从而失去价值。而在智能时代更加重要的是通过数据和知识的跨主体共享效应，帮助独立的直连模式得到更多外部启发，加速学习，这是新的平台价值来源，例如开源算法。基于共享，新的实践反馈的数据只会越来越多。

看不到尽头的价值增长曲线。工具类业务的价值增长空间往往受限，例如地图的准确率达到一定的阈值，用户对进一步的提升感知并不明显，进一步的边际投入收益就变得有限。制造业也类似，在汽车的安全性普遍做得比较好的时候，用户也难以此区分不同品牌，当然，这并不意味着这些事不重要。而先天具备开放特性的数据驱动的智能化作用在以上这些业务上，则会发展出一条近乎无限的价值增长曲线。数据化的潜力还没有被充分释放，智能化创造附加值的道路更加漫长。

新品的概念将消失。因为所有产品下线的一刻都将包含对最新市场进展的理解，都是实时升级的新品。从用户应用的实时反馈，到产品和服务优化算法，再到模拟环境中的测试和升级发布，这个过程将是连续的循环，创新也将基于反馈系统成为业务运行的常态。以往，建立自学习效应的领先优势要靠市场先发，例如中国对4G和新能源领域的政策支持加速了应用普及，TikTok和宁德时代就在全球范围内获得了优势。未来将基于反馈循环的速度和效率优势赢得胜利，谁能更快学习和反馈市场变化，谁就是基于创新获得优势的领先者。

4.6.2 未来的领导者正在基于RSS成长

RSS充分应用了这个时代最先进的生产力，通过大规模数字化反馈流和算法自学习不断扩大智能应用的胜任场景。这包括自动驾驶可以应用于越来越多的长尾驾驶环境，推荐算法可以发现更加长尾的优质内容，并将其推送给更多相关用户。这是由小及大、由少及多的以反馈数据驱动的自学习过程。最终，基于进化优势不断扩大的应用规模将进一步拓展数据反馈，这种正反馈效应可以帮助公司超越常规公司。就像马斯克在公开特斯拉专利的时候提到的，学习和创新的速度才是关键。这种自学习效应体现了反馈数据规模与智能进化速度、智能水平优势带来的应用规模之间的正反馈，这是RSS的基础。就像两个量化交易员，他们相信世界有规律、可预测，其余的就是基于反馈数据和计算的学习速度竞争了。

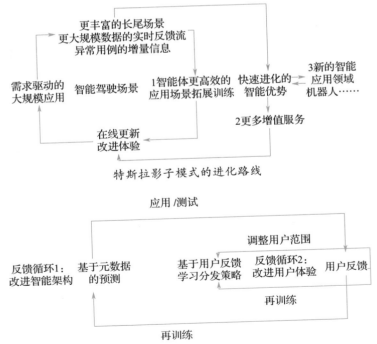

特斯拉影子模式的进化路线

TikTok以用户反馈驱动的推荐策略

技术路线：最大化AI算法潜力

RSS的核心在于，这可能是最适配智能技术的架构，是对数据和智能算法内在逻辑的外化，虽然算力仍然是决定性的，但这两个因素在AI业务化的过程中会起到更加微妙的作用。海量的反馈数据需要自学习算法，而这一代AI的自学习算法基于统计学，以具体场景映射具体策略的学习架构工作，这就需要不断拓展学习长尾场景，需要与真实世界分布结构一致的分布式的数据源，且规模越大越好，以提升AI应对开放环境的能力。每一个认知之外的新场景，都有可能使整个知识体系产生新认识，帮助我们不断趋近本质。即便是大模型，也是规模驱动的，而不是可泛化能力驱动的。大规模分布在不同应用场景中的"端"在多样化的反馈数据中"学习+云"的RSS就是为此而设计，基于嵌入不同场景的"端"最快地获取数据，基于分布式智能最大化长尾场景覆盖并最快适应新环境，结合云提升学习速度和知识共享，RSS是应用、数据、计算一体化的反馈架构，可以持续提升反馈数据学习、共享和升级的效率：以端云结合的方式最大化长尾数据覆盖的同时，最小化学习循环周期需要的时间。

以特斯拉影子模式为例，来自分布式"端"侧的反馈流就是全样本的动态数据集，分散的车辆"端"本地算法模型，在后台对车主驾驶策略与模型预测之间的偏差做出不同应用场景下的实时反馈和学习，这和Prompt Learning异曲同工。用户使用产品、服务的过程和算法在用户反馈中学习和训练的过程是同一个连续过程。我在2016年获得的自动驾驶控制策略发明专利授权使用了类似的思路。事实上，ChatGPT同样使用人的反馈来优化算法。此外，在"端"的本地计算，而不回传用户隐私数据到云端，通过解决隐私问题实现规模化应用是非常关键的，这可以真正让数据围绕价值高效地运转起来，形成持续学习的循环。来自不同车辆端的脱敏"知识"数据集中在云端，可以共享并同步升级所有车辆端应用，云端模型还可以基于反馈数据规模的不断积累涌现新知识，特别是当数据、知识、智能汇集于一点才能激发潜力，这个点就是云平台。总体上，这是一个兼顾隐私和知识共享的方案。

在具体的技术架构应用中，首先是采集反馈数据的模式，创新导向的业务一般需要开放式的大规模数据反馈，来追求更高的智能化程度。对于具有特定要求的、相对封闭的具体应用场景下的效率优化，则强调精准的小闭环反馈数据，例如亚马逊的供应链优化。其次是计算模式，创新导向的业务基于开源和用户众包，连续的反馈流数据序列使算法的自学习方式可运转，更多以数据驱动的端到端算法尝试攻克以往没有解决的难题，并以分布式端侧计算和云端计算、知识共享相结合的方式工作。而效率优化导向的业务更强调软硬件一体优化，更强调机理数据、人工规则代表的行业知识对算法的增强，再与数据驱动方式结合，来解决安全问题等要求更高的可用性问题。

数据驱动的本质是应用和反馈驱动，除了可以通过端云结合（端的定义包括用户、机器、产品、服务、开发者等）、知识共享的方式加速学习。还可以通过组合推理生成等方式、多智能体博弈推理等方式做算法训练的进一步拓展。这两个基于数据的飞轮可以通过虚实结合的应用环境，借助云端计算和仿真能力为算法的学习交替加速。采集结合生成，应用结合模拟，可以让新的业务架构在学习和进化速度上远超以往任何时期的业务模式，并且很多业务环节都可以通过"反馈+自学习"的RSS提效。

RSS突破AI应用"最后一公里"的方式在于群体智能。例如，在自动驾驶领域比较难的是自主控制策略操纵车辆安全完成左转弯，在车辆以复杂轨迹交汇的过程中，每一辆车的驾驶策略偏好不同，有的激进抢路，有的保守低效。在这种情况下，每个车端都消耗自己的计算资源去猜另一辆车的策略显然不经济也不精确，最好的办法是通过云端实现车与车之间不同坐标和轨迹基于一致规则下的协同，基于分布式端在云端形成群体智能的整体优化，不久的将来应该会有行业联盟去完成这件事。以前的平台是连接人与信息的互联网，未来的平台是连接机器与机器自动协同的云端算法模型，而单体智能并不是最优的架构。个体端分布式感知和自学习智能、云端群体智能、一致性的人工规则、云端行业数据生态，会共同构成当下的高可用性架构。

本质上，大规模反馈数据是在实时、超精细地表征世界，帮助算法获得隐形的分布在数据中的知识，并针对不同应用场景学习差异化的策略，而算法的自学习是在以超大规模并行计算来分解和降低问题难度的，并最终基于算力和数据的驱动形成算法自主的知识学习能力。同时，算法需要知识的增强，知识图谱可以通过推理生成新假设，也可以推演新假设的合理性，这是应用驱动的自学习能力之外的重要模块。

①长尾鸿沟：分布式数据反馈，无限接近智能临界点

如果智能体能够在开放的环境中灵活应对变化的情况，要么具备通用智能，要么就需要覆盖各种可能的场景，而后者很难做到。

虽然算法还不具备基于知识和直觉的、有倾向性的主动创造能力，即便是目前的AIGC也还没有关于创造力的评估标准，更多是映射和组合。但是，也许我们注意到，苹果的硬件和微软的软件里经常有类似的用户条款，要求对用户的使用行为数据进行分析和对设备分析的权限。就像分布在各种驾驶环境里的特斯拉车主，整个群体可以最大化场景覆盖，穷尽未知。用尽可能接近客观情况的分布式用户应用数据来让算法学习，使其可以无限接近具备处理所有开放性环境中可能遇到问题的能力，即无限接近真正的自主智能。这可能是当前AI算法技术模式下面最好的数据策略选择，这对于AI时代的业务架构也是决定性因素，RSS架构就是以此为基点。

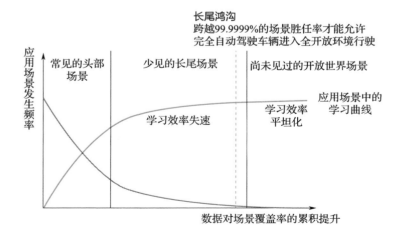

长尾鸿沟
跨越99.9999%的场景胜任率才能允许
完全自动驾驶车辆进入全开放环境行驶

总体上，RSS的自学习效应是一种对真实世界的深度拟合能力。一方面，这来自数据对学习对象的全面拟合。分布式数据源可以更好地拟合真实世界的数据分布状态和规律，例如大规模预训练模型的数据规模变大后可以更完整地展示问题，有助于涌现智能。例如搜索引擎里有不同类型的用户在以多样性的独立分布方式来为内容"投票"，体现出足够多的观察角度，具有足够强的真实代表性。RSS强调数据对问题和场景全面覆盖的分布性、实时性、共享性特点，以分布式"端"克服长尾场景和隐私问题，以及歧视等伦理问题并最大化反馈和学习。另一方面，通过基于反馈学习机制创新的自学习能力快速进化来提升拟合能力，因为只有自学习算法才能处理如此大规模的数据。例如，以微分学习来用算法和计算机制提升对世界的拟合能力。这两种方式都可以最大化自学习效应（简化了对自主学习效应的文字描述，强调无监督、无人工规则依赖），提升对真实世界的拟合率，而这种优势反过来推动应用和数据生态拓展，形成有正反馈效果的自学习效应驱动的增长。这就是RSS在数据和计算等方面的基础技术特点，这决定了业务架构。

②语义鸿沟

以ChatGPT之类的语言大模型为例，我们的算法不断扩大训练数据规模，不断通过新算法提升对数据中潜在规律的挖掘充分性。但是，我们始终是在学习语言体系，同时假设语言体系可以完美地接近语义体系，但事实上并不是这样的。从感知到认知，这中间的距离可能是我们目前无法跨越的。

③最低可用性的临界点

将技术转化为规模化应用的产品，并成功商业化，最大的挑战在于可预期的确定性，而这一点会和AI的"长尾鸿沟"带来的低确定性形成矛盾。就像ChatGPT偶尔惊艳并不代表它具备高确定性，并且可规模化商用。基于统计学习的算法无论多么精确，在未经过规模化应用反馈机制纠错之前都只是一种假设，基于RSS架构突破长尾鸿沟，不断以反馈提升可靠性才能不断接近最低可用性的及格线。此外，以新算法提升对数据中潜在知识的多维度挖掘也可以带来新突破，ChatGPT很好地集成了这类技术来提升可用性。

换一个角度，在容错能力更强的领域，娱乐、营销类内容和设计可能会更快接近可用性的临界点。

产品模式：建立应用与学习的正反馈循环

设计RSS业务的思路同样是从界定我们需要解决的问题开始，以问题—知识—应用场景—数据分布—算法模型—软硬件整体解决方案的框架，针对性地将基于反馈流运转的软硬件一体解决方案用到应用场景中，建立自学习的演进循环。

- **分解问题**：这个待解问题需要能够被结构化分解为边界清晰的子问题，且有规律可循。例如，算法学习魔方，有上下左右四个转动方向可选择；自动驾驶车辆的控制策略有加减速、左右转向等；文本生成都是现有文字的组合；视觉生成也是由像素和色值等组成。这一代AI算法本质上是在拆解问题，然后通过并行计算加速。

- **端到端一体化方案**：定义好问题边界就可以开始准备数据。如果我们的任务是设计流行时装，电商平台上每个用户的互动反馈就会给我们答案。如果我们想提升人脸识别的准确率，因为戴口罩无法被识别，那么刷卡通过的数据样本就是我们可以从分散的人脸识别机上实时收集和用在算法优化上的。基于数据来端到端的训练模型，在不断加速的循环中提升拟合率，我们不必真的理解其中玄机，也能解决问题。当然，这只是逻辑上的假设和举例，问题和复杂度和数据需求量通常是相关的，有的问题可能还难以解决。

- **定义边界**：将RSS转化为产品的挑战在于，在以切实交付具体可衡量的产品价值承诺为基础的同时，合理界定人机分工任务边界，并将功能拆解为合适的模块来分别应用端到端数据驱动的方式和人工规则，实现性能与可靠性的平衡。如果说算法工程师的工作是调参，那么产品经理的工作主要是围绕任务目标组合不同的能力模块，并期待有意外的惊喜效果，这同样是一个关于融合与适配的复杂工程项目。此外，还有一些公司虽然使用了智能学习算法，但因为缺少大规模反馈数据所以进展受限，例如波士顿动力的机器人项目，它们需要在反馈模式上有所创新才能加速学习。AI产品化的重大挑战在规模化应用下的可靠性和准确率，这是由算法的统计学基础决定的。AI产品化要有清晰的边界和预期管理，并通过反馈机制不断降低不确定性，而不是过多依赖基础的训练过程。

运营模式：运营让对的事情加速发生，但数据比人更了解什么是对的

在互联网为内容、商品和服务的供需匹配过程中，用户的每一次互动行为都是在以反馈的方式完成对分发对象的定义、分类、排序，而不是基于专家建议和规则。同时，数字化的反馈对业务流的重构，会被沉淀固化为更稳定的产品架构，产品会成为业务的主导角色。

算法从数据中发现规律，并应用于全局资源优化，这就是数据和算法机制的模式。与之相对应的是运营驱动的模式，正确的运营在行业发展早期很有必要，因为运营就是通过人的干预让对的事情加速发生，重点在于算法在某些方面比人更擅长判断什么是对的事情。例如，抖音的运营可以对算法发现的优质内容迅速放大流量，而不是基于人来判断内容质量。虽然运营驱动的模式可以在业务快速增长阶段加速机制优化，但在稳定、低增长、大体量的成熟期业务采用运营驱动就不如数据驱动，员工会花大量时间通过内部社交来获得以运营方式分配的资源，这更多是一次性的零和博弈，这种机制使大家缺少对长期规则沉淀和优化的兴趣。

特别是在互联网行业发展的早期，市场和运营团队的聪明才智可以迅速带动行业发展。随着行业成熟，这些知识和经验就可以更好地以数据和算法固化为产品形式，以PLG（产品驱动增长）和DDG（数据驱动增长）模式为主流，以人机结合的方式实现知识共享和自动化提速。而且，随着技术的进展，智能发挥的作用会不断被放大，特别是采用了RSS之后。另一个行业变化是，上半场通常以注意力的分配为核

心，在行业用户的增长期以流量驱动（用户流），而在下半场将以数字能力驱动（反馈流），特别是在自动化效率、个性化等方面，形成新的市场竞争优势。

对于RSS架构下的业务，运营工作更多是"算法之上的算法"，做算法的陪练和监督。在自动化的机制之外发现难以被算法定义的漏洞反馈，发现算法的效率薄弱环节，以及动态地关注算法的能力边界，并用人的复杂思考能力去修正和强化。在人机分工的安全性和可用性方面为缺乏可解释性的算法建立确定性保障，通过运营让正确的事情加速发生。

平台模式：新旧更替取决于进化速度

在新的技术背景和商业环境下，是否基于RSS工作将拉开进化速度的代际差异。例如，以LaMDA为代表的"开源大模型+开发者和用户"的反馈，以特斯拉影子模式为代表的"端+云"模式，都有可能会因为被自学习算法提出假设的能力和大规模数字化反馈流共同加速形成的自学习效应优势、知识共享优势，而成为新的平台模式。

①新平台：从学习"世界的语言"到"写出新文章"

大规模预训练模型为什么会成为平台？因为基于硬件的计算成本高昂和有限性本身就是门槛，而且数据和知识的规模化集中效应会发挥重要作用，少数进化快的大模型可能会获得更多数据反馈从而进化得更快，从而形成"生态壁垒"。大模型可能会基于强大的数据驱动的知识网络自组织能力而成为"世界模型"这一基础设施，并进一步基于联合概率，发展预测和生成新假设等能力，而且这种演化可能会被启发方式所引导而提升建立新假设的效率。在少数大模型平台上，开发者可以专注于垂直场景，在中间应用层微调出小模型来建立领域知识的"数据壁垒"。

在内容类互动工具市场，大模型中数据知识化的单次计算效率比搜索引擎的效率更高，能够更好地发现规律和组织信息关系。从语言到多模态，到广义的规律（可以理解为不同领域的"语言"）学习，再到生成（用不同领域的"语言"来"写文章"）。当然，这还要基于我们认为大模型会再进化的假设。

新平台的本质是，通过合适的应用侧实时分布式数据反馈结构，建立高效自主学习机制，能够自动结构化、知识化和模式化的世界知识系统，更新假设并重新投入应用的循环中获得新反馈，这个HFL机制可以应用在预训练大模型之外的众多领域。之前的平台强调重新连接，新的平台侧重反馈流数据和自主学习带来的系统性优化HFL循环。

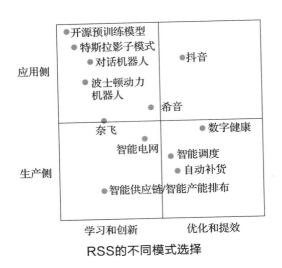

RSS的不同模式选择

②反馈数据飞轮

相对RSS，现在的ChatGPT还不是充分开放的系统。而只有充分开放的，基于实时、规模化、自然分布的真实用户应用过程中的反馈（和预训练大模型脱离具体应用背景的孤立样本库有完全不同的意义）来学习的系统，才能持续优化、进化、商业化，这一点不可替代。ChatGPT甚至还没有规模化的基于反馈系统的可靠性校验机制，基于静态大规模数据库的训练可能因为数据质量问题和没有动态校验机制而出错，如果ChatGPT的RLHF（基于人类反馈的强化学习）有更好的应用，将基于合理的分布式结构反馈流数据来源和机制设计转化为RSS架构，则可以解决这一问题。和纯粹的算法不同，ChatGPT没有采用开源策略，而是通过API建立起了真实用户的调用（提问题也是一种基于上下文的反馈）和模型升级之间的反馈数据飞轮，真实世界数据的调用反馈不但加速了模型进化，还在垂直场景建立了生态。

ChatGPT和Bing的用户侧分布式应用和反馈可能会解决以上问题，基于ChatGPT的垂直开发者可以通过Prompt Learning建立垂直领域的数据飞轮，并和ChatGPT建立反馈数据循环，这就会形成典型的、开放的分布式应用"反馈+统一"数据标准的中心化智能计算的RSS架构。

无论是对于用户还是开发者，RSS通常有机地结合在实时连续的应用场景之中（避免一线应用者的反馈数据质量被冗长的反馈机制链条降低），并将以往发生在离线世界的缓慢进化转化为数字方式，并在用户的应用中实时发生，更开放、更易用、更容易产生大规模反馈数据。同时，在数据生态与自学习能力的正反馈循环驱动下，以往的平台将因为进化速度的劣势而被取代。即使是垂直领域的开发者，如果没有更快进化的大模型，将无法和拥有大模型的同行在同一个起点上竞争。

在新架构下，用户侧分布式的应用端从用户的应用反馈中实时自学习的能力将成为基本配置，每一个用户、工作人员、代理机器人、开发者都是算法训练师，使用过程就是训练过程，而云端则成为共享知识的智慧引擎，新平台会成为帮助"策略假设"快速进化的模拟容器。应用场景几乎可以覆盖任何领域。例如，即便一款游戏也可以通过个人玩家的分布式"端"侧反馈来共同进化"云"侧的游戏机制，甚至每个玩家都会面对个性化、会学习和进化的NPC。

新平台也会带来新问题，例如极致信息效率使广告的商业模式不再成立，而免费仍然是建立正反馈效应的有效方式，软件的快速进化使非计算类硬件的价值被弱化。此外，时间窗口依然重要，领先的预训练大模型会迅速吸走数据内容和开发者。

RSS首先是一种思想，其次是一种方法。它强调数字化反馈流带来的高开放性、高自动感知能力、高可精细化定义能力（以数字编辑现实世界）、高实时连通性。数据飞轮只是RSS的部分条件，它还强调通过智能算法高效的"学"来消化海量实时反馈数据中的信息，从而快速地更新假设，并以此为优化的起点，加速AI业务的HFL演化。

③世界就是数据

反馈的机制设计和由此产生的反馈数据质量是决定性的，

但是在实施RSS的过程中，请不要抱怨没有数据和智能算法。王永庆先生开粮店的例子在这里依然合适，他基于客户家里的人口数、购买习惯等信息，主动预测客户再次购买的时机，并适时主动推车到客户家门口叫卖。如果猜错了，那就修正预测。如果每个不同的客户是"端"，他自己不断更新的预测方法就是"云"。当然，如果这一切以数字化方式发生，速度会呈指数级加速。我们控制好预测假设和反馈的周期性，持续主动收集数据，就会发现数据无处不在。我们不断用更好的计算方式去挖掘这些数据，就能离用户的需求越来越近，这就是任何一个行业里可以建立起来的竞争优势，而不仅停留在BI报表中。未来可能没有"数据"这个概念，因为运行中的世界就是由实时反馈流构成的数据，需要整体的数字化。

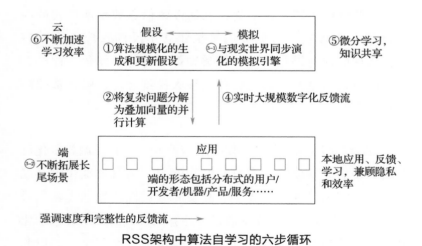

RSS架构中算法自学习的六步循环

4.6.3　是什么造就数字时代的不同

数字化的本质就是RSS，将现实世界转化为在全要素实时交互、持续同步演化的数字来假设、模拟和计算，并在数字化的反馈中快速学习和进化。

在讨论每个时代不同公司和业务形态催生的不同商业模式的时候，生产力和生产关系这两个基础变量的决定作用还没有改变过。不过，在新的智能技术塑造的商业环境里，人作为最重要的要素的作用会先发生改变，进而影响生产关系。围绕数据和自学习能力的贡献度和新分配机制，是新商业模式需要考虑的基础规则，这一点我们在讲解关于数据资产流通和收益分配的相关部分已经讨论过，生产关系更多会表现为分配关系。

当然，数据驱动也不能解决所有问题，就像mRNA疫苗会有未知的副作用，奈飞的个性化技术在互联网业务的充分运用并没有因为个性化的提升而带来用户留存和持续访问的增加。在算法的黑盒以及外部的衍生效应中，还有很多我们看不到的东西。但可以确定的是，没有自学习的进化速度，我们的疫苗和免疫进化速度将无法与病毒的进化速度竞争。

用HFL的学习机制降低不确定性，并将其兑现为市场价值，最好的例子可能就是金融领域关于真金白银的直接"搏杀"。

在数据化程度本来就非常高的金融领域，他们是如何使用数据和分析取得成功的？坚持机械决定论、长期投资主义的巴菲特追求确定性复利增长；信仰非平衡、非连续性、非决定论的索罗斯在变化中寻找不对称的机会；由统计科学驱动的西蒙斯用数据反馈和计算发现微乎其微的市场偏差，再以技术无限放大规模，并从中获利。这三种流派经常被分割看待，其实，它们并不矛盾，从某种角度来看，它们甚至是内在统一的。得益于数据和智能的进步，我们现在可以将其归结为：基于动态框架假设的数据反馈主义。对于巴菲特，数据反馈可以学习决定论中存在长期确定性的因果关系；对于索罗斯，数据反馈可以通过丰富的数据更快速地识别非连续性，并先人一步捕捉机会；对于西蒙斯，数据反馈本身就是实时更新的统计学方法，可以发现潜在的规律和分布动态。

而在战略流派的几个主要分类中，强调计划、设计、定位的一类和巴菲特的理论相近；强调过程的变化性、颠覆性、无边界性的商业机会重新定义的一类和索罗斯的理论相近；强调学习、认知、结构的一类和西蒙斯的理论相近。不同的流派都有各自的可取之处，我们希望以此检验数字时代的新方法，是否有解决类似问题的潜力。

传统的战略理论在不同的时期诞生于不同商业环境，强调不同的局部应用经验，热衷于解决不同时代的焦点问题。

一般的战略观点会认为，专利技术、品牌资产、差异聚焦、规模效应、网络效应、复杂整合等不同的能力结构，可以帮助我们尽可能地在博弈时稳定地保住竞争优势。事实上，在不断缩短的周期和更多交互影响的复杂环境下，这些策略价值的"挥发性"（Volatility）已经变得极高。基于数据的持续自学习效应将帮助我们降低不确定性，更好地重新组合不同的战略要素而不是取代，并且会动态调整，从而更快地把握未来，这已经成为企业主要增长方式。企业内部基于反馈高效学习的能力，进而从动态的市场中准确地找到在内外部之间建立正反馈增长组合的方式，这可能是更可靠的优势来源。反馈和假设优化的效率已经是企业间战略竞争的本质，但是这并不是否定设计和定位的理念，而是这一切需要基于最新的实践反馈做变化；这并不是否定企业家和组织的重要性，而是这一切需要向更高的外部环境反馈效率方向做调整；这并不是否定寻找颠覆性机会，而是充分运用反馈系统帮助我们更有能力做到这一点。

　　建立这个反馈系统是在数字化时代不得不面对的大工程，需要全面考虑数据、流程、IPA、决策机制、组织结构、人等方面，在前面我们已经分别提到，这需要建立新的端到端解决方案。此外，保持高效的反馈系统运转，需要以新的数据经济体系打破数据孤岛，建立数据标准和隐私风险标准，还需要技术和业务领域复合型人才的储备，下一个时代一定需要下一个时代的人和组织能力。

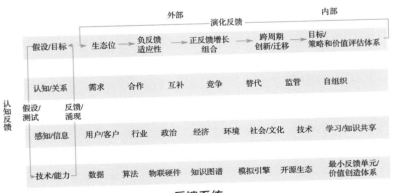

反馈系统

4.7　复杂性螺旋

如果不能通过可持续的适应、增长、创新这三步循环到达新周期，跌入复杂性螺旋的下降过程就难以避免。一个正反馈效应推动系统非线性增长的同时，一定会存在至少一个负反馈的调节作用在同时放大，其中就包括复杂性，而复杂性会降低组织内外部的反馈效率。这是曾经带来辉煌成功的内部正反馈，在失去对外部反馈的敏感性之后，在无节制的自我强化惯性下的自然结果。

由反馈数据驱动的业务系统可不断消除对市场变化的认知偏差，否则这种偏差的不断积累就会使组织和业务陷入惯性驱使的漩涡，在人为设计下走向复杂化。此外，复杂连接和交互产生的反馈效应也会带来复杂性。被复杂性塑造的组织、流程、机制、人才会失去对外部变化的敏锐感知和适应变化所需要的弹性，降低组织内外部的反馈效率，这包含失去对客户和市场的敏感度，失去组织的活力，失去创新和市场开拓的效率，失去自我纠错的外部反馈机制和从外部打破惯性和局限的能力。业务策略来自认知惯性的不断自我强化，而不是反馈对外部变化的新洞察。事实上，几乎每个公司都会随着规模的增长、机制的健全、外部价值网络的成熟，不可避免地走向这一步，而且这种趋势会在越来越远离真实外部反馈的条件下自我强化。

大模型可以通过规模涌现智能是因为它基于简单一致的
规则，而组织的规模使规则变复杂。那组织为什么不能像大
模型一样正确地利用规模呢？

4.7.1 过度聚焦

短期快速增长的幻觉会使组织僵化

大型天体会扭曲周围的时空，大规模的公司也会扭曲围
绕公司的人们，让人们相信这个公司运营的亿元级市场都是
由某个项目负责人一手操纵。直到趋势已去，所有的努力都
不能带来改变的时候，才会明白这种平台经济恢宏的现象只
是某种反馈效应，而项目只是恰好在其中。

低效反馈通常存在一定的滞后性，当期的增长大多是外
部环境对前期投入的反馈，但是人们很容易凭直觉将成功和
当期的组织、策略联系起来。这种错误的信心使公司很容易
失去远近、快慢、大小、进出的节奏变化，认为不断加大对
当前模式的投入就可以不断复制成功，扩大胜果。就像不断
加大资金杠杆的房地产公司，在一条路上走得过远，形成过
度依赖，就缺少了对市场变化的弹性应变空间。每一家希望
长期发展的公司都应该定期检视自己取得的成果是否基于一
项不可持续的措施，长期可能和整体社会发展趋向有冲突的
地方，例如社会公平、环境保护、数据隐私、落后的技术与
下降的需求等。

过快的成功会阻碍公司对市场更深入地理解，Zynga在迅
速发展的早期忽略了游戏市场需求的快速变化，GroupOn则忽

略了本地商户合作的持续性。像Color这种带着光环出世的公司往往结束也很快。持续发展为大公司的公司，往往是从没人在意的小市场开始做起。当然，也要避免像eBay一样一直停留在一个扩展性较差的模式上。

总体上，公司从0到1的创新往往是实际的、小的、聚焦的孤注一掷。当公司规模变大，往往就会变成形式化的、大的、求稳的"内卷"。这时候方法论也会越来越复杂，僵化的逻辑会让人们脱离对现实的敏锐反馈。公司规模变大的同时人才结构也会发生变化，70分的职业经理人会越来越多，这会加速复杂化。因为60分的人可以高效执行，90~100分的人具备良好的洞见，这些人都是熵减的来源。而不停地在各大公司之间以光鲜简历跳跃的职业经理人往往是熵增的加速器。

所有聚焦要么是阶段性的，要么是局部性的

反馈的另一个特点是局部性，或者叫有限性，因为在复杂的业务系统里，跨越多个环节的反馈很难被归因，而单一环节的反馈虽然直接而清晰，但很难反映全局信息。几乎每个业务策略都是局部优化算法，如果我们不能清醒地意识到这种局限性，以局部推及全局，那么就会掉进局部优化陷阱。局部聚焦总是出现在每个周期的开始，但在周期的尾声，业务模式更加成熟的低增长阶段，我们要想跳出这种陷阱，就需要将适度分散聚焦和外部视角作为平衡。时刻关注高价值领域跨越性连接点的可能性，少数管理者很难做好这些事情，这需要完善的决策和治理机制，通过不同的职能来平衡，使重要方向的不同视角上都有人在关注，都有声音被其他人听见。聚焦，在某种意义上是一种赌博，要非常灵活，因为环境是变化的。灵活的

聚焦更多指的是内部的能力和策略，对外的信念和主张则不同，可以是相对长期聚焦的、稳定的。变化的，可以是表现的形式。

4.7.2　机械叠加的复杂性

公司不能通过做刻意的加法实现增长，因为这种边际增长为整体系统带来的熵增可能大于有限的边际业务增量且无法持续，例如复杂的内部分工和盲目的多元化组合。如果收益不能以一定的高比例大于成本，这种线性增长就是不可持续的。加法式的增长不具备业务自然演变所形成的内在相容的关联性，以及基于此的可持续性。

在一个业务高速增长、不断实现升级和"域"切换的阶段，会形成很多有价值的新知识新能力，比如阿里巴巴在早期迅速增长阶段形成了决策机制上"One Over One PlusHR"的快速有效方法。然而，在一个公司的规模化阶段，增长更多是缺少整体视角的、同类项的复杂叠加。增加一个点就会增加多条边，复杂度呈指数级增长，使组织走向复杂性螺旋。复杂性螺旋也可以被称为领先者的困境，增长的后期很难克制通过简单加法取得无机式数量增长的冲动，为了满足外部不断增加的期望和维持生态惯性的需求。就像我们无法从顶部设计开始建立一个复杂系统，过于复杂的公司往往是由简单高效的组织不断演化而来。如果我们想避开这种陷阱，就需要主动切断一些演变路径。例如，降低内部低相关性，做低边际收益的加法，增加对外部变化和对新机会的关注。

过度服务来自对增长、利润的群体惯性

不断丰富的选择增加了服务的复杂度，这是在走向过度服务，因为这虽然满足了公司的增长需求，但是增加了用户选择的难度和时间成本。另外，这正是我们最熟悉和依赖的增长方式，为用户提供更多的选择，并追求更高利润。通常，有四股力量在推动我们提供过度服务。

对规模的过度追求和群体的惯性使我们很难另辟蹊径，新的可能性被扼杀。

对商业化追求不断提高，当效率遇挫时公司倾向于用加法做大蛋糕，这是一种外生的无机式组合方式。但这样做可以用短期的规模假象来掩盖效率问题。

反馈系统、战略视野、组织能力或者其他的局限，导致公司错过了生态迁移的最佳机会。

脱离现实的形式化倾向。组织倾向越来越复杂的形式自我演化，形式演化的速度大于实践演化的速度，最终被一堆繁文缛节和空洞概念所消耗。

总之，追求最小成本的自然规律产生惰性，对增长的渴望推动简单的、脱离实际的加法行为，最终被积累和放大的是业务持续运行的风险和负担。

最大化是否合理

追求生存繁衍的自然法则和追求最大化的社会法则，需要类似自然生态的制衡机制。这种规则追求用局部的失衡创造新变化和整体的一致有序，而不是一味地追求最大化。首先，对于个体，过于追求最大化并不是一个好策略。例如，猎豹的进

化过于极端，它拥有了最快的速度，却放弃了足够的力量，这使它们的生存需要比其他猎食者有更大的活动范围。母豹单独抚养幼崽，没有足够的抗风险能力，导致幼崽的成活率太低，进而导致群体数量已经越来越少。对于公司，追求最大化会带来复杂性，从而不可避免地走向越发严密的制度管理，进一步封锁创新的可能。用更简单的话来说，就是片面地追求最大化就像人减重，可能会带来其他指标的异常。

其次，对于生态，个体也无法独立地追求自我最大化。在演化的生态中，各类角色是平等的，互相依赖的，无法维持单一维度、单一方面对最大化的追求。例如弓形虫，在侵入老鼠体内后，仅一个短暂感染就会造成宿主永久性改变，科学家不知道造成这种长期行为改变的机制，但有两种推测。第一种可能性是，这种寄生虫可能会破坏老鼠大脑的嗅觉区，防止鼠类闻到猫的气味而引发恐惧感；第二种可能性是，这种寄生虫会直接对老鼠涉及记忆和学习功能的脑细胞进行破坏。弓形虫遍布全球各地，并且已经感染了许多哺乳动物，包括人类。不过这种病原体只能在猫和老鼠体内繁殖，并且最终导致老鼠丧失对猫的恐惧感。根据一些研究，这种受感染的老鼠还对猫的小便味道产生了兴趣，导致感染这种寄生虫的老鼠被猫吃掉的风险大增，然后将病毒传染给猫，再由猫通过粪便启动新的传播循环，并加剧扩散。

寄生虫控制寄主的例子并不少见，蜗牛身上的双盘吸虫需要用鸟类来传播虫卵，因为鸟类肠道较短，吃下蜗牛后消化液来不及破坏虫卵就排出体外了。为了增加蜗牛被鸟捕食的概率，双盘吸虫会钻入蜗牛的触角，驱使蜗牛爬到植物顶端，在触角内不断扭动吸引鸟类的注意。虽然这不一定是寄生关系，但每一个物种都与其他物种保持不同形式的高度依赖关系。每个物种都在不经意间服务其他物种，如果单一地追求最大化，就会因为破坏这种平衡而受到生态的惩罚。

复杂化并非不可逆

生物的进化是可以走向简化的，一切以适应环境为唯一标准，生存是对生物的最高检验方式之一，而灭绝是一个永恒的趋势。进化得越复杂，就可能离灭绝越近，因为复杂生物通常放弃了以繁殖规模和快速变异维持种群的策略。

当复杂度不断提升时，我们需要关注边际总收益的下降，避免低效的复杂度累积。一个势力强大的公司转向衰落，往往是因为错失关键机会，然后失去了想象力的公司开始失去高级人才，最后是在压力下选择盲目增长，用加法提升组织复杂度。我们要想终止这种负向循环，不仅要重视用户和市场的反馈，更需要全面的业务环境与趋势洞察，保持对机会的敏感性，从而激活和保持组织创新活力，不断突破，不断通过把握新机会创造新价值。除此之外，我们还要加强对组织的整合与简化，一方面对成本和现金流有益，另一方面也会加速内外部的反馈效率。

4.7.3 双顶点周期

公司从成功走向新的成功，唯一的时间窗口是在价值创造的第一个顶点和商业化的第二个顶点之间。因为只在这个阶段，公司才有条件建立新的增长曲线。在这个阶段，需要更大胆的假设、更高效的反馈，在公司内释放生产关系和制度红利，捕捉新机会。这种对未来的投入必须保持与原有核心业务之间的独立性。

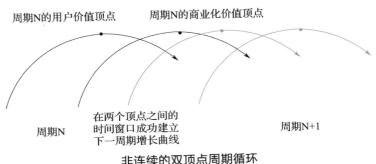

非连续的双顶点周期循环

事实上，多数大公司恰好与此相反，它们通常因为要保持增长，所以采用追求短期最大化的"车灯战略"。在黑暗的夜晚，忙着赶路的司机只盯着车灯能照亮的道路，导致自己花了很长时间都在原地转来转去，没有找到正确的方向。它们的策略是"自相关"的，而非来自外部大系统。有时候战略制定者根本没有顾及全局，只是基于可见范围的信息匆忙制订计划（通常是追求利润）。根本原因还是追求短期目标，所以看得不远，所以只能注重短期风险。企业一旦陷入被动循环，可能自己都不知道自己在哪里转圈，被惯性牵引、跑偏，这也意味着公司已经失去了捕捉未来的机会，这种局面很难被扭转。这种情况经常伴随的是，人们相信成功是干出来的结果，相信人定胜天，而战略都是虚的东西。其实，战略只是尊重和顺应自然规律的一种形式，并不是某个人的创造，所以并不虚，后面我们还会讨论战略如何基于客观环境形成。

第5章
运行在底层的反馈系统

作为企业的管理者，你可能会问，哪些反馈系统与我有关？以往，我们习惯于先定战略再设计组织来执行战略。然而，在快速变化的新商业环境，去中心化、快速反馈的组织结构会转向反馈驱动的战略和反馈效应作用下的创新涌现战略。例如，基于Meta的商业化中台和字节的推荐技术中台，公司能够不断推出新业务测试组合，在高效的反馈中孵化纵向业务创新，这样的公司就是一个反馈系统。在工具层面，Slack推行以任务为中心的反馈流；在产品层面，Mobileye基于实时自学习系统（RSS）工作；在生态层面，Roblox平台借助作为"最小自主反馈单元"的创作者来激活创造力；在公司持续发展的层面，IBM以一个又一个全周期反馈循环持续实现代际穿越。这些围绕反馈系统的主题现在正在被越来越多领先公司采用，分别代表了反馈系统的不同侧面。

反馈系统的进化

反馈系统远不止在商业世界应用，如果说出现在5亿年前寒武纪时期最早的动物中枢神经系统，以及诞生于20世纪50年代的丰田看板管理都是当时最好的反馈系统，那么数字化技术的升级已经重新定义了今天的反馈系统。

我们可以简单地把今天服务于认知的反馈系统分成两类：一类是服务于人的反馈系统，针对决策类问题的辅助；另一类是服务于机器和算法的反馈系统，针对广义策略的自学习，抖音和SHEIN可能是获取应用算法红利最好的几家公司之一。很显然，第二种反馈系统是代表未来的，就像机器学习算法从学习有人标注样本，升级为更智能的自监督学习机制，反馈系统会越来越不依赖于人。

反馈系统的形成并不是来自设计，而是从解决具体而微小问题开始的，而这些解决特定问题的数据小场景被广泛连接之后，就会发展为共生共演的数据关系体和更完善的反馈系统。

反馈系统的两个基础动力相互增强

假设和反馈是一个完整反馈循环的两个基础部分，当我们面对"未知"时，都是通过"假设"来重新组织"已知"来表示和推测新的"未知"，最终在"反馈"的确认下，将"未知"变成"已知"。如果想提升反馈循环的效率，首先，假设需要变得更有创造性。这需要知识和对知识的创造性组合，借助打破某些规则的创造力建立更有跳跃性的假设。这样就可以在更大的空间内充分挖掘可能性，同时又能够基于已有知识和信息聚焦在高概率的少数假设上。目前，人类更擅长这一点，但算法也在这方面快速取得进展。其次，反馈系统需要变得更快速、精确。算法和数据已经在这方面取得了根本性的突破，大规模、实时的反馈流就是数字时代最典型的标志。

HFL：这是HF吗？H是什么，F是什么？

在我们检验业务模式的时候可以问自己，这是一个完整有效的HFL吗？这是HF吗？H是什么，F是什么？互联网产品、AI算法、公司和业务的成功本质上都是基于HFL的某种反馈效应，我们可以对其据此逐步拆解，是建立假设的方式和前提出了问题，离现实太远，还是反馈系统低效，收敛的效率太低？最终，我们会逐步接近真正的问题所在。

5.1 创造性假设

2012年参加ImageNet大规模视觉识别挑战赛并大获成功的卷积神经网络AlexNet，其总参数数量为6000万个。到了2014年，基于Inception模块的深度神经网络模型GoogLeNet，在具备600万个模型参数的基础上也能达到同样水平甚至做得更好，这里面就体现了反馈效率的进步。如果我们假设不同的人类语言体系表达的是同一个意义，目前，以英语为母语的人把中文学到精通的程度需要2200个小时的训练时间，同样需要2200个小时学习的还有日语、阿拉伯语，而学习德语需要750个小时，学习拉丁语系需要600个小时。这种测量可能并不严谨，但是能够粗略地体现出不同意义表示框架下的效率。

5.1.1 "假设"的意义在于创造性

随机假设下的成功概率是平等的，但创造性假设可以通过利用知识和创造力等方式来打破这种平等，为自己带来优势。

通常的优化策略是追求快速收敛在确定性的最优解上，而创造性假设本质上也追求这个目标，只是它更强调在更大范围内的可能性和更长周期内的优化。所以，在短期视角下，寻找创造性假设的过程看起来特别跳跃、浪费、无目标、无意义、与熟悉且可靠的历史习惯不同、刻意求异，但正是这些反常识的特点才能拓展我们思考的空间，充分激活不同的可能性，为创造性假设的出现提供可能。

创造性假设是必然的选择

从物理学的角度来看，假设是理解世界的基础。量子力学对假设有更本质的描述，量子科学家不光是使用"假设"作为研究方法，他们认为世界就是"假设"的。量子科学有一种奇怪的现象是"发生后决定如何被发生"，就像薛定谔的猫。在这之前，世界就是多种假设并存的状态。如果我们认同量子论的世界观，那么我们就不是用"假设来对抗不确定性"，而是"用假设来与不确定性并存"。

从社会学的角度来看，创造性的假设是人类发展的唯一方式。200多年前，英国人口学家马尔萨斯提出，人口按几何级数增长，而粮食只能按算术级数增长，饥馑、战争和疾病不可避免。所以，只有在创新增长模式的假设下，以创新技术实现指数级增长，才可以使人们走出"马尔萨斯"的死循环。

创造性假设能力是人的本质，艺术是有限表达下的创造性假设

丰富的内在和意义体系，与有限的外在表示形式之间的矛盾是显而易见的，我们只能追求以有限的形式承载更多的意义。就像一首好诗，能够让我们获得超出文字本身的丰富内涵，每次重读都有新的体会。在组织表达形式要素的过程中，就体现了创造性的价值。有了富有创造性的假设，我们

就有可能随时跳出现有文字体系的束缚，可以不断产生"只可意会，不可言传"的新想法，这似乎也符合哥德尔不完备性定理。

人类所渴望的意义世界和无限的人生可能性是我们用语言无法描述的，然而这注定要以有限的时间和有限的资源去实现。我们能够从何种程度上建立创造性的假设，决定了我们能够在多大程度上获得自由。就像在严谨的数理体系之外，艺术总能带来意外变化，从而让人着迷。

5.1.2　寻求有效假设

人的认知系统里面有两个共同工作的机制，一个以直觉建立基本的、不断更新的认知概念，从自然界得到原始的灵感，不需要下定义和推导，以直觉重组概念关系；另一个以逻辑关系校验和重构基础概念，并基于严谨的推演扩展，追求一致和完备。同时，这两个机制也要相互对应。创造性假设就需要这种直觉的作用来突破和升级逻辑严密的结构关系体系。当我们用一个精简的正反馈组合驱动业务非线性增长之前，找到这两个关键要素就需要创造性假设的能力。

换一个角度，随机生成的方式可以生成创造性假设，问题在于如何从中识别出哪些是有创造性和意义的新假设。在这种情况下，对于创造性意义的评估反馈才是关键。

高质量假设提升反馈效率

对于算法，建立更复杂的"世界模型"，汇聚不同领域的知识图谱，将假设的复杂性依托世界模型的知识体系来实现简化，就可以提升效率。就像有经验的医生可以提出有更高概率成立的诊断假设，缩短检查的过程；就像经久沙场的将军可以形成更有创造性的军事策略假设，以少胜多。后面我们会讨论在人类的认知框架下，如何找到创造性假设，而机器在这方面需要依靠知识和算法。

创造性通常是将不变的东西以变化的新形式重新诠释，前者让创造有意义，后者让创造有新价值，这个过程是连续性的。创造性假设也要基于反馈沉淀的知识和从变化的环境获得的新反馈演化而来，并非无迹可寻，并非不可计算。

探索假设的过程

追求更高的创造性，是不是意味着要在更多可能性中展开无尽的搜索和尝试？不同的领域有不同的机制，这就像创造性本身一样千变万化。除了人类以知识体系提升创造力，生物进化给我们的启示是，反馈机制会将几乎是在有无限可能空间做搜索的生物基因筛选和进化问题，转化为演化问题，基于有限变异和自然选择持续演化。科技给我们带来的启示是，工程师会将未知环境中的驾驶策略测试问题转化为模拟问题，在仿真引擎中加速自动驾驶控制策略的训练。最终，反馈机制总会给出答案。

此外，对于创造性假设的这种信息处理过程通常是质性的，或者叫定性的。我们不能将其简单化为纯粹量化的反馈和分析过程，很多重要的灵感来源于此。例如，算法还很难区分两个文本背后截然不同的世界观。

找到一个能解释所有现象的假设，这种难度和要解释的现象个数呈指数关系，爱因斯坦启发我们跨越一般意义上的"域"的界限，重新思考物质和能量的关系、时间和空间的关系。相对论中对光和电的解释和假设超越了传统的惯性思维对"域"的边界设定。在远距离的事物之间建立关联才是创造性假设，创造性假设可以帮助我们重新理解存在于不同现象中的关联关系和同构关系。正是这种创造性假设带来的认知进步，让我们可以更好地借用物理世界的力量来实现人类的目标。

可证伪的才是科学，同样，可证伪的才是假设。如果假设有清晰明确的回报函数，认知框架就能够基于增量信息反馈，获得预测与现实的偏差，在不断证伪和度量偏差的反馈过程中自动修正和进化。预设规则逐渐会被自学习的规则替代，信息的集合和反馈的效率会加速认知框架的自我演变。这也是大规模数据反馈驱动自监督学习算法的方式，但是在算法彻底解构人类的创造力秘密，学会爱因斯坦的思想实验之前，假设的自创生（假设可以自己推导产生新的假设）本身还停留在假设的状态，这还是一个正在被突破的理想。

要想发现潜在的意义同构关系和新的关系假设。更现实的方法是参考心理学家布鲁纳提出的假设扫描框架。

- 同时性扫描（Simultaneous Scanning）。参与者先提出所有可能的假设，然后排除那些不合理的假设。
- 继时性扫描（Successive Scanning）。参与者开始时先提出一个假设，如果该假设成功就保留，如果不成功就根据前面所有的经验换一个假设。

- **保守性聚焦（Conservative Focusing）**。参与者提出一个假设，选择一个正例作为焦点，然后对假设进行一系列的修改（每次仅改变一个特征），记住每次修改后哪个带来正的结果，哪个带来负的结果。
- **赌胜性聚焦（Focus Gambling）**。每次改变一个以上的特征。虽然保守性聚焦符合方法论并可能得出正确的假设，但是参与者也可能为了更快地检测而改用赌胜性聚焦。

在上述框架中，保守性聚焦可能是最有效的（布鲁纳，1963），扫描框架只能偶尔成功。对布鲁纳模式的异议之一是，它假设参与者只持有单一的框架，而实际上，有些参与者在整个任务过程中摇摆不定，从一个框架换到另一个框架。

生成假设框架

无论是在科学、艺术还是其他领域，获得新发现的过程就是建立新假设的过程。如何基于数据工作的算法形成这种能力是大家正在努力的方向。从当前的有限进展来看，构成知识体系基础的相关性，来自知识推理的连续性和单一知识点之间的组合关系，是假设的基石。而跳出现有知识体系的突破性，才能让假设更有意义。为了给算法的探索提供更多参考，我们发现生成假设的过程通常基于三个基础原则。

连续性：第一个问题是，数据和计算如何形成假设。假设不能是随机无方向的，这会让系统的效率极低。"假设图"的知识图谱架构应该是假设的基础，在不断丰富的基础规则之上形成学习的复利效应。在此之上，提出新的假设应该是在这个图上做相关性变量识别，邻近知识拓展，基于图谱生成一个具有高预期收益率的，但同时具有不确定性的新假设节点。这来自于在原有知识基础上的有限变异、渐进突破、和原有知识系统既保持一体化关联又有新变化和增长。

我们可以把"假设"作为对概率分布的连续预测，基于先验知识的启发比随机的起点好，但仍需要持续寻优和反馈输入才能获得有价值的进展。连续性也体现在假设基于内在关联的自展现象上，假设可以创造新假设，假设里有次级假设，依次展开具有多样性、多层次的大系统和小系统。

组合性：我们基于层层的组合关系构建世界，组合的不断叠加会生成新的假设架构。基于相关性的重新组合是大多数新事物的来源。假设也一样，旧的假设可以通过组合变成新的假设。但这种组合并不是机械合并，而是推理的过程，是重新结构化的过程。

突破性：偏差和异常点是假设的新变量，也是带来突破的起点。"沿着旧地图，一定找不到新大陆"，这是哥伦布历经艰辛发现新大陆之后的感言。当他依照地图航行，海上的巨大风浪却让他失去了航向，于是他便放弃了使用地图，开始探索新的航线，结果就发现了新大陆。比这个故事的真实性更值得我们关注的是，我们总是需要有意无意地打破常规，留意常规之外的可能性，才能建立有实质性突破的新假设。

这种突破性也体现在进入新的"域"，原有的假设体系将无法完全适用于新的"域"，这种偏差就是建立新假设的起点。

穿越维度的相似性：创新的假设总是不同却又相似，尽管在不同领域、不同维度，正确的事情往往遵守一些潜在的模式，我们可以称之为"模"。也许随着计算规模的不断突破，算法会比人类的直觉更敏锐。

可测量性：不易测量、对比、检验的假设，进化速度不如易测试、易反馈的假设，建立假设的过程需要同时考虑如何测试和进一步演化的逻辑假设。

总体而言，假设来自：在知识经验的基础上持续加速；横向抽象学习自然界；项目实践；间接知识和推理。这四个来源，加上算法的大规模统计和计算带来对隐藏模式和关系的发现，可以帮助我们不断演化新假设，探索算法自学习的能力。

产生创造性假设的三个方法

产生创造性假设的难度在于，一方面，假设需要跳出单纯的归纳方式，需要有演绎推理的结合。假设的信息应该由以前的理论、观察和逻辑推理来提供。我们通常从一个广泛而普遍的理论开始，使用演绎推理，根据该理论生成更具体的假设来进行测试。

另一方面，统计可以发现意想不到的相关性，协同过滤算法可以帮我们通过演绎和推理拓展有创造性的假设。例如，不见得只能向喜欢战争片的用户推荐相关的战争片，重度电影爱好者可以找到对小众影片有相同兴趣的用户，并将影片推荐给兴趣结构相似的目标用户。

此外，假设的创造性体现在跨领域建立关联性的能力，这显然缺少直接样本来提供支持。"相反的再认"（Contrary Recognition），即将物体识别为另一样东西而不是其本来的样子，它是另一个重要的创造性加工过程，将一朵云看作一头牛便是其中一例。它要求创造者超越现实及实体的束缚，以其他方式对现实加以想象。

除了推理和关联，第三种方法是"反事实"。创造性假设就是在基本的事实假设之上进行反馈检验，之后再想象未发生的事实，做"反事实"的试验。简单地说，就是问更多的"如果"，这也是一种可以结合的推理方法。科学的本质是假设某事不存在，然后寻求证据来证明这一点是错误的，以证明它确实存在。这也正是"反事实"推理的重要价值，即推动认知的发展。

算法如何生成新假设

AI一直在向更高的自学习能力发展，深度学习成功的关键在于算法在给定数据集上，能够发现表征能力更强的特征。更进一步，DeepMind正在开发一种新的元学习算法，从零开始发现自己的价值函数，自动生成强化学习算法，我们称之为学习策略梯度（LPG）。该学习方法的目标是从环境和初始代理参数的分布中寻找最优的更新规则。

生成新假设在技巧层面也会有很多尝试，例如对比和统计等自监督方式。Mask（数据处理方式）、Attention（算法注意力机制）、Instruct（以指示学习的方式微调预训练模型）、Prompt（对预训练模型的提示）本质上都是帮助算法建立假设的方式，并通过反馈更好地探索数据分布中的潜在关系。例如，Prompt就像出填空题，Instruct就像出选择题，这些都是生成假设的方式，激发对数据的自学习。但这些尝试都还停留在以人工规则为基础（如改变输入的完整性、非关键特征等），再结合随机性来拓展的初级层面上。

通常，能够提出新假设的智能体有两个系统，系统1是通过经验学习解决问题的知识框架和规则，系统2是在规则框架下学习和尝试不同的解，基于知识和经验建立推理和预测能力。最近有很多将图推理算法和强化学习算法结合的方式，试图将两个系统融合起来。总体上，这一代AI算法能够高效逼近高维函数，快速统计和推理，并以可用的精度输出结果。目前行业内的尝试我并未全面提及，一切才刚刚开始。

5.1.3　创造性更本质的来源

创造性的一种体现方式是从无序到有序

也许你不相信凌乱的房间可以产生灵感，其实创造力就在混沌中。在这个临界切换的状态下，系统中各种因素没有静止在某一个状态，但也没有动荡到解体的程度。生命体有足够的稳定性来支撑自己的存在，又有足够的条件激发有创造性的生命活力。表面上看起来混沌无迹可寻，却帮助人在环境的剧变下生存下来。正如人的大脑也是混沌系统一样，各种微小的外界输入和刺激都能帮助大脑做出与输入不对称的反应输出。这种非对称、非线性的演变让世界充满可能性，这也许正是人类创造性的来源。创造力是一种远离平衡态的，持续与外部环境进行信息或能量交换的过程。在不稳定性中建立众多分岔点，基于反馈突破阈值，形成秩序，通过自组织生成耗散结构。还有从水分子到雪花的转化过程，也是一种从个体到上层秩序的创造性过程。而在这些现象的背后，来自太阳的能量是推动者，还有神秘的吸引子在牵引。

历史并非必然和线性连续的，当我们用回忆在宏观尺度上建立认知层面连续性的时候，这依然由在微观层面的独立事件组合而成，每一个创造性假设都可能自下而上地改变整体的走向。

当然，我也不建议你把房间弄得很乱，因为有序有助于保持情绪健康，而好的情绪也会增强创造力。

创造性的另一种体现方式是从有序到出新

根据 *A Thousand Brains* 里面提到的理论，每个知识点只存贮在大脑局部区域里，新知识点可以存在新的位置，而不会覆盖旧的，所以人类可以学习多种技能，这为跨领域的创造性关联建立了更多可能的基础。在寻找这种创造性的过程中，测试、实践和思想实验是多数人和少数人都可以选择的方式，少数人可以仅通过想象和模拟就能尝试更多连接的可能。

创造性假设的本质

"创造性假设"在本质上是创造性连接和"域"的切换所带来的新可能性。更具体地说，在方法的层面是创造性连接，在周期的层面是"域"的重新定义。连接根据开放性程度有三种分类。第一种是无目的性的、发现性的情景连接，即开放、随机的点对点新关联建立，在现象和问题，在因和果之间。例如，从宠物狗身上的苍耳学到粘扣粘接的原理。第二种是目的性的，问题与情景的连接，也可以叫选择性连接。例如，人类为解决各种工程问题制订了19种转轴方案，这是一个知识体现的标准化、结构化过程，大规模重复反馈、持续强化，积累微小改进，形成人类知识的基础结构体系。第三种是在已知知识的基础上，进行组合创新和情景再连接，这是开放程度最高的方式。理论上，任意的连接和组合都是可能的，只是这种连接和组合中只有一部分是可以创造意义和价值的，我们可以称之为"创造性假设"。

我们再来看一下比连接、组合更上一层的"域"该如何定义。"域"既是基础的定义范围，也是应用场景，也是技术范式。例如，图书馆索引方式被用到搜索引擎，是将旧的知识应用在新的使用场景，水生动物在陆地上进化出行走的能力，从线下零售到线上电商，从地球到太空的过程也是"域"切换的过程，是推动人类文明持续突破的过程。

一种方法是在实践中不断重新组合，另一种方法是在认知中通过偏差和矛盾不断重新定义，最终实现不同"域"之间的切换，这就是创造性假设的本质。如何让算法具备更强的创造性是更重要的课题，算法有自己的创造性方法，也许并不需要学习人类的模式。

从创造性假设的本质出发，有以下几个源头。

- 模仿自然界和类比的灵感。
- 日常中的意外。
- 切换视角。
- 简化。
- 多样性的分化。
- 混沌边缘的临界态。
- 关联和涌现。
- 技术重构创造力。
- "域"的重新定义。

5.1.4　创造性的商业系统

最好的机会在最大的不确定性中

突破充满不确定性的禁区，世界上最有价值的事情可能就是处理未知，将人类的认知边界向前推进。就像DeepMind在算法方面做的探索，每个时间点都在面临完全无解的难题。这也正是创造性假设的意义所在。

商业就是提出创造性假设

如果你认为自己可以只通过试错和动态调优就能找到理想的战略，那么你可能低估了试错的成本，特别是时间和机会成本，而这往往是决定性的。现实是，谁能高效率地在高概率的假设上试错，谁就能基于在反馈中学习的速度优势抢得先机。基于这种能力，战略就是通过建立高概率假设并获得高效率反馈，从而更快收敛和发现关键因果关系的过程。

贝索斯也说过一句类似的话，"亚马逊的成功秘诀就是每年、每月、每天不断进行实验。"亚马逊的效率系统和改良系统（发明系统）分为：提出、完善、挑战、过滤流程和保障系统等部分。我们可以认为里面有一个重要的部分就是处理从假设（提出、完善）到反馈（挑战、过滤）的学习过程。

创造性假设并非不可预见

创新是具有群体性、关联性、连续性的系统演化，需要在他人实践的基础上不断提出新假设并经过反馈的检验，从而在共同的努力下，让这个演化系统在无数次错误之后不断接近新的发现。

创新是开放的群体合作产物，凯文·凯利列举了一些发明技术和它们的发明者。例如，差不多在同一时期，有3个人发明了皮下注射针头，有4个人发明了疫苗，有5个人发明了电报，有6个人发明了电气铁路……只要时机合适，之前的技术储备足够，新的发明自然就会出现。

如果我们已经具备了完整的假设和反馈系统，创新方案就会在演化中出现。就像生物中的趋同进化，不同形态的脚和耳朵、眼睛以不同的方式出现在不同的生物身上，前提是具有相近的生存和进化环境，创造力总是带着迷人的光环。最后我想说的是，世界上并不存在人为创造的东西，人类只是恰好发现了它。

有利于创造性假设诞生的商业环境

除了前面提到的创造性来源，还有一些课题会对创新的实现带来帮助。

①走出自我

日产在引入戈恩的管理之后，对日本文化中不自觉的效率优化盲区做了突破性改革，供应商调整、裁员等举措取得了很好的效果。事实上，这些问题一直存在的原因主要是之前的日本本土管理者已经对这些问题熟视无睹，习以为常。戈恩只是作为外来者，在没有这种自我文化束缚的条件下做了最基本的问题分解、实地调研，以及对事不对人的常规改革。

②认知过滤系统减弱

当潜在的创新在系统的外部，与以往不同的新想法以看似随机的方式在自下而上地生成，如何让它们脱颖而出，迅速获得注意并得到加速成长的机会，就需要过滤机制跟上创新步伐。疯子和天才的相似之处，就是理性和感性两种反馈模式结合，并不断快速切换。多元的视角和宽松的尺度能让想法得以产生。

③四个看似负面的基础条件

只有接受冗余、低效、噪声、意外，这四种看起来负面的状态，新的可能性才会在现有秩序的束缚之下有机会诞生。我们需要在局部环境或特定阶段创造这样的条件。最大限度地避免设计，使发展空间最大化，就是由反馈驱动的创新方式。当然，这并不是创新的全部方法。

④创新只会发生在纵向、独立、闭环的试验特区

就像在生物进化领域，新物种的产生需要地理隔离。远离现存主流热点，建立保护差异的独立空间，避免不同周期的事物之间产生的内在冲突导致的相互消解作用，对于创新是极为有利的。如果新旧业务在一个人的领导之下共享一个资源池，那么更能支持短期KPI的旧业务通常会大幅度挤压和掠夺创新业务的资源投入。创新最好在一个独立的闭环中展开，这样的新业务可以完成纵向闭环，得到充分验证。这样既能保障速度，又能保障试验效果的纯粹性。新旧业务隔离也包括风险的隔离，独立的低成本闭环业务场景是创新的理想条件。

⑤直接吸收、融合外部创新

Alphabet在整个生命周期中所做的主要事情就是真正投资于创新，Android、YouTube、DeepMind带来的外部创新，都成为其拓展新增长曲线的成功案例。在整个科技行业，开放的融合创新已经成为基本的价值创造方式。iOS的开发者和苹果一起定义了智能机，Meta基于内部沉淀的增长和商业化中台，整合外部不同垂直类型App，包括Instagram、WhatsApp等，在获得来自外部的新增长驱动之外，形成了良好的协同效应。

5.2　反馈驱动智能体

反馈广泛存在于自然世界，我们关注它在不同领域共性的同时，要特别讨论它在商业世界的应用。通过反馈来学习和进化，智能体有自己的生命，它需要基于反馈系统完成感知、决策和执行的完整循环，本质上也是HFL。智能体可以是一个自主控制的硬件，可以是产品或服务，可以是不断进化的业务，可以是组织，可以是由反馈系统和自学习系统驱动的任何持续进化形态。本章将讨论如何通过加速反馈提升效率。

5.2.1　反馈的效率

任何缺少反馈的系统都会走向崩溃。反馈除了帮助我们检验假设，还包含了针对特定"目的性动作"所产生的一切变化信息。如果我们缺少反馈，就像在伸手不见五指的大海上夜航，没有指南针，也没有北极星，我们甚至不知道自己在哪里，正在驶向哪里，所有的尝试都没有结果。如果有充分的反馈会怎样？闭上眼睛每秒转动一次魔方，我们可能需要137亿年才能还原，如果每转动一次都给一个离还原结果更近还是更远的反馈，我们只要两分半就可以完全还原魔方。

从根本上来说，假设来自对已有现象认知和直觉的解释，来自对已有知识的新推演。换一个角度，想法是用来抛弃的假设，是逐渐缩小范围接近不变的内核的过程。想法本身就不具备充分性，一般来说，想法所基于的信息和真实环境的复杂性及快速变化对完美决策所要求的信息量不相匹配，只有很低的概率能够成立。

假设是特定情境下基于有限信息的"量子态"，这时候同样需要一套反馈系统高效地获取信息，引导可能性的"坍缩"。就像基因序列并不能反映身体器官的组织排列方式，遗传信息提供的更像是工具箱而不是最终的成品，细胞生长过程和环境能决定基因的表达，这就像反馈对于假设的作用。即便我们对人生的信仰持有相同的假设，不同的经历和反馈也让我们对其有不同的理解和见识，而在哪里实践并获得什么反馈是我们可以选择的，这也让人们产生了区别。

改变世界的1比特：要么证明，要么证伪

反馈是在事物演变过程的无数可能性分叉中决定方向的1比特，有效的反馈至少包含1比特的信息量。反馈的意义在于有明确的信号可以帮助对假设进行评估和分类，对的分一类，或者错的分一类，以此不断接近事物的本质。信息的度量，根据信息论对信息量单位"比特"的定义，如果存在两种情况，它们出现的可能性都是50%，这时要消除其不确定性所需要的信息量是1比特。

现代广义相对论之父约翰·惠勒曾提出著名的"it from bit"，认为宇宙的本质是信息，是一种计算中的模拟。虽然这

种观点还无法被有效论证，但反馈中的信息确实在决定着我们的认知和演化。

反馈效率越高越智能

这里的反馈效率是指不同的反馈机制，将数据转化为认知的效率，基于反馈更新假设并成功演化的效率。在相同数据集输入和在相同预测、演化目标的条件下，不同的预测或生成函数建立的假设，具有不同的学习和演化效率，代表不同的智能程度。生物基于随机变异生成假设，根据自然选择实现基因演化。哥伦比亚大学的科学家分析了当前现有研究数据后发现，如果地球生命从一个相同环境条件的星球开始进化，它们进化成功的概率仅为33%，而且这个过程已经使用了42亿年。从传统机器学习到大规模数据条件下的互联网和深度神经网络学习，我们只要用数学方法就可以计算不同的HFL模式的效率差异，这就是不同的算法带来的差异。

反馈数据中的信息密度

单位数据信息的效率并不相同，吴恩达教授曾经用3.5亿张图像构建了一个人脸识别系统，但事实证明，如果我们有50个真正高质量的样本，就可以构建一些有价值的东西，如缺陷检查系统。在许多根本不存在巨大数据集的行业，吴恩达教授认为重点必须从大数据转移到好的数据。拥有50个精心设计的样本就足以向神经网络解释我们想让它学习什么。

反馈数据的一个局限因素是，数据集里面"有用"信息的增长速度通常是亚线性的（远低于线性），有用信息的增长可能"跟"不上模型体量的增长。在这种情况下，会出现多个模型在训练集上表现无异，但在测试集上差别很大的现象。数据还有一个局限，认知不确定性描述的是我们对真实模型的"无知"程度，在给定足够多数据时，是可以被消除的。但是偶然不确定性是数据固有的，不会随着数据集增大而减弱。总之，我们还是需要更多数据，处理数据的效率会与这个趋势相互促进。

数字化反馈效率的进展体现在很多方面：

- **规模**：多元、多维的数据结构、接近全样本的海量规模。
- **精确**：自动化采集的数据可以在更精细的颗粒度上表征世界，算法自定义特征的学习过程可以更精确地把握事物的本质。
- **速度**：在自动化的数据处理之外，并行的测试和模拟能力正在加速以往缓慢的探索过程。去中间的流程、实时连续的任务流、末端自主的去中心化业务结构也让数据洞察和决策的反馈效率更高。
- **开放**：数字化的反馈流可以快速穿越学科、行业、组织的边界建立新连接。
- **实践**：随着数字化感知能力深入地结合到生产消费过程中的每一个环节，反馈数据从事后复盘变成了在应用过程中的实时学习，并且能够在真正的应用过程中发现决定结果的关键信息。

在支持创新产生和加速的方向上也有进展：

- **多元**：数字化反馈能力的低门槛可及性，让参与者更加多元化。而数据的多元化和多维度挖掘能力在算法方面同样取得了快速进展，可以基于多样性的数据从人类难以发现的角度提出新假设。

- **频率**：缩短反馈周期，除了可以降低计划假设中的偏差所造成的浪费，使迭代周期变短，更重要的是，使新的更新可以充分消化行业内取得的最新进展，从而在时间的角度和竞争者形成差异化。在软件重新定义硬件的趋势下，高频率的云端升级可以带来新的优势。用更快的频率，在很多领域都能获得成功。"能更快完成决策过程的一方，拥有瓦解敌人有效反应的能力，这是一个不可估量的优势。"在商业的战场上也是同样的，英伟达的主频创新和显卡逆转，也是通过创新频率赢得竞争。

影响认知效率的变量关系假设：$R = H^2 \cdot F/e$

由于缺乏相关的严谨实验和论证数据，我们不妨粗略地设想这些基本变量的关系。

- Recognition：认知能力。
- Hypothesis：假设的创造性（对创新性变异程度的度量），体现为从历史反馈数据和知识中学习和进化的效率。
- Feedback：特定效用标准下的反馈数据规模。
- efficiency coefficient：模型效率常数，单位信息量的假设检验，所需的反馈数据量。

我们可以将R理解为"学习率"，它决定了HFL的每一次循环所带来的进展，我们在反馈数据中获得的新信息。结合这个简单的模型，我们也可以看到，当前的智能算法在生成创造性假设方面进展有限，更多是来自应用、测试、模拟的反馈数据在推动认知进展。

提升反馈效率的更多可能性

- **充分挖掘数据**：决定反馈效率的信息密度如何提升？我们可以通过多重抽样的Bootstrapping等算法实现。预训练大模型除了突破了规模的临界点，如何在单位数据下面实现更高密度的关系挖掘和学习？这正是Transformer、Instruct Learning、Prompt Learning（这三种算法）所擅长的，它们可以充分挖掘数据中潜在分布的知识，更好地探索、补全和理解数据的含义。

- **决定反馈效率的整体架构设计**：我们以涌现智能的神经网络结构模型为例，影响反馈效率的维度包括参数量、训练数据、使用的优化算法、Batch Size（一次训练所选取的样本数）、隐藏层的数量，以及是否指令微调等。其实，在其他业务架构和环境里，这些方法有共通性。例如，这个网络就像组织，Batch Size就是最小团队和项目，参数就像流程规则，层的数量就像组织的层级。

从本质出发，诸如此类的优化方式还有很多，而且它们之间存在共性。

5.2.2　实践反馈中的演化

不完整的智能体

以大脑为例，人类基因组里没有足够的基因来构建这个器官，其内部拥有数十亿个神经元，所有神经元都被各自伸出的数百亿条突触相连接。科学家研究的结果是，基因携带的遗传信息并不足以建造这样一个复杂的器官。并且研究显示，在某种意义上，人类的大脑构建了其本身。在这个过程中，基因提供了必要的信息和物质基础框架，但构建大脑基本结构的是其自身的功能指令和外部环境的刺激，大脑在持续的外部反馈中进化出了其本身。

另外，市场经济的运行机制永远不会达到完美的状态，只是它的机制可以不断趋近完美状态。市场经济也是一套反馈系统，通过对需求的理解和传递，释放供给的活力，实现更高效的要素配置。在市场经济大系统中的小系统也是一样，没有完美的系统，只有持续的反馈和演化，提供不断趋向完美状态的推动力。

假设拓展可能性，反馈探索确定性

人类先有本能的假设，后有验证假设的技术进步。反馈是已知和未知的对话，这依赖技术条件的突破才能进行。同时，假设的质量部分决定了反馈的价值空间。说到底，正是人类的想象拓展了人类世界的可能性。虽然建立假设的能力如此重要，但当下的时代红利来自数字化反馈能力的进展。

不同于早期的经典控制论，反馈不是为了控制，不是为了建立封闭系统。今天看来，基于控制的确定性是脆弱的。而反馈是开放性的双向适应过程，是内外部的平衡过程。嵌入大系统并建立具备一致性的秩序，才能找到小系统的确定性。这也是在多种可能性中，在开放和融合中的确定性。

应用反馈驱动的智能体，才可以生存

当越来越多的"智能进化体"能够主动获取数据、自动学习和自主行动，整个行业的创新速度就加快了。竞争的压力要求我们设计产品的时候，要设计更高效的反馈系统来获得学习效率上的优势。

1945年，美国科研史上的里程碑文件《科学，无尽的前沿》（*Science*，*The Endless Frontier*）奠定了美国的科技政策，促成了美国政府对学术研究的重视与投入，以及美国国家科学基金会（National Science Foundation）的创立（1950年）。今天，美国国会再次沿用这一政策的基本思路，显而易见，旨在重新以政府力量加强科研，促成核心领域的重大创新与技术突破。大学的科研能力在这个体系中发挥了重要的作用。

新的游戏规则正在形成，反馈能力驱动的创新正在加速。大疆无人机基于深圳的供应链集群，可以实现周级技术反馈迭代，以此打败在同一领域内竞争的美国网红创业公司。虽然创新受到基础研究的影响，但美国的创新机制的成功说明，更重要的是从基础研究到创新商业应用的转化效率，从而获得应用反馈的驱动。大的国家项目工程集中了全世界最优秀的人才，而不是完全依靠从零培养人才，完善的金融制度会让资金随着创新的成功商业化而来，而不必过度依赖政府投资。基础研究的生命力最终也在于转化效率的拉动。

虽然这两种模式无法相互替代，也不能得出应用反馈驱

动模式优于大学研究模式的结论。但我们相信，即便在不同领域，立足实践反馈的HFL是模式优越的基础。

5.2.3 如何提升商业的反馈效率

前面我们讨论了基于反馈的三个商业战略周期，现在我们分析一下基于反馈系统运转的组织。每一家成功的公司都是一个出色的反馈系统。对于一家公司或对于一个业务单元，它们就像算法模型，没有反馈的事情没有必要去做，因为无法优化。在获得足够的反馈数据之后，如何将反馈数据转化为洞察、优化、创新的效率？反馈的效率取决于前提假设，也取决于反馈的机制。

效率的黑洞

效率的黑洞通常伴随着反馈数据的黑洞。我经常去公司附近的一个理发店理发，在我预约的理发师不能按照约定空出时间的时候，我只能等待，或者下次再去。时间长了我就发现一个问题，前台的接待员本来可以通过主动调配其他理发师，或者采用其他应变方式提升预约服务的转化率，但接待员并没有做这种可以提升业绩的尝试。在复杂庞大的业务系统里，我们很难及时发现这样的微小损失点，这些就是大量存在的反馈黑洞。这样的反馈黑洞无处不在，复杂的现实和人为的设计只有通过持续的反馈才能不断消除偏差。

反馈系统的思想

如何解决这个问题？设计更高效的反馈系统？其实，可以参考深度神经网络算法的机制。我们要通过业务自身的算法去计算各环节、各要素应该如何运行，就像算法建立预估假设，再通过实践样本中的偏差去发现问题并分析偏差来源，尝试修正，而不是通过数据监控等方式加强管控。

基于算法建立最佳基准假设，再通过反馈系统探索优化点，我们才能发现问题。这应该是数字化反馈系统工作的基本规则。

①反馈机制设计

反馈流来自反馈系统。以一家公司为例，我们除了使用全周期反馈循环战略框架管理不同的周期，以及通过RSS业务模式提升业务的竞争力外，如何建立一套完整、高效的基础反馈系统呢？每一家公司都不同，这需要基于业务的独特性演化出来。

基本流程：从一个有价值且具体的问题开始，基础的反馈循环需要建立包含"学习和建立假设""设计测试基准""在测试和应用中分析偏差"三个环节的持续反馈系统，并将整个业务系统建立在这个反馈系统内核之上。

基础机制：就像OKR体系由目标和关键结果构成，并且定期更新。OKH（Objectives and Key Hypotheses）由目标和关键假设构成，在实践反馈中周期性更新，让业务的运转建立在高正确率的认知前提之下。

- 核心工具：反馈、假设、学习
- 关键假设：评估影响未来情景的关键变量，以及可能

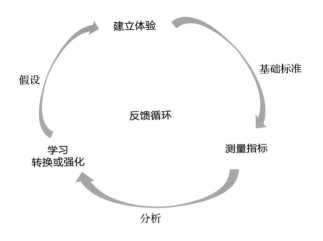

的战略和路径选项。

- 增强反馈：放大优胜劣汰的反馈回路，推动系统进入非线性增长。
- 调节反馈："响应客户投诉""组织疏导"等对抗惰性的逆向调节。
- 前馈反馈：建立即时奖励机制，建立前反馈，避免产生问题和扩大影响。
- 偏差分析：基于最终的实践反馈数据，持续调整认知和策略假设。
- 公司可以将OKH作为策略工具，将OKR作为执行配合使用，形成"假设""目标""结果"的完整循环。

②组织：反馈的加速器

一个有效的数据反馈系统需要依托组织能力的保障，才能转变。通常情况下，每个人都追求最小的精力和成本消耗，节约能量是降低变化风险的调节回路。每个人都喜欢增加确定性，因为这可以在庞大的组织内给我们安全感。所以，取得一定市场优势的组织先天有保守倾向，如何与这种内在惰性和惯性本能对抗是区分卓越组织的标准。

快速的外部感知、策略假设、协调与行动反馈的能力，是高效反馈型组织的基本要求。因为组织内各业务间的复杂链条、KPI机制、边界划分，都可能会成为反馈低效的原因。越来越快的创新需要越来越灵活的反馈型组织结构，在实时的感知和行动反馈方面，我们需要发挥末端最小自主反馈单元的末端敏感性和自主性，尊重个体的价值，弱化固定的分工流程，强化端到端的任务流，行动优先。从外部连接的角度，我们需要保持足够的开放性，需要紧密的客户协作关系等生态网络，来实现反馈系统的信息输入。形成策略假设，则需要更短的反馈环节，保持中心化和去中主化的平衡。整体上，围绕高效的HFL运转内核，使来自组织的摩擦成本和阻力最小化，就能实现加速。

③人：警惕行为带来的偏差

人作为组织的最终行为载体，也存在难以突破的局限，这会成为反馈系统效率的最大不确定因素。并不是每个个体都能随时做出高效的反馈动作，并完成任务。反馈的质量是由角色决定的，我们要区分反馈是否来自真正的利益相关者。

拥有合适信息、合适位置、合适观念、合适能力的人，才会给出有价值的反馈。人作为信息节点很难不受个人私利的影响，除了角色利益的问题，还有来自人本身的问题。卡尼曼的研究告诉我们，人类用两个系统完成认知和决策，一个快、低成本的直觉系统，一个慢、高成本的理性系统，而且两者可能会相互干扰，也总会面临一定的来自"人"本身的出错概率。

认知偏差和简单、错误归因

人性的某些因素使我们本能地回避现实与冲突，又难以形成认同和信任。人类会源源不断地产生错误，这来自本能的系统性偏差、个体的认知定式、环境，以及难以预见的随机噪声。这里面，前两者可被主动预见和纠正，这三个来源只能通过合理的决策机制对冲。开放和独立的信息结构、全面的参考框架、合理地分解问题和归结结论，可以有效地缓解这些问题。而第一个来源则无处不在，且难以防范。例如，易于理解的陈述似乎更真实，人脑就是这样容易出错。人的注意力适应性使得我们只能选择性地关注很少的信息，认知失调、确认性偏差、后见之明的选择性过滤，让我们收集不到全面的反馈。这种机制就决定了我们的错误不可避免。

如果我们不能准确预测一件事情，就不能准确归因。相对而言，错误归因更加普遍且难以发现。对于成功的原因，人们倾向于把别人的当成自己的，把偶然的当成必然的。而把坏的结果归于他人或客观原因，这就是自我归因偏差。错误的归因让反馈失效，让认知陷入瓶颈。

甚至，归纳这种方式也经常是错误归因的助推者。很多时候我们看到的广告诱导消费者的惯常手法大概都是归纳和类比。在大公司内永不停止的岗位迁徙，多数人都在找"最后的包子"。因为结果导向的考核给我们传递的信息是前几个包子没有意义，只有最后那一个包子吃下去才让人变饱了，人们都在寻找那个更像最后一个包子的业务。

5.2.4　基于反馈系统的商业决策

IDC预测，到2024年，拥有未来智能的企业将会有超普通企业近五倍的决策速度，从而在新的领域具有先发优势。如果还只是基于BI、客服、社交媒体分析建立反馈系统，就像石器时代的工具一样古老。反馈系统因为业务环境的多样而注定是复杂的，同时会随技术的发展而不断升级。先简单地把"基于数据反馈的决策系统（Feedback Based Decision System，FBDS）"的实践分成两个发展阶段。

1.0时代：以信息集中提升反馈效率

今天的数据更多是给"机器"学习的，但是在人类尝试从数据中寻找价值的初始阶段主要是用来给"人"看的。为了提升信息效率，我们先要把它们从分散的各处集中在一起。能够有效整合信息的数据大屏成为重要工具，可视化工具也可以与丰田TPS管理工具之一——诞生于丰田公司的大部屋（Obeya Room）方法——相结合，这是一个将企业经营信息可视化的站立会议。

具体来说，管理层可以集合在一个没有桌椅的小房间里，四面墙上贴满与策略相关的"S-O-D-A"信息。S的意思是扫描（Scan），整理出所有影响公司经营的内外部信息，比如财务状况、产业变化、巨大的市场趋势；O意味着找方位（Orient），要利用情境分析，设想接下来可能出现的场景，以及市场未来可能的发展情境，从中找到潜在的资源和机会；D的意思是定策略、分配资源（Decide），针对外部环境和情境分析，制订出基本的策略方向，列出所需的资源和预算；A就是行动（Act），根据策略方向制订具体的行动计划，以及衡量计划成效的指标。每季度甚至每个月可以组织一次这种讨论会，墙上的信息也需要定期更新。

此外，由沃尔玛的创始人山姆·沃尔顿发明，后来由拉姆·查兰结合沃尔玛和苹果等实践发展出的联合工作会（Joint Practice Session，JPS）也是打造组织灵活性的利器，倡导开放共享、主动协作、整体最优。

很多成功的公司实践也显示，"全面且集中"的确是提升信息效率的有效方式。在一个信息化的时空节点，周期性的集中调整策略，在业务复杂的大公司看来尤其重要。然而，这并不足以帮助它们应对错综复杂的外部关联因素和不断加速变化的环境，以及越来越短的业务生命周期。

① 有数据无数据思维

在将数据反馈应用于业务实践的过程中，观察不同的公司案例，经常会发现五个共性的误区。

- **缺乏指导性的指标。**公司通常以销售额等混合了多重影响因素的传统业务指标作为最高指引，没有找到杠杆率最高的敏感指标和最基础的决定性变量，就很难形成高价值的归因和反馈评估。同时，缺少结构性的目标，会出现短期行为。

- **形式化，缺少系统性的深入洞见。** 表格不代表思考，管理者对每个指标都清晰，但对于将"点"结合在一起的全景和衍生问题却常常忽略，这是常见的现象。有价值的数据洞察分散在各业务场景中，缺少多视角的统一，机械地聚焦于个别表象指标的现象在公司组织内比较普遍。

- **在决策、执行的关键节点上，过多以人为中心。** 在组织内部无论是自上而下还是自下而上，信息的传递与个体利益高度相关，这就导致反馈信息的低效、失真。问题的根源在于，组织内部不是以反馈系统为传递介质而是人。在决策上，往往局限于少数人，决策者认知的天花板就是业务的天花板。在执行上层层损失信息量，策略执行偏差经常在超过两级组织后变得面目全非。

- **缺乏创新观点，做惯性决策。** 在大公司的日常运转中，从稳定性的角度考虑，常常缺少有创造力的业务新假设，同质化、低水平的局部均衡陷阱成为常态。固守常识成为阻碍，因为放弃探索新业务可能性，忽略外部反馈中细微和新的线索，可以提供短期的稳定性和安全感。

- **只在乎内部思维。** 经常接触用户的一线员工的意见并不能间接代表更大的用户群体，管理者需要更直接地接触用户。我们经常接触的用户也会让我们产生他们就代表整体用户的错觉，有用户数据不等于了解用户，数据要建立在对用户价值和体验的深刻理解之上。以自己的角度思考用户，很可能会漏掉重要的用户建议和洞察。

②反馈数据应用于商业分析的三条原则

- **不关注增长，关注为什么增长。** 在大量的公司案例研究中，有一类互联网业务的快速增长非常短暂，它们共同的特点是，外部数据看起来增长趋势良好，看内部数据就会发现增长来自集团内部复杂的流量导入，这是在外部很难发现的，只看简单的数据指标无法看到这一层。例如，电商行业的规则是"始于流量，终于体验"，局部、表象、短期的收益最终会归于对核心业务的持续投资。核心机制只有持续演进，才能为增长提供持续的动能。反馈数据的优先目标是优化数据背后的业务系统，而不是数据指标本身。

- **基于数据，打破数据。**如果我们已经建立关于业务关键突破方向的假设，那么依据反馈数据指标投入资源是不够的。我们只有超出常规数据指标的饱含式投入，才能迅速突破临界点改变趋势。这是使用数据但不受限于数据的一个例子。基于同一份数据，有经验的分析师可以在不违反数据科学的情况下，推导出两个相互矛盾的结论。数据科学不能成为新的"迷信"，它只是折射现实的方式之一，而且从来都不够充分。

- **数据系统要尽可能补充人的短板。**自动化的数据系统可以克服一些人性中的短板问题，但这并不意味着数据是万能的。所以，我们在实施过程中要动态地把握好"人机结合"的可接受度。例如，在执行过程中员工会抵制数据自动化，因为这让以往的灰色空间被挤压，让部分人失去既得利益。特别是数字化创新的难度和创新初期缓慢的进度，都会成为保守派抵制的理由，但这也恰好证明了数据反馈系统，对修正人为偏差的效率的提升作用。

2.0时代：从以人为中心到以数据为中心

以人为中心的机制受限于个人的利益诉求与组织利益的不一致和个人的认知能力局限，存在诸多弊端。建立基于反馈机制的业务系统，需要在模拟引擎、数据、假设、测试、优化等多个环节重新构建一个智能高效的基础机制，让数据的潜力被充分地释放出来。同时，这也是以人为中心的组织自我纠偏的必要机制。

①通过模拟技术优化商业

建立了以反馈数据和自学习算法为中心的模式，就可以充分地利用模拟带来的好处。模拟可以预测商业趋势，并通过对比实际发生情况，发现偏差并及时优化策略。模拟可以出现现实中并未发生的"反事实"，考验系统的完善性。模拟就像A/B测试，低成本的快速测试新商业想法，并迅速在反馈中验证假设，然后规模化应用。这种在相对有限的测试环境开展的简单模拟，可以随着数据逐渐丰富，不断完善。但是，这种模拟在未来终将被更全面、深入的模拟替代，云端应该形成更加低成本、便捷易得的高级模拟能力，以中心化的方式沉淀模拟环境的完善程度。

建立整体业务系统的仿真模拟系统，完善数字化业务流程，利用丰富多模态的智能交互方式，采集物联网和内外部数据，并进行整体融合。这并不是常规的可视化，而是抽象业务逻辑和模型。

在公司充分地完成业务架构明晰之后，就可以借助第三方服务公司提供仿真技术方案，使我们可以基于模拟环境去发现、分析和评估公司中已有商务流程的有效性，从而制订出一个改进计划来解决问题，优化现有的商务流程。

②基于反馈系统的商业策略总结

a.优化

每个时代都有一个领域的思想是HFL升级最快的，可以给其他领域带来启发，今天的技术领域正在承担这个角色。例如梯度计算就是一种HFL机制，这种方法的主要思想是，目标偏差的最小化和反向传递（反馈引导优化），以及全局优化。更加直观的描述是，梯度下降就是从山顶找一条最短的路走到山脚最低的地方。随机选择一个方向，然后每次迈步都选择最陡的方向，直到达到最低点。但是因为随机假设选择方向的原因，我们找到的最低点可能不是真正的最低点。但是，如果测试时间足够长，算法会以马氏链的方式遍历所有的局部最优，最终达到一个全局最优点。在现实环境的测试成本之下，我们当然无法随机行事，但是有了模拟和测试的环境就可以了。而且，我们会基于先验的知识选择成功率高的假设。

这种思想正好与持续的业务优化方法如出一辙，而且在动态的市场环境里，并没有静态的全局最优解。亚马逊的智能库存分布管理就是以这种方式运转的，在持续学习与进化之中的模拟算法会告诉我们，任意一件商品，备货在哪个仓库可以保障它以最快速度、最低成本送到消费者手中。而且基于出色的效率提升，已经形成公司内广泛认同的、围绕数据组织运营的协同文化，应用在选品策略、定价策略等各个领域。业务策略的假设和测试反馈，在大规模数据模拟计算的驱动下，不断逼近效率零损失，这是人类无法做到的。

SHTO持续反馈优化机制（Simulation、Hypothesis、Test、Optimization）

我们正确地理解和抽象业务的规则，以此建立模拟框架，并建立合适的回报函数，让预测与实践的偏差被有效传递，为下一步的优化提供指引，就能持续地保障业务的正向演化。相比之下，传统的PACD模式已经失去实施过程中需要的确定性环境条件，失去了可规划的前提。

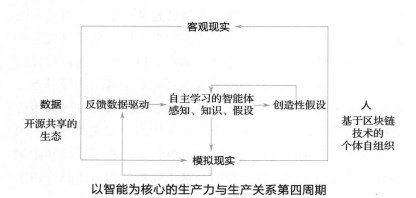

以智能为核心的生产力与生产关系第四周期

b.创新

从强调第一性原理的物理学视角来看，反馈驱动系统进入状态切换需要"开放""远离均衡""生成新假设分岔点""正反馈强化"等条件。一个业务系统变革，同样需要为业务创造开放、失衡的环境。我们应及时发现增长点并放大，推动正反馈形成。例如，无障碍的内外部交流、多元文化和思维的自由碰撞组合、不断产生突破原有局面的新假设、聚焦资源并重点强化、数据技术加速反馈的规模和速度，这些条件可以让创新加速发生。

OUHP创新变革模型（Open、Unequilibrium、Hypothesis、Positive Feedback）

DAO社区和元宇宙平台Roblox都有这样的特性，由进出自由的独立个体主导，保持高度开放性和随机碰撞，从而让可能性充分涌现。我们可以在Roblox平台上开发一个简单的小游戏，或者在DAO社区提出一个创新的倡议。个别好的想法会由去中心化投票反馈机制迅速推出来，自发形成资源的高度集中，并以智能合约形成执行过程。

在反馈中趋向完整的持续演进

至此，我们已经讨论了如何建立反馈流，以及如何提升反馈效率，这可以解决感知问题。我们又讨论了反馈如何支持商业决策，这是优化问题。前面我们还提到，在业务执行的环节有很多自动化的算法和机制。如果我们将公司视为智能进化体，这样就形成了完整的感知、优化、行动的循环。后面，我们还会提到模拟系统为反馈带来进一步的变革，加速这个循环。

产品与服务模式	RSS
基础反馈机制	MAFU、OKH、FHL、FBDS、SHTO、OUHP
企业生命周期	NPM

基于反馈运行的业务系统

5.2.5　反馈的挑战

除了来自人的因素可以影响反馈效率，反馈信息本身也存在影响效率的问题。它们有三个共性的来源，那就是间接、复合、有限。

间接

环节数量大于3的因果链条意味着存在更多因果链条关系可能性，会显著增加洞察的难度。中介变量对因果关系的干扰也是常见的问题，而且复杂的反馈关系会让反馈延迟。当中介变量和混淆变量存在时，需要借助DAG（Directed Acyclic Graph，有向无环图）模型理清因果关系，剔除中介变量的影响。

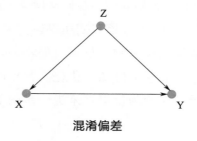

混淆偏差

复合

真实世界的反馈通常是总体、混合和模糊的。一个复合的信号消化了众多变量后，很难被精确归因和反馈，更难进一步被针对性地更新假设。所以，我们需要将宏大的目标拆解到更具体、更直接的指标上，才能建立有效的反馈系统。

此外，还有一些偏差在反馈样本选择时就发生了，样本的选择性误差可能导致很多歧视性问题。总体上，反馈的偏差从信息采集本身，到解读反馈的认知者局限、认知模型局限等不同环节广泛存在。对抗偏差，在目前有限的对策里，最简单的办法就是扩大样本规模。大规模统计也是简化问题的方法，同时也让我们有足够的空间去平衡或舍弃一些样本。

有限

基于反馈的结论一定是有限适用的，我们不能保证未来不会有反例。我们只能在有限的检验条件和范围内确认假设的有效性，接受结论的同时也需要提前对假设成立的边界有清醒的认识。

5.3　反馈、模拟和计算的未来

在数据爆炸的今天，模拟技术可以有效解决当今时代的复杂性挑战，进一步提升反馈的效率。复杂性来自简单规则的叠加和交互。而模拟系统也是试图基于规则学习形成同步演化系统，持续模拟现实世界，而不是用逆向求解的方式解决问题，也不会像一次性的测试行为会因为前提条件的变化而失效。基于模拟系统，反馈和学习的效率会取得根本性的突破。例如，算法的自学习能力、强化学习算法，都需要模拟环境来加速演进。

5.3.1　反馈的思想也在变化

只要有目标，有新的假设，人的影响作用于外界就是一个在寻求反馈的过程。问题在于，我们如何收集、解析和充分利用其中的信息。反馈是信息获取和处理的过程与模式，这种能力的进化和人类的进化在某种意义上是同步的。

1.0时代的反馈思想强调控制，以确定、线性连续的闭环为方法，以机械类的应用为标志。对很多人而言，控制象征着权力和能力，而在动态的环境里，控制更多意味着风险。2.0时代的反馈思想强调适应性，面向开放和不确定性的环境和问题，通过自适应能力追求适应性演化。

3.0时代的假设和模拟，应对多变量交互的复杂系统

我们将要处理的问题的难度再升级一下，在一个多变量交互的复杂系统里，如何建立有效的基于反馈的自学习系统呢？

当谈到复杂性的时候，生命的出现依赖的就是有机物，而有机物是地球上各种元素和物质经过复杂的化学反应产生的。那么，有多大的概率，需要多长的时间，无机物才能从由各种物质组成的网络中诞生呢？

用模拟的方式很快就找到了答案。圣塔菲研究所的科学家，就用纽扣模拟网络中的节点，用线模拟节点和节点的连接，这里的每一个连接代表了物质元素的两两组合反应，一开始的连接是非常随机的，这大概会有将近5000万种不同的组合。可是科学家发现，随着连接的数量越来越多，规律就开始显现出来了。当连接的数量超过纽扣数量的一半时，就会形成超大规模的网络，把大多数纽扣连接起来。科学家只需要5000条线，就能把大部分纽扣吸纳进一个相互连通的物质网络中了。所以，只要地球上的物质是能生成有机物的，不缺材料，那么随着物质网络之间的互动，这些物质就一定能凑到一起去发生反应。所以生命不可避免会出现，我们是大自然表达更深刻秩序的产物。

以新的计算模式处理复杂性

在开放连接的世界里，多变量的复杂性与复杂性之间动态的交互、叠加，类似混沌系统。常规的因果分析和统计归纳方式并不适用于解决这类问题，很难探索到是哪些基础的变量在真正发挥作用，只能在同步动态演化的模拟环境中，

通过测试不同假设得到的反馈来探索。例如，自动驾驶面临的复杂道路环境，多主体交互影响，Waymo就是用仿真模拟来训练对策。这种思路也被广泛应用在决策推演、供应链优化设计等各种复杂且动态的场景中。

模拟是一种广泛适用于处理复杂问题的方法，因为模拟系统本身就在以模拟对象的复杂性演化逻辑同步演进，构建模拟环境的基础变量也会和被测试对象同步演化，它是同步出来而非设计出来的。这就可以避免在静态环境下测试可行，却无法适应已经发生变化的新环境的情况。

假设是由可观察、可测量、可更改和可操作的变量构成，并衍生出了两个或多个变量之间的关系。自变量是研究人员改变或控制的东西，因变量是研究人员观察和测量的东西。模拟可能是以最快、最低成本，通过测试探索变量之间的关系，并获得反馈的方式。计算资源的增加也使得其他重采样和基于模拟的方法流行起来。

通过模拟预测和探索，应对开放性问题

为了追求极端的确定性，我们需要模拟并未发生的各种情况来测试方案的可靠性程度，探索可能存在的问题。通过主动假设的"反事实"情景推演，提升完善性。例如，NASA（美国国家航空航天局）通过模拟几千种可能会导致宇航员死亡的场景来训练宇航员应对突发情况的能力。

模拟各种长尾场景的原因在于，凡是最终应用在现实世界里的智能应用都需要面对开放性问题，需要应对动态世界里无

穷尽的新长尾现象。通过虚拟难以在现实世界中采集到数据的长尾情况，我们通过训练对策，来克服感知和认知的不确定性。通过模拟来学习的过程，就是在尽可能接近现实动态的虚拟仿真环境，通过改变假设、调整参数，获得反馈，进而得到低成本、快速的优化策略。这个过程如果能够以自监督的方式学习，那么相较于人工规则，在应对开放性问题上将取得巨大的进展。

把新的假设放到模拟器里，就是对未知的主动预测。如果说自然选择是一种被动的反馈，那么变异就为这个过程的效率建立了另外一个杠杆，引入了主动性假设，而自然界就是一个模拟器。

在建立数据驱动的有效模拟环境之前，如何抽象和建模数据不足的长尾场景是一个挑战，人们找到了两个工具，一个是知识图谱，另一个是组合推理。也就是说，人们可以通过已有的知识，基于相似性去补充或组合、推测长尾情景。此外，针对新场景，元关系学习（或称少样本关系学习）方法仅用很少的样本就可以有效学习，更容易解决样本稀少的长尾问题。

组合推理是人类的基本能力，现实世界中关于概念的组合是无穷尽的，而用来学习的数据总是有限的，在解决这个问题的时候，人类复杂的推理能力发挥了重要作用，它依赖于概念化（Conceptualization）和组合性（Compositionality）。概念对于对象的抽象表征，正如Murphy的说法："概念是把心理世界联系在一起的黏合剂。"（Concepts are the glue that holds our mental world together.）它能帮助我们理解和处理在已认知的类别中出现的新实体。组合性是人类具备概括能力的关键，它指的是从已认知的成分中理解和发现新的组合的能力。一个好的人工智能系统是能够获得概念解耦（Concept Disentanglement）和组合推理（Compositional Inference）的能力的。

应对开放、变化的世界，我们需要自动化的方式。自监督学习建立假设结构和模拟环境的过程，就像Yann Lecun通过VICReg（Variance-Invariance-Covariance Regularization）建立世界模型一样，模块可以相互堆叠，用来学习具有更高层次的、能辅助执行更长期预测的抽象表示。当然，我们面对的挑战还非常多。

5.3.2　在模拟引擎中加速的商业和科学

大规模、高动态、多目标、多智能体互动的决策场景越来越多，它们要么缺少先验知识来建模，要么很难找到替代函数或者很难求解。我们以往熟悉的方法很难解决这样的新问题，这也是智能模拟产生的重要原因之一。

用模拟替代求解

智能模拟（AI Simulation）或模拟智能（Simulation Intelligence）已经成为学界和工业界共同关注的火热方向。DeepMind团队在《自然》（Nature）杂志上频频发表关于分子结构模拟、核聚变控制等领域的重磅文章。世界上顶尖的十大超级计算机中，九台都在运行模拟相关的任务。来自图灵研究院、牛津大学、纽约大学、英伟达、英特尔等单位的行业专家在其联合发表的新作中总结到，模拟智能已经成为促进科学和社会发展的新一代方法。

智能模拟主要是充分发挥了人工智能的优势，来解决原有模拟方法无法解决的问题。例如，DeepMind提出用神经网络替代解方程的模拟过程，直接预测得到模拟结果，加速了模拟过程。在此之上，知识与数据协同驱动的模拟方法，可以让AI模型在学习已有的公式等知识的同时，从海量数据中提取模拟对象的信息，二者结合，优势互补，可实现高效而逼真的模拟。

在商业领域，有三种唾手可及的仿真技术方案

对于价值链中存在多环节、复杂交互和博弈的产业，需要做个性化的仿真定制方案，基于世界模型建立"仿真环境+强化学习算法"自主探索求解，这也是最基础的两个部分。

常见的三种仿真技术方案中，有基于抽象的系统动力学的业务系统仿真方法，也有以流程为中心的离散事件建模业务系统的仿真方法，还有基于智能体的建模方法。后者侧重于模拟系统中的各个活跃组件，它们可以是与系统相关的人、家庭、车辆或设备，甚至是产品或公司，并在它们之间建立连接，设置环境变量和规则并运行仿真。系统的动态变化则表现出个体行为交互的结果。

基于智能体的建模方法使我们能够以一种新的方式审视自己的产品与服务和相关方的互动关系。传统的建模方法将公司员工、客户、产品、设施和设备视为统一的群体或被动实体，甚至是建模过程中的资源。而智能体方案将它们定义

为有主动策略的真实参与方，通过复杂交互，可以更好地获得各方对模拟方案的真实反馈。例如，路上的行人会如何反馈自动驾驶汽车的行驶路线变化，而不仅仅是将行人视为采用固定路线的普通移动物体。

基于系统动力学的业务系统仿真方法，必然包含类似如下的假设：我们有120名研发人员，每年可以设计约20种新产品或是我们拥有由1200辆卡车组成的车队，每月的发货量是额定的，每年有5%的车辆需要更换。而离散事件建模业务系统的仿真方法关注的则是流程，将组织视为一系列的流程。例如，一个客户呼叫中心的呼叫首先由A类运营商处理，每个呼叫平均需要2分钟，其中20%的呼叫需要转给……这些方法都比基于表格的建模方法更加强大，能够捕捉到组织的动态和非线性，但是忽视了实体的独特性及其相互间的交互情况。例如，客户在进行购买决策前会咨询家庭成员，或者单个飞机的可用性取决于机组的刚性维护计划。

基于智能体的建模方法则没有这些限制，它关注个体的行为及其之间的相互关系。因此，基于智能体的模型实际上是一组反映现实世界中各种关系的交互对象。这使得基于智能体的建模方法在理解及管理当今商业和社会系统的复杂性方面更具优越性。

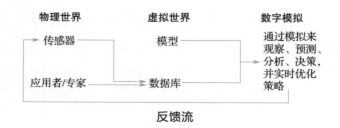

将大数据应用于基于智能体的建模方法已经比较普遍，现如今的企业和政府机构已经在它们的客户关系管理系统（CRM）、企业资源管理系统（ERP）、人力资源（HR）和其他数据库中积累了大量的数据，基于智能体的建模方法能够使这些数据得到充分使用。基于智能体的模型能够直接从数据库中读取个体实际的个性化行为和属性，如消费习惯、选择模型、设备故障、业务流程时间及与健康相关的数据等。因此，它能够以简单、精确和先进的方式建模、预测和进行方案比较，从而实现策略的优化。

①整合的多模式仿真

例如，我们对一个仓库进行建模的时候，对供应链的外部影响因素以智能体策略建模，但在内部使用离散事件建模。例如，在系统动力学逻辑触发的市场模型中，以智能体策略模拟消费者的个人行为。这种组合应用的方式可以帮助我们更好地模拟现实世界的运行机制，而且有更多模式会被发现和应用，因为现实世界的复杂度远高于现在的模拟。

②基于强化学习探索

在快速、复杂的变化使业务难以预测的新环境下，公司往往追求多业务目标，处理更多变量的交互影响，同时让众多可能性并存。这时候，仿真系统下的强化学习就可以发挥作用了。虽然强化学习也不完美，但相对于启发式方法（Heuristics）的相对固化局限，以及常见优化器（Optimizers）对技术的大量需求和相对缓慢的速度，强化学习有其独特优势。状态（S）、行动（A）、新状态（S'）、奖励（R）的持续循环，不但更符合智能体交互机制，还可以通过复杂问题的分层处理，更有效地逼近仿真求解目标。

同时，借助强化学习方法，我们通过模拟测试新商业假设。这也是AI摆脱被动接受数据，转而主动创造数据的关键一步。总体上，用数智化模拟的方式，我们可以提高商业策略HFL机制的演化效率，并在能源、供应链等多领域成功应用。

③算法自学习如何优化：AI+OR（运筹学）

智能决策与智能模拟在最近都取得了显著的进展，并且能够相互促进。从公共服务、企业经营到个人生活，决策渗透各行各业，在很多场景中出现的问题，其本质都可以归纳为优化问题。传统的决策优化算法研究成果多来自于运筹学、应用数学等多个学科，采用数学建模、启发式搜索等方法，构造特定的解搜索策略，从而在庞大的解空间中不断搜索出较优者，做到优化求解。然而，这一类方法往往依赖于具体问题或者具体场景中的信息。因此我们只能"具体问题具体分析"，无法通用，这会导致研发成本较高，质量与效率也无法得到保证。

学习优化（Learn to Optimize），即智能决策，就是为解决这些问题而生的。核心思想是从数据出发，让深度（强化）学习模型从数据中学习决策的规律，并利用模拟器不断验证当前所学的正确性和完备性，实现数据–模型的优化循环，最终输出优化决策的结果。与传统方法相比，基于数据的模型往往能大幅加速甚至替代传统的搜索。除了速度提升外，为进一步提升模型的求解质量，有人进一步提出将深度学习与传统运筹学、数学建模等方法相融合。例如，谷歌用机器学习设计芯片，DeepMind融合监督学习与分支界定法加速求解混合整数规划问题，Meta AI融合强化学习与启发式方法求解组合优化问题等。

当然，智能决策的进一步发展仍然面临着许多问题，包括求解过程的安全性和鲁棒性，针对不同决策问题的通用性和泛化性，对复杂决策场景的适应性，等等。但是，我们讨论的模拟不仅局限在提升决策效率上，在面对不同的问题时，任何可以在模拟环境中自学习的算法，都可以在基于模拟环境的学习方式上被加速。

以模拟化解复杂决策，矛盾的另一面就是创新。我们经常会在错综复杂，同时追求多目标优化的业务环境中迷失方向。例如，既要提升库存周转效率又要保持库存充足率，既要用户体验佳又要降低成本。这在传统的优化策略下就是矛盾，而在模拟的场景下就很容易找到全局最优的解法。这是一种更加适合复杂业务环境的策略生成方式，因为这是一种推演而非求解。

走在世界前沿的模拟技术

①计算就是模拟

模拟的思想一直都是我们解决问题的方法，科学家也喜欢模拟。从图灵用最早的"破解机"做密码工作开始，模拟就被用于数学的推演。例如，被用来解决希尔伯特的"机械可判定"问题。在某种意义上，计算机就是将现实问题抽象成字节来模拟和计算的。例如，生物的智能、互联网、深度神经网络算法，也都是在用网络结构完成模拟和学习的。例如，计算机的计算以电子状态模拟数学运算和世界的运转。特别是量子计算机，能够更高效地模拟微观世界的量子态运行。

在社会科学领域也需要模拟的思想，假设–演绎法（Hypothetic-deductive Method）是美国行为主义心理学家赫尔提出的心理学研究方法，具体应用是从一般原理或理论出发，依据这一理论推导出一些具体的结论，然后把这些结论应用于对具体现象的说明和解释。在心理学领域，也有很多研究者使用假设–演绎法，做推演和模拟。

进化的过程也是用演化模拟搜索的过程，美国理论物理学家肖恩·卡罗尔在书中提到人类基因组所有可能的排列的总数是4的30亿次方，对于进化机制的挑战在于，如何找到这样的DNA序列，才能产生生存机率最大的生物个体？演化提供了一个在无比巨大的可能性空间中搜索高适应度基因组的策略。演化采取的搜索过程效率相当不错，以至于在现实中人类程序员也常常使用类似的过程去设计他们的策略。这被称为遗传算法的技巧。

很多将以自学习为代表的智能演化技术应用于商业实践的案例里，无论是新药研发、自动驾驶，还是各行业中的智能引擎，都经历过相似的反馈能力升级历程：通过实践反馈；通过测试、练习、游戏反馈；大数据收集和计算反馈；通过仿真和智能模拟测试反馈，并建立反事实推演和预测能力；干湿实验结合，产研结合的反馈演化能力，融合模拟的演化与真实的演化。

②模拟中的假设加速演化

如果没有假设，人类世界将只有一个终点。模拟就是要提升主动假设的测试效率，进行多种可能性的并行假设，同时在虚拟环境中利用大规模数据快速计算推演，在反馈中加速优化，获得比现实世界更快的演化速度，形成与现实世界并行的持续演化系统。这可以帮助我们获得策略可行性的重要洞见，并持续探索新的假设。

用数学来描述"假设"发展的循环过程。
- 假设基于反馈信息的沉淀和知识化。
- 假设是基于已知的知识图谱向邻近可能性空间的延伸。
- 假设是可能性空间有倾向性的跳跃性延伸。
- 假设通过延伸获得新反馈和新启发。

这一切的前提是，具体的应用情景可被模拟机制数字化。

③科学的新"加速器"

在探索宇宙的进程中，天文学家的苦恼在于没有实验环境来获得反馈，来验证科学发现和假设。2021年10月，哈佛大学的加里森团队在《皇家天文学会月刊》上发表了一项新的研究成果，把计算机模拟宇宙的工作推进到了前所未有的高度。加里森团队开发的新型计算机程序叫"算盘"，该团队首先在计算机里高度仿真了宇宙环境和规则，并同时模拟了160个不同性质的宇宙。天文学家能利用"算盘"细致地调整宇宙学中的重要参数，例如哈勃常数，看看不同大小的哈勃常数会对模拟出来的宇宙有什么细微的影响，再对比一下望远镜观测到的真实宇宙，就可以知道哪一个哈勃常数的数值可能更贴近真实的宇宙。"算盘"还可以让天文学家研究根本看不见的东西，例如宇宙中的暗物质。因为暗物质会参与引力作用，而宇宙模拟系统正是由引力构建的。所以，天文学家利用"算盘"就可以模拟出暗物质的运动状态和位置分布，再加上时间的变化，就可以了解暗物质在宇宙中是怎么演化的。

即便是在成熟行业，模拟的策略同样有效，最早的情景分析就是在石油行业诞生的。自动化和智能化的模拟一直是我们的学习和研究方法，只是技术的进展可以让这种方法更有成效。

④从开普勒到牛顿，"为世界建模"的技术挑战

从牛顿时代开始，就出现了两种"为世界建模"的科学研究范式：开普勒范式和牛顿范式。开普勒范式即数据驱动的方法，在此方法中，人们通过数据分析来提取科学发现。最经典的例子是，开普勒基于数据驱动的方法，总结并研究行星运动定律。在现代科学中，生物信息学为现代开普勒范式的成功提供了更加令人信服的例证，除了生物信息学外，还有材料科学、化学、神经科学、地球科学和金融学等。随着统计方法和机器学习的进步，数据驱动的开普勒范式已成为一种非常强大的工具。它对于查找数据中的事实规律非常有效，但对于帮助我们找到其背后的原因却不太有效。牛顿范式基于第一性原理的方法，目标是发现支配我们周围世界

或我们感兴趣事物的基本原理。最好的例子是牛顿、麦克斯韦、玻尔兹曼、爱因斯坦、海森堡和薛定谔等科学大家的研究工作。

在完整的"为世界建模"的过程中，维数灾难（Curse of Dimensionality）是一个难题，深度神经网络学习可能是我们目前处理高维问题最有效的方法之一。基于深度神经网络的AI和粒子模拟算法的结合，已经充分应用在微尺度工业设计和仿真平台。基于开源软件，可以在保持量子力学精度的基础上，成功将分子动力学的计算速度不断提升数个数量级，实现"物理建模+机器学习+高性能计算"相结合的模拟能力。

5.3.3　模拟就是科技思维的想象力

爱因斯坦、达·芬奇、特斯拉这些伟大的科学家都是思想实验的高手，爱因斯坦甚至说过："纯粹的思想可以掌控现实。"爱因斯坦几乎把他所有的重要成就都归功于思想实验，"追逐光束"和"电梯下落"的思想实验帮助他发现了狭义相对论和广义相对论。达·芬奇在用笔记本做思想实验，以素描的方式画出从飞行器到教堂等各种工程设计图案。这个设计过程是在大脑中完成的，而非实际建造出来。特斯拉用思想实验强化自己的想象力，在大脑里发明和测试新事物。"在纸上画出草图之前，整个想法会在我的脑海里运转一遍。"他说，"我不急于着手具体工作。当我有一个想法时，我马上依靠想象力把它塑造成型，然后在脑海中改变装置的结构，加以完善，并操作一遍。是在脑海中运行涡轮机还是实际测试，对我来说完全不重要。"事实上，我们也在用数字技术和智能算法建立模拟引擎，来让每个人有机会达到科学家在大脑中进行思想实验的效果。

模拟能够计算"不可计算"

模拟计算的一个重要方向是模拟大脑计算机制的"类脑计算"，科学家们正在寻找更适合模拟神经突触的物理器件，例如麻省理工学院研发的"可编程电阻"。他们用一种特制的玻璃材料来模拟真实的神经突触，不仅使用寿命长，反应速度还特别快，能够达到纳秒这个级别。而一般生物的神经突触，反应时间都在毫秒级，中间差了100万倍。如果用这种"可编程电阻"来1∶1模拟人的大脑，那这块芯片的"思考能力"就相当于100万个人。

因为模拟计算的这些特征，科学史专家乔治·戴森认为："计算的未来是模拟。人类即使不了解'智能'的运作原理，也完全有可能构建出'智能'，这就是模拟计算的魅力。"数字计算把物理世界进行高度抽象和逻辑拆解，把一项任务切分成无数个细小的标准化单元。而模拟计算不需要抽象和拆解，只需要去模仿、还原一个真实的物理结构，可以用相对少量的单元来完成任务。

在一天内获得100多年的经验

模拟技术让谷歌旗下的自动驾驶项目Waymo可以将现实世界的遭遇变成数千次的模拟练习，并且拓展出多智能体博弈等更复杂、极端、有针对性的重点场景，着重训练。在模拟中，每天行驶约2000万英里，而且模拟器越来越真实。被模拟现象的概率分布和真实情况高度近似，在精细程度方面，甚至可以模拟小到雨滴大到午后太阳眩光等对观察红绿灯的影响，甚至能够智能地生成逼真的传感器图像。

Waymo使用真实世界的驾驶和封闭测试设施来验证其在模拟环境中学习到的策略，然后循环再次开始。此外，乘客的舒适性和安全性、运营的经济性，都是模拟引擎要训练的内容。

我们再看一下模拟器团队工作的内容：
- 智能体博弈，设计与智能驾驶以真实方式交互的汽车、自行车者或行人。
- 持续地收集数据。
- 量化Waymo Driver的性能和安全特性。
- 过滤模拟数据并发现关键问题。
- 构建可靠且可扩展的基础架构服务。
- 通过深度学习实现自动化，替代人工。
- 生成针对特定挑战的模拟。
- 随时自动选择最有用的模拟运行。
- 通过改进工具提升效率。

AI+模拟

AI正在将模拟提升到一个新的水平。首先，当没有足够数据的时候，AI可以通过生成对抗网络（GAN）的深度学习技术自动识别可用数据的特征或模式，然后使用这些信息生成具有与原始数据集中物理数据相似特征的合成数据。其次，在处理复杂性方面，工程师可以使用机器学习开发有限元模拟的降阶模型（Reduced-Order Model，ROM），从而可以使用从以前的模拟和测试中获得的小数据集，来构建大型复杂系统的ROM，并收集对系统特性的洞察。这使工程师可以使用最少的计算资源，快速研究系统的主要特征。在今天，模拟经常要涉及数百万个元素。最后，在提升准确性方面，工程师基于物理的仿真模型与机器学习模型相结合，提高整体模型的准确性。算法可以使用已知的基于物理的公式来描述基础物理，并且可以使用神经网络算法捕获不确定性或未建模部分的特性。

此外，AI可以通过启发式搜索等方法帮助模拟引擎识别并将计算资源集中在最有潜力的数据集上，从而加速发现过程。从药物发现到芯片设计，人工智能支持的模拟将获得结果的时间缩短了10～100倍，"AI+模拟"正在成为新的基础能力。

量子+模拟

量子计算机能够模拟复杂的多体相互作用体系，而以往利用经典计算机来模拟这些材料合成过程，通常会得到不精确的解。例如，量子算法可采用不同标准模拟电池的化学成分，为减重、功率密度最大化等不同目标定制设计方案，并可直接用于生产。加拿大量子计算研究所的研究员克里斯蒂娜·穆斯克表示，未来的科学家们或许不再需要让粒子在加速器中相撞，而是直接在量子计算机上模拟这些相互作用，来探索宇宙大爆炸起源、量子物理学等。

Agent将是智能的，环境将是模拟的，这可能是未来的基本模型。对于更遥远的未来，模拟的终极形态或许是建立与我们生存的世界平行的数字模拟宇宙，HFL以更快的速度循环，让数字世界中更快进化的"先知"指引现实世界中的我们。

模拟的挑战

现有的计算机架构如果没有新的突破，它处理的世界应该是封闭、可数的问题。真实的世界是可数的吗？它是实数的和连续的。客观世界中数据的可表示性和可获取性都和现有的计算架构有偏差，但这并不影响在有限的范围内以及在特定的课题上创造价值，我们没有必要一开始就以模拟整个世界为目标。

第6章
来自未知的反馈

　　我们未知的东西会给我们反馈吗？我们不得而知，也许我们无法理解。在平时，这些来自未知世界的信号体现为异常和不可操作、不可解释性：矛盾、空白、反直觉体验等。一切在我们的假设预期之外的反馈往往被我们视为噪声，而正是这些信号连接着未来。

　　打开未知，一方面要延伸世界的边界，获得新的反馈信号；另一方面要处理以前无法处理的反馈信号，从中获得新认知。将课题转化为HFL架构，数字化反馈和智能算法的自学习能力将为这些努力带来新的改变。

6.1　认知的极限

我们对世界的认知受限于我们自身的认知能力，对于极限的突破意味着范式的切换。基于数据的智能计算和模拟，一方面将加速我们获取反馈，更新假设的效率；另一方面将拓展我们认知的边界，是目前最有希望的方向。

6.1.1　加速认知需要改变认知模式：假设是不可逃离的

科学要以质疑一切的态度解释一切，因为我们永远无法掌握充分、完美的信息，因为我们的认知框架是不完备的。所以，我们基于认知模型生成假设，结合反馈数据的检验来认知世界，这个过程就是人脑在不断为世界建立更高拟合度的模型。我们的认知能力也在随之不断发展，逐步从单纯追求确定性，到以规则分类不确定性，基于概率和不确定性和平相处；从处理基于人工规则的符号推理，到对叠加向量的计算和规模统计下的概率假设；从单一向量计算到面向复合因素的假设与反馈机制，不断在数据和计算技术的推动下取得新进展。

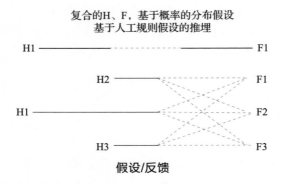

复合的H、F，基于概率的分布假设
基于人工规则假设的推埋

假设/反馈

6.1.2   后科学时代的停滞和反馈的瓶颈

如果宇宙所经历过的时间是一年，人类科学是在最后一秒发生的，这便是一个非线性的加速曲线，更高效的假设和反馈效率带来了认知的突破性进展。

后科学的瓶颈：从实验反馈到求助数学论证

《自然》杂志的研究发现，60年来各学科的创新性都在不断下降。这很难以知识系统的复杂化、垂直化完全解释。

当人类进入科学时代，任何人都可以基于观察、想象、推理，甚至依据经典提出原理性的观点。但是，这些观点如果不能被证实，那就是假设。比如哥白尼虽然早就提出了日心说，但是必须要等到伽利略改进望远镜之后，日心说才能被证实和广泛接受。新的科学假设被证实时，需要依赖更先进的新技术手段提供检验和反馈。

同时，在科学思维阶段，实证不仅能证明科学假说的对错，还能推动科学的新发展，这是一个良性循环。哈勃望远镜的出现不仅证明了相对论的正确，而且还推动了大爆炸理论的发展，因为哈勃望远镜观察到了宇宙膨胀。在这一阶段，科学和技术可以进行良好的互动，科学推动技术，技术也能推动科学。这就是我们说的科学时代的思维特点，我们把宇宙万物作为研究对象，提出种种推论和假说，然后通过技术手段获得反馈，证明它是否正确。

最著名的例子就是爱因斯坦的相对论。曾经，包括爱因斯坦在内的所有人都认为宇宙是静止的，或者更准确地说，时空应该是静止的。但是在相对论方程的描述下，宇宙并不是静止的，而是处于不断膨胀之中。所以就连爱因斯坦本人也认为相对论方程有缺陷，于是就在方程里加了一个宇宙常数，用来确保宇宙的静止。但是，哈勃望远镜的出现，证实宇宙真的处在不断膨胀之中，这让爱因斯坦认为，在相对论中加入宇宙常数是他的学术败笔之一。

从伽利略开始，技术带来的反馈不断通过检验假设而推动科学发展。但是，随着科学发展越来越快，技术提供假设检验的反馈能力已经跟不上科学发展的需求了。科学家推导出的新假说，既不能被证实，又不能被证伪。

首先要明确一点的是，我们称之为后科学时代，并不是一个普遍的现象，而是只存在于少数几个领域中。其中，最典型的就是对大型实验设备有依赖的物理学领域。这个尴尬的局面其实从爱因斯坦开始就有了。爱因斯坦预言了引力波的存在，但是在过去一个世纪中，引力波都停留在假说，直到2017年才被证实。像这样的例子，在今天的物理学中有很多，比如我们熟悉的"平行宇宙""高维空间""弦理论"都是难以被证实的假说。以"弦理论"为例，它描述的主要是普朗克尺度下的宇宙，也就是10^{-33}厘米和10^{-43}秒，这是现在的技术手段无论如何都达不到的。

可测量的极限

测量是有极限的，我们的思考也是有极限的，所以认知也就有了极限。

首先是测量的极限，在宏观角度这体现在太空望远镜的观察距离，推迟了整整15年才发射的詹姆斯·韦伯太空望远镜将能够看到360亿光年以外的星空，这在哈勃太空望远镜曾经观测到134亿光年以外宇宙空间的基础上再进一步。在微观角度，在不确定性原理的框架下，目前人类只能把物质尺度研究到1.616229×10^{-35}米。

20世纪80年代以来，有声音开始质疑不确定关系。2003年，名古屋大学的教授小泽正直提出"小泽不等式"，认为不确定关系有缺陷。从2003—2012年，小泽团队与奥地利工科大学副教授长谷川祐司团队合作，对中子"自转"相关的两个值进行了精密测量，成功超过了不确定关系给出的极限，并满足"小泽不等式"。2012年，多伦多大学量子光学研究组的李·罗泽马用一种弱测量技术，实现了超过不确定性极限的测量。在不确定性极限之外，人们还发明了新的测量方法。按照对量子特性的应用，量子测量也有了三把"尺子"，第一把"尺子"是基于微观粒子能级测量；第二把"尺子"是基于量子相干性测量；第三把"尺子"是基于量子纠缠进行测量。理论上，如果让N个量子"尺子"的量子态处于一种纠缠态上，外界环境对这N个量子"尺子"的作用将相干叠加，使得最终的测量精度达到单个量子"尺"的1/N。该精度突破了经典力学的散粒噪声极限，是量子力学理论范畴内所能达到的最高精度——海森堡极限。从"守恒是相对的"，到"不确定性原理的本质"，无论如何，我们发现新科学假设的观察能力都存在边界。

此外，像韦伯望远镜这样的巨大投入几乎消耗掉了在这个方向上的所有科研预算，使天文学的发展被锁定在有限的输入上，也许会导致所有天文学家的新输入可能都由韦伯望远镜决定，这不利于多样性的反馈。

其次是思考的极限，我们的数学、物理学、哲学始终是在有限的范围内讨论的。爱因斯坦曾就电子轨道问题质问海森堡："难道你是真的相信只有可观察量才应当进入物理理论吗？"海森堡回答："你曾经强调过绝对时间不能进入物理理论，仅仅因为绝对时间无法观察。"爱因斯坦随后说道："单靠可观测量来建立理论是错误的。现实世界中的认知过程其实是反过来的，是理论决定我们能观察到的东西。"

观察反馈和知识相互促进，帮助我们不断演化理论假设，但是观察和反馈的进展显然远远落后于假设的发展，这使获得新知识的进程停滞。或者说，无论是天文学还是加速器的发现，我们观察世界的方式进步得相对不够快。物理学家一直等待加速器是不是可以通过撞击找到比夸克更小的单位。

　　模拟引擎和数字化大规模反馈及智能计算技术是改变现状的可能性之一，就像天文学采用的模拟方式，这可以帮助我们在已知的海量信息中推演未知的关系和可能，而非仅依赖感知边界的绝对拓展。这可以帮助我们脱离现实世界反馈的束缚，获得新的观察角度，推进认知边界。

科学瓶颈与反馈数据盈余

　　一方面，科学研究没有足够的观察反馈来支撑，另一方面则是反馈数据的剩余，大量数据未被充分关联、挖掘和分析。我们需要在更新"假设发现"和"反馈机制"方面进行更多创新，需要以新技术创新挖掘方式，充分利用好已经广泛分布的分散原始数据。我们可以将一些领域数据的过剩变成盈余，变成新的反馈来源。

　　新的突破对数据和计算的要求正在变得越来越高。2021年，谷歌与美国哈佛大学的Lichtman实验室合作发布了一份包含了1.3亿个突触、数万个神经元、1.4PB（1PB=千万亿字节）人类脑组织小样本渲染图的"H01"人脑成像数据集。而在海洋科学领域，数量已经达到EB（1EB=百亿亿字节）级别，科学领域的研究已经从实验小数据驱动变成了大规模数据计算驱动，至少在物理学领域，计算和理论研究的贡献已经相当多。

　　智能计算通过推理和统计建立新假设，通过模拟环境实验来处理大规模多元异构数据和复杂数据关系，以及模拟无法开展实地实验的环境，从而获得新发现和新反馈。如果说实验是对假设的一次性检验，模拟就是对假设的持续反馈检验，因为新加入的假设都建立在之前模拟检验过的假设基础之上，持续运行。不断复杂化的模拟能力可以帮助人类模拟深空、地心、黑洞等无法开展实地实验的研究环境。大规模数据、计算和模拟技术，数据驱动的新范式将帮助科学研究方法突破现实局限，并在计算中加速。

观察	新的观察方式、现实世界的数字化	
假设	基于智能计算的自主关联、统计和挖掘、发现	
计算	反事实推理	模拟引擎
知识	数字化的世界模型	

数字化的新认知范式

6.2　新认知科学

有几个割裂的问题亟待被放在一个系统里解决。除了物理学家关心的统一几种力的框架，宏观经典物理世界的秩序和微观量子世界的随机性是如何统一的呢？此外，这本书更关注的是在人工智能的基础层面，可解释的规则和符号计算体系与对复杂系统有更好拟合能力的深度神经网络算法如何统一。诸如此类的很多问题都受限于传统学科划分的局限，未来需要多学科，或者重新定义学科来突破认知的障碍。这就是数据驱动的智能计算的意义，这种方式相对于人类受限于碳基算力的思考模式，并不存在学科的认知局限，它能够在高维的数据分布之间探索规律。

6.2.1　新的基础假设

在过去的几百年里，自然科学经历了突飞猛进的发展，然而这些进展并没有被认知科学所系统性地解释。密码学家约翰·查德威克认为，密码学的核心在于演绎和控制试验，"形成假说，进行检验，频繁地抛弃假说"，而我们每天都在试图破解世界运行的密码。万物数字化连接自动延伸对世界的感知，智能算法基于大规模反馈数据形成新假设，并在模拟引擎中加速演化，这会成为未来的新范式：HFL。当然，

HFL并不局限于认知领域。

　　从最基础的层面开始，我们建立基于假设和反馈的认知框架。我们应该如何系统地定义这个系统呢？一个新的知识系统将基于新的概念和规律体系支持推理，关于认知与演化的科学，未来也会有类似的系统。基于前面的内容，我们主要讨论了HFL的框架，简单总结如下：

- **复杂性可能通过演化和模拟的方式处理（HFL）**：世界的复杂性大到无法被有效计算，而演化和模拟的方式则由简单的HFL循环组成。
- **"假设"只在约束条件和有限范围内成立**：认知科学会受到假设能力延展程度和反馈可获取性及反馈数据质量的限制。
- **超越载体的同一属性**：高维存在的同一模式可以在不同"介质"中呈现。例如，网络结构在从数学，到计算机，到神经网络，再到生物大脑的泛在性。人脑和计算机，甚至是计数器计算出来的结果是等价的。多学科互相启发，共享信息的统一基础认知框架，如果不能融通就是在损失信息量，思想作为语言，是统一多学科的"超语言"。
- **"假设"是开放的**：①把开放的未知和不确定性变成假设来处理，从概率分布的视角建立和推演假设，并以此指导实践。一般而言，研究工作就是在以模型假设的方式看待世界。②跳跃性：基于关联性、相似性，横向可迁移和建立跳跃性的连接，对新的"域"保持开放。③基于"反事实"框架的延展性，增加完备性。

- **认知的过程是降维，"反馈"是收敛导向的**：这一代AI算法通过将复杂问题离散、分解、降维来更高效地并行处理，并通过反馈持续收敛可能性空间，使问题有解。反馈收敛的效率来自数据质量，以及启发式、注意力分布等反馈机制。

- **数据和AI对于认知的加速**：一方面是探索，算法具备通过大规模高维统计分析，从海量数据中发现新规律的能力；另一方面是模拟，大规模数据结合AI，将具备通过模拟来推演、测试的能力。基于算法发现和模拟的新系统，相对于以往理论结合实验的方法体系，有更快的进化速度。

- **对抗统一性**：用对立的方式探索内在一致性的挖掘过程，向证明、证伪两极探索的对抗性过程，这种矛盾对抗性是接近本质的动力，可以加速认知。

- **从简单到复杂是涌现，从复杂到简化是回归本质**：世界的复杂性涌现来自反馈作用；对元要素、元关系的回归可以通过模拟演化的机制有效实现。

- **自学习效应加速复利优势**：适应度持续有效进化，数字化认知和演化优势在更短的循环周期内被强化。突破临界点触发正反馈，形成不被下层理解的高级化分层、资源无标度、幂律效应。

- **高于一般自然性的方向性，非完全随机**：越过自我复制的能力临界点之后，建立自演化、具备方向性的秩序系统，以及相应的反馈传递机制和假设优化机制。例如，不断突破自然选择法则限制的人类进化。而且，下一代的演化总是在上一代的基础之上有限随机变化，可以是有目标的，知识增强的。

- **邻近优先**：基于相似性、相关性，认知和假设由近及远自动拓展，演化过程也是如此。
- **信息永远不充分**：信息不足才有基础的假设。但信息又是必要条件，数据和技术的发展与互动机制的创新正是为了解决这个问题。
- **"假设"是唯一的、单纯的**：当问题被分解至纯粹的、单一的基元单位，才能被有效检验，逐次逼近。
- **反馈效率越高越智能**：对单位信息的利用效率是衡量智能水平的重要指标之一，这决定了"假设"的演化效率。现有AI算法需要大量数据才能完成训练。但是，随着技术的发展，视觉识别模型的需求已经从几万张图片减少到个别任务只需要几十张图片，而人类可能只需要几张图片，甚至用一张图就能够学到新的分类规则。
- **实践反馈是确定性的唯一来源**：数据要以分布式的方式更客观、全面地表示动态的世界，而计算和模拟可以加速数据反馈的效率。

6.2.2　反馈定义一切

反馈技术由数据驱动

世界上并不存在噪声，只是还有很多我们无法理解和充分应用的数据。数据化认知革命是当前时代的主要进步，无论是自监督学习还是数据增强驱动的学习机制，都有相对完备的反馈体系和科学的计算框架，可以有效应用于不同的具体问题，并从中获得进一步的反馈流数据，以此推动学习和演化。前者更需要反馈数据规模，而后者更强调反馈数据质量。在第二个方向上，吴恩达一直倡导"以数据为中心的AI"，希望大家将目光从边际优化空间不断变小的模型驱动的方向，转移到数据驱动的方向。的确，我们在数据方面仍然有较大优化空间。如果模型代表着我们建立"假设"能力的进展，那么数据驱动相对更强调反馈的效率提升。总之，我们将面对的具体课题数字化，会带来海量的实时反馈流，从而以虚拟的方式，以新的假设、反馈机制加速HFL的演化，在这个过程中，反馈流数据带来的适应性对演化过程是决定性的。

有反馈才有连接，有连接才有认知，有认知才有智能，才有我们应对变化，最终影响并建立有利于我们的外部环境的能力。各种生物在对生存环境变化的反馈中实现进化，组织在对外部商业相关方的反馈中实现熵减，深度学习神经网络的反向传播实现了更加智能的算法迭代，打开短视频的一次次滑动点击反馈也在提升推荐算法的个性化程度，可以说反馈无处不在。我们通过尝试新假设和反馈，完成认知和建构的过程。探索世界、满足自我、连接彼此，从某种角度来看，我们被反馈定义。

把复杂性留给数据驱动的方式：全样本、全时，由反馈来定义

若我们用静态的规则来建模动态的客观世界，是无法做到精确的，因为静态形式逻辑将世界抽象为时间切片来进行建模，或者说这意味着基本的前提假设是"代表着世界运动状态的时间不存在"，既然时间不存在，又怎么会存在"因果"呢？所以形式逻辑在为因果关系建模时就面临某些缺陷和悖论。

以大规模、连续反馈驱动演化的视角，减少对静态主观假设的依赖，能够帮助我们更好地理解和参与这个世界。全样本、连续实时的反馈流数据高效地通过算法自学习来更新假设，以数据驱动的方式加速认知和演化的进程，而非人为定义和设计。

认知与信息、能量

两位选手在擂台上决斗，一方面在反馈中了解对手的策略、习惯和弱点；另一方面在消耗对方的能量，最终在合适的时点发出倾尽全力的致命一击，这两方面缺一不可。在任何看起来简单、粗暴的事情背后，都是信息和能量这两条主线在有序运转，这决定了我们去哪里，以及如何到那里。学习规律、建立假设并缩小可能性的范围，可以节约能量，提升能量的使用效率。计算的过程反过来也是在消耗能量，甚至可能会超出能量供应。

19世纪的物理学家曾经认为经典力学就是物理学的全部，每当人类进入新的"域"，发现新的基础原理，并为更广泛的推论建立基础的时候，就是一个新黄金期的开启。人类除了单纯的好奇心，对于发展的需求现在也在变得迫切。支撑人类持续发展所需要的、越来越庞大的耗散系统对于能量的需求，甚至整体系统的复杂性对外部开放交换减熵的需求，看起来都在不可逆地上升。所以，"域"的跃迁，"走出地球"看起来也是不可逆的。但是新的演化需要新的冗余能量来启动，这也包括在认知方面的余力。数据和自学习算法正在通过机制创新，加速"发现假设"和"测试""模拟""反馈"的效率，从而获得打破平衡的新能量。

　　经典计算机要擦除一个经典比特，其所消耗的最小能量是kT ln2焦耳。而人类社会利用信息改变世界的杠杆效率是这个公式无法反过来计算的，同样1比特信息的价值也不是等量的，这就是认知和创造的能量。也许我们无法找到明确的唯一答案来解释未来的一切，只有无处不在的简单规则，基于不同新条件下形式与机制千差万别的HFL循环，自下而上地不断演化出复杂世界，并持续加速。

附录：关键课题快捷索引

本书强调了HFL（Hypothesis-Feedback Loop，假设–反馈循环）的无限加速是缔造事物演变和认知突破的根本方式，特别是数字化的反馈在规模、速度、机制上的变革，推动了智能社会的指数级加速，这种加速效应会影响几乎所有事物的发展。

A. 数字

算法提出新假设，再通过规模化的反馈数据和反馈机制创新来优化假设，这两个要素组成的完整循环让HFL可以不断加速，从而在时间和成本上不断趋近于零，不断接近认知的奇点，这就是我们这个技术时代的大背景。这会加速不同领域的创新，特别是对于网络和AI，这就是它们的共同本质，这也为全面的数字化世界加速发展和方向选择带来启示。如果进一步加速这一趋势，需要数据价值的高效流通，而驱动这一变化的是新的数据经济，这需要基于优化权和模型贡献度量来建立新的基于数据资产的分配和激励机制，从而让数据资产这一关键要素真正进入市场，发挥价值。在反馈数据驱动的HFL形成新一代的生产力之后，世界的连接与关系结构也会发生相应的重构来最大化释放新生产力，这就会形成计算、连接、组织三力汇聚并相互影响的未来混合数字世界。我们将这些内容结构化为以下子课题，方便大家各取所需。

一、数据——数据加速认知，商业加速数据

1. 认知的奇点
2. 数据经济基于优化权经济
3. 数字资产的转化之道

二、连接——下一代互联网

1. 网络基础三要素
2. 点反馈：如何选择"点"来切入市场
3. 链反馈：纵向一体化协同
4. 复杂网络整合
5. 网络演化的方向
6. 网络正反馈效应、平台经济的脆弱性与重定义

三、智能——AI 的方向

1. 深度神经网络的第一性原理
2. AI的不可能三角
3. AI应用的最大问题来源
4. 终极智能竞赛
5. 智能的标准
6. 大脑、量子、生物

四、混合数字世界

1. 计算：新个人计算中心
2. 连接：只有一个元宇宙
3. 组织：Web3.0的不可能三角

B. 增强

人类本能的进化速度与在数字化中快速进化的世界割裂，但人类并没有被淘汰。我们创造了与诞生碳基生命的自然界平行的四个新进化系统来对冲和平衡这种不足。增强人类的不同"进化系统"也遵守不同的反馈规则，并基于此向前演化。这四个系统是：新消费如何为处于焦虑状态的现代人增强满足感，并带来体验的提升；个体的随机创造力如何让人类整体更加强大，"To i"生态如何在"To C"和"To B"市场之外打开新空间，并迎来强大个体的创造力新时代；反馈型组织如何帮助人们在内部高效传递和协作，以应对外部高效反馈变化；技术与人类的结合与增强。这四个系统都是关键的新机会，并且可以从HFL的视角更好地为这些反馈系统加速。

一、满足——新消费和本能的反馈

1. 行为大于信息，认同大于刺激
2. 适应、尊重、借用原始本能
3. 是什么为消费赋予意义
4. 合法成瘾性
5. 基于人性打造商业优势，不可逆的升级

6. 如何判断新消费品牌是否成功

7. 算法拟合多巴胺的分泌反馈

8. 量化人性，重组品类

9. 新的反馈管理技术平台

10. 新供应链创新速度，高效反馈平衡三个矛盾

二、组织——个体创造力与群体

1. "To i" 生态和技术

2. 未来由热爱的人为热爱的人创造

3. 运行良好的小群体，都符合八个特征

4. 新的反馈型组织

三、科技——突破碳基束缚

混合进化优势

C. 商业

反馈驱动着世界，自然会影响商业，公司和业务的成功通常是某种反馈效应的体现。在宏观层面，商业也同样基于反馈机制形成自己的三阶段发展周期，并不断通过进入新的外部周期实现可持续发展。然而，帮助公司和业务成功的周期会不断强化内在复杂性，弱化外部反馈，从而形成周期绑定，让大型公司走向衰落，无法切换到在外部不断涌现的新周期。在微观层面，业务如何基于AI等新生产力的内在反馈运行机制建立与之匹配的定义性业务模式，如何基于反馈驱

动创新，都将是决定性的。

一、新周期——适应、增长、创新，基于反馈的可持续性

1. 不确定性的化解之道
2. 反馈流数据的基本原则
3. 预感先机并匹配能力的OCA是商业的基础
4. 赢在切换时刻
5. 建立正反馈效应的关键要素
6. 为什么多数的聚焦没有效果
7. 建立精简的"正反馈组合"
8. 发现新的"低效反馈市场"
9. 创造性连接：远关系中的强相关，相异中的相似
10. 开放的反馈式创新
11. 域的切换
12. 生态位迁移：穿越周期

二、新模式——适应数字化新生产力

1. 智能商业的定义性模式：RSS
2. 数字时代的业务架构（技术、产品、运营、平台）
3. 长尾鸿沟和最低可用性

三、逆周期—— 一切衰落从反馈效率下降开始

1. 复杂性螺旋
2. 机械叠加的复杂性
3. 双顶点周期

D. 框架

反馈改变了世界的方方面面，这需要通过更基础的原理来系统理解。首先，算法如何学会更高效地建立新假设？反馈效率如何提升？这关系到HFL如何在不同应用场景中找到可操作的方法。其次，如何基于反馈机制突破在科学等基础层面的发展瓶颈？世界的运行是整体的，人类的认知局限形成了学科划分，这也正在成为束缚。同时，实验等检验假设的传统反馈方法受限于工业时代的生产力，已无法持续。以新视角看待HFL的通用性基础原理，引入反馈数据驱动的新范式，融合和突破将带来新的可能性。

一、数字化时代的新思考方式

1. 创造性假设形成的过程和方法
2. 创造性更本质的来源
3. 有利于"创造性假设"诞生的商业环境
4. 反馈效率越高越智能
5. 如何提升商业的反馈效率
6. 基于反馈系统的商业决策

二、跨领域的共同基础假设

1. 用模拟替代求解
2. 新的基础假设